수학 과학 영재학습
종합서

i&i 아이앤아이

영재교육원 대비

꾸러미

영재성 검사 / 심층 면접

저학년용

초등 1~3

□ 기출문제 위주 구성
□ 영재교육원에 대한 자세한 소개
□ 영재성 판별 간단 테스트
□ 영재성 검사 대비 문제 및 모의고사
□ 심층 면접 대비 문제
□ 학생들 예시 답안 및 평가표 제시

무한상상

i&i 아이앤아이

영재교육원 대비

꾸러미

저학년용

초등 1~3

무한상상

창의적 사고를 위한 대표적인 요소

새로운 시대의 인재상은 해당 분야의 전문성과 함께 창의·인성을 갖춘 인재입니다. 이들은 창의적으로 도전을 즐깁니다. 이중 창의력은 유익하고 새로운 것을 생각해내는 능력으로 창의력과 영재성은 같은 의미로 사용됩니다.

창의력의 요소로는 유창성, 융통성, 독창성, 정교성 등이 있습니다.

독창성

다른 사람하고 다른 자기만의 해결책을 내는 능력

유창성

특정 문제에 대해 제한된 시간 내에 다양한 해결책을 생각해 내는 능력

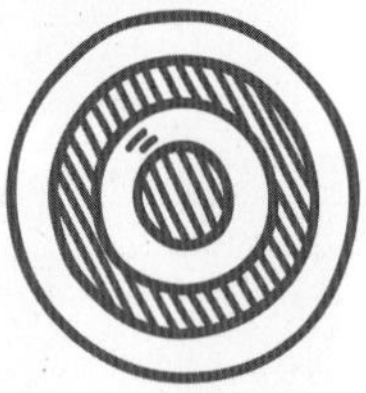

정교성

처음에 생각해낸 아이디어를 다듬어 발전시켜 표현하는 능력

융통성

한 문제에 대해 여러 가지 해결책을 제시하는 능력

자녀가 다음과 같은 특성을 보이면 '창의력'을 발휘하고 있는 아이입니다!

- 이야기 만드는 것을 좋아한다.
- 주변을 자신에 맞게 꾸미고 물건을 배치하는 것을 좋아한다.
- 어려운 일에도 도전하는데 주저함이 없다.
- 평범한 물건으로 착안하기 어려운 것을 만들어낸다.
- 자신이 계획한 일에 실패하더라도 좌절하지 않고 여러 가지 다른 방법을 찾는다.
- 현재 배우는 것과 다른 분야 사이의 유사점을 발견하고 연결시키려고 한다.
- 자연 현상 또는 인간 관계 등에 '왜?' '어떻게?' 와 같은 호기심이 강하고 끊임없이 질문한다.

실험에서의 탐구 과정 요소

과학에서 빼놓을 수 없는 것이 과학적인 탐구 능력입니다.

탐구 능력이란 자연 현상과 학습자의 인지 구조 사이의 상호작용으로 문제를 인식하고 해결하는 능력으로 과학 관련 문제를 해결하기 위한 단계에서 필요한 요소를 탐구 과정 요소라고 합니다.

<무한이의 일기>

오늘 가족들과 제주도를 여행하였다. 바닷가에서는 구멍이 뚫린 돌, 표면이 매끄러운 돌, 색깔이 다양한 돌이 많이 있었다. 돌마다 색깔도 다양하고, 모양, 크기도 다양하다는 것을 알게 되었다.

제주도는 화산 활동에 의해 만들어졌으니 돌들은 모두 화산 활동에 의해 만들어진 것일까 궁금하였다.

집으로 찾아와 백과사전을 통해 암석은 생성 과정에 따라 화성암, 퇴적암, 변성암으로 구분되는 것을 알게 되었다. 여행을 통해 새로운 사실을 알게 되어 좋았다.

· 다양한 돌들을 살펴보고 색깔, 모양, 크기 등이 다름을 알게 된 것은 '관찰' 이다.
· 암석을 생성 과정에 따라 구분지은 것은 '분류'이다.

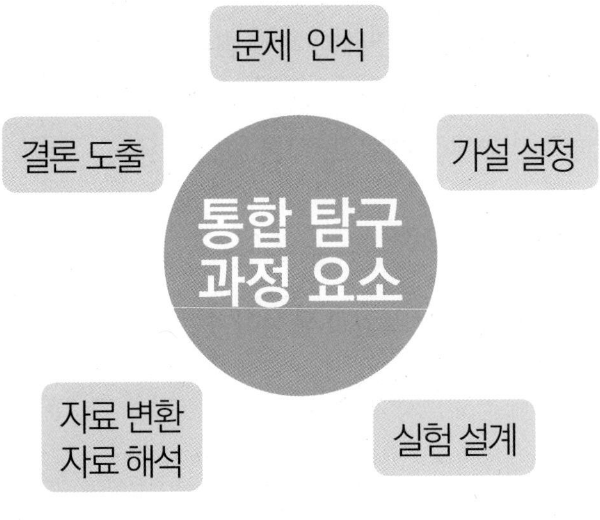

<에이크만이 각기병 치료 물질을 찾아낸 과정>

① 문제 인식 : 병원에서 기르던 각기병에 걸린 닭이 어느날 각기병 증상이 사라진 것을 알게 되었다.

'어떻게 닭이 각기병에서 나았을까?'

② 가설 설정 : 주변 환경을 조사하였더니 닭의 모이가 백미에서 현미로 바뀐 것을 확인하였다.

'현미에는 각기병을 낫게 하는 물질이 들어 있을 것이다.'

③ 실험 설계 : 집단 A에는 백미를 모이로 주고, 집단 B에는 현미를 모이로 주면서 각기병 증상이 나타나는지 관찰하였다.

④ 자료 변환 및 해석 : 실험 결과 백미를 모이로 준 집단 A의 닭들에게 각기병 증상이 나타났고, 현미를 모이로 준 집단 B의 닭들은 건강하였다.

'현미를 모이로 준 닭들이 건강하였다.'

⑤ 결론 도출 : 현미에는 각기병을 치료하는 물질이 들어있다.

· 처음에 세웠던 가설과 일치하였다.후에 다른 과학자들이 현미에 들어 있는 각기병 치료 물질이 바이타민 B임을 알아내었다.

영재교육원

대비를 위한...

영재란, 재능이 뛰어난 사람으로서 타고난 잠재력을 개발하기 위해 특별한 교육이 필요한 사람이고, 영재교육이란, 영재를 발굴하여 타고난 잠재력을 개발할 수 있도록 도와주는 것이다.

영재교육에 대한 관심이 해가 갈수록 커지고 있지만, 자녀를 영재교육원에 보내는 방법을 정확하게 알려주는 교재는 많지 않다. 또한, 영재교육원에서도 정확한 기준없이 문제를 출제하기 때문에 영재교육원을 충분하게 대비하는 것은 쉽지 않다. 영재교육원 선발 시험 문제는 30%에서 절반 정도의 문제가 경험해 본 문제로 구성된다. 그런데, 어디서 쉽게 볼 수 있는 문제는 아니므로 기출문제를 꼭 공부할 필요가 있다. 기출문제가 시험 대비의 정답은 아니지만, 유사한 문제들을 많이 접해보면서 새로운 문제를 보았을 때, 당황하지 않고, 문제의 실마리를 찾아서 응용하는 연습을 하는 것이다. 창의력 문제들을 해결하기 위해서는 본 교재를 통한 충분한 연습이 필요할 것이다.

꾸러미는 영재교육원 영재성 검사, 새롭고 참신한 창의적 문제 해결력 평가, 심층 면접 평가, 모의고사 등으로 구성되어 있어 다양한 문제 해결 연습이 가능하다. 또한, 실제 생활에서 나타날 수 있는 다양한 현상과 이론을 이 교재에 실린 실전 문제와 연계해 여러 방향으로 해결할 수 있어 영재교육원 모든 선발 단계를 대비할 수 있도록 하였다.
혼자서 해결할 수 없는 문제는 해설을 통하여 생각의 부족한 부분을 채우고, 다른 방법을 유추하여 해결이 가능하도록 도와준다.

꾸러미가 영재교육원을 대비하는 아이들과 부모님에게 새로운 희망과 열정이 솟는 시작점이 되길 바라며, 내재된 잠재력이 분출되길 기대해 본다.

무한상상

영재교육원에서 영재학교까지

01 영재교육원 대비

영재교육원 대비 교재는 영재교육원 대비 꾸러미 1·2·3학년, 4·5학년, 6학년, 중학생용과 학년별 초등 아이앤아이(3·4·5·6학년), 중등 아이앤아이(물·화·생·지) 등이 있다.

대상	교재		추가 교재
초등영재 (초등대상 영재교육원 지원자)	꾸러미 1·2·3학년	+	과학도서
	꾸러미 4·5학년 꾸러미 6학년	+	학년별 초등 아이앤아이 과학도서
중등영재 (중등대상 영재교육원 지원자)	꾸러미 중등 꾸러미 중등	+	초등 아이앤아이 6학년 중등 아이앤아이 과학도서

02 영재학교/과학고/특목고 대비

영재학교/과학고/특목고 대비 교재는 세페이드 1F(물·화), 2F (물·화·생·지), 3F (물·화·생·지), 4F (물·화·생·지), 5F(마무리), 중등 아이앤아이(물·화·생·지) 등이 있다.

	세페이드 1F	세페이드 2F	세페이드 3F	세페이드 4F	세페이드 5F		
현재 5·6학년	주 1~2회 6~9개월 과정	주 2회 9개월 과정	주 3회 8~10개월 과정	주 3회 6개월 과정	주 4회 2~3개월 과정	+ 중등 아이앤아이 (물·화·생·지)	▶ 총 소요시간 31~36개월
현재 중 1학년		주 3회 6개월 과정	주 3회 8개월 과정	주 3회 6개월 과정	주 3~4회 3개월 과정	+ 중등 아이앤아이 (물·화·생·지)	▶ 총 소요시간 약 24개월
현재 중 2학년		3개월 과정	4개월 과정	4개월 과정	2개월 과정	+ 중등 아이앤아이 (물·화·생·지)	▶ 총 소요시간 약 13개월

이 책의 구성과 특징

영재교육원 꾸러미는 영재교육원 선발 방식, 영재성 평가, 창의적 문제 해결력 평가, 학문 적성 검사, 심층 면접의 각 단계를 담고 있어 자기주도적인 통합 학습이 가능합니다.

PART I

영재교육원 파헤치기

교육청, 대학교에서 운영하고 있는 영재교육원에 대한 소개와 각 기관별 선발 과정의 특성을 한눈에 볼 수 있습니다.

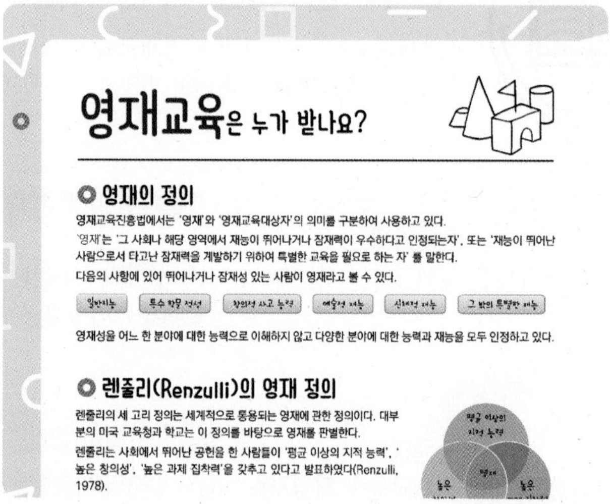

영재교육은 누가 받나요?

영재의 정의

영재교육진흥법에서는 '영재'와 '영재교육대상자'의 의미를 구분하여 사용하고 있다.

'영재'는 '그 사회나 해당 영역에서 재능이 뛰어나거나 잠재력이 우수하다고 인정되는자', 또는 '재능이 뛰어난 사람으로서 타고난 잠재력을 계발하기 위하여 특별한 교육을 필요로 하는 자' 를 말한다.

다음의 사항에 있어 뛰어나거나 잠재성 있는 사람이 영재라고 볼 수 있다.

일반지능 / 특수 학문 적성 / 창의적 사고 능력 / 예술적 재능 / 신체적 재능 / 그 밖의 특별한 재능

영재성을 어느 한 분야에 대한 능력으로 이해하지 않고 다양한 분야에 대한 능력과 재능을 모두 인정하고 있다.

렌줄리(Renzulli)의 영재 정의

렌줄리의 세 고리 정의는 세계적으로 통용되는 영재에 관한 정의이다. 대부분의 미국 교육청과 학교는 이 정의를 바탕으로 영재를 판별한다.

렌줄리는 사회에서 뛰어난 공헌을 한 사람들이 '평균 이상의 지적 능력', '높은 창의성', '높은 과제 집착력'을 갖추고 있다고 발표하였다(Renzulli, 1978).

PART II

영재성 검사

각 기관에서 선발 시험에 출제되었던 기출 문제를 통해 학생의 영재성을 평가하고 자기 수준을 또래 친구들과 비교해볼 수 있습니다.

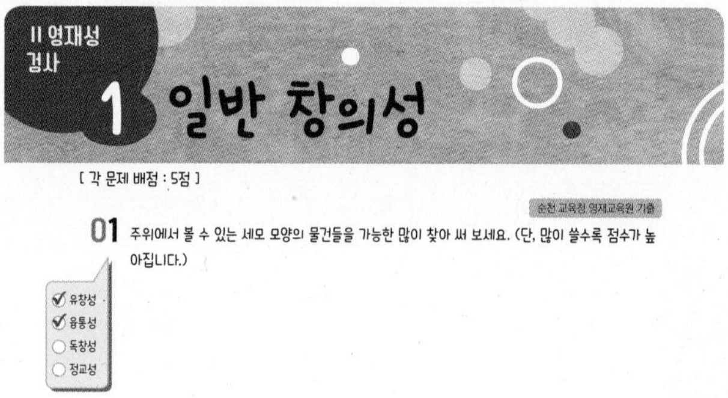

II 영재성 검사

1 일반 창의성

[각 문제 배점 : 5점]

순천 교육청 영재교육원 기출

01 주위에서 볼 수 있는 세모 모양의 물건들을 가능한 많이 찾아 써 보세요. (단, 많이 쓸수록 점수가 높아집니다.)

PART III

심층 면접

영재교육원의 면접방식에 따른 기출문제로 면접 유형을 익히고 연습할 수 있도록 하였습니다.

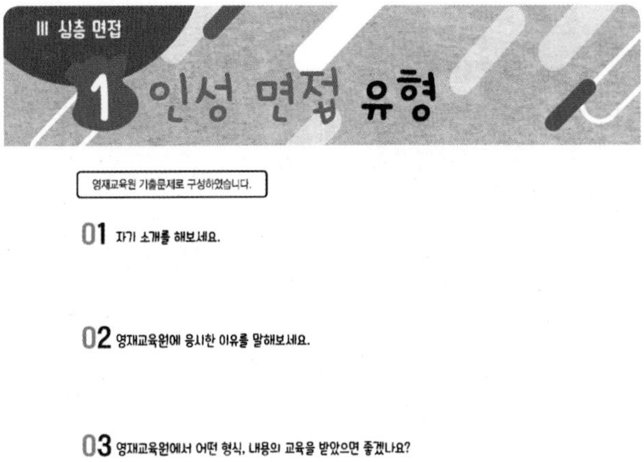
Ⅲ 심층 면접

1 인성 면접 유형

영재교육원 기출문제로 구성하였습니다.

01 자기 소개를 해보세요.

02 영재교육원에 응시한 이유를 말해보세요.

03 영재교육원에서 어떤 형식, 내용의 교육을 받았으면 좋겠나요?

PART IV

정답 및 해설/예시 답안

또래 친구들의 다양한 예시 답안과 비교하여 스스로가 푼 문제를 평가하고 또 다른 창의력의 가능성을 발견하고 개발할 수 있도록 합니다.

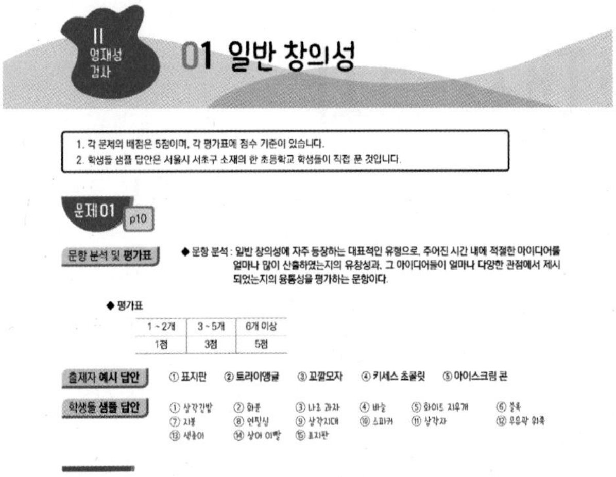
Ⅱ 영재성 검사

01 일반 창의성

1. 각 문제의 배점은 5점이며, 각 평가표에 점수 기준이 있습니다.
2. 학생들 샘플 답안은 서울시 서초구 소재의 한 초등학교 학생들이 직접 푼 것입니다.

문제01 p10

문항 분석 및 평가표

◆ 문항 분석 : 일반 창의성에 자주 등장하는 대표적인 유형으로, 주어진 시간 내에 적절한 아이디어를 얼마나 많이 산출하였는지의 유창성과, 그 아이디어들이 얼마나 다양한 관점에서 제시되었는지의 융통성을 평가하는 문항이다.

◆ 평가표

1～2개	3～5개	6개 이상
1점	3점	5점

출제자 예시 답안 ① 표지판 ② 트라이앵글 ③ 고깔모자 ④ 키세스 초콜릿 ⑤ 아이스크림 콘

학생들 샘플 답안 ① 삼각김밥 ② 화분 ③ 나초 과자 ④ 바늘 ⑤ 화이트 지우개 ⑥ 블록 ⑦ 지붕 ⑧ 연필심 ⑨ 삼각지대 ⑩ 스피커 ⑪ 삼각자 ⑫ 우유팩 위쪽 ⑬ 새총이 ⑭ 상어 이빨 ⑮ 표지판

차례 CONTENTS

※ 창의력 과학 아이앤아이, 초등 3, 4, 5, 6과 같이하면 훨씬 다양한 문제를 만나실 수 있습니다.

PART I
영재교육원 파헤치기

PART II
영재성 검사

PART III
심층 면접

PART IV (별책)
정답 및 해설 / 예시 답안

- 문항 분석 및 평가표
- 정답 및 해설
- 출제자 예시 답안
- 학생들 샘플 답안

PART I

영재교육원 파헤치기

영재교육원에 가려면
어떻게 대비할까?

단원 살짝 엿보기

01 영재교육 및 영재교육원 소개

영재교육은 누가 받나요?
영재교육원은 어떤 곳인가요?

02 영재교육원의 선발 과정

영재교육원의 선발 과정은 어떻게 진행되나요?

03 영재교육원 선발 단계 준비 방법

교사추천, 영재성 검사, 창의적 문제해결력, 심층면접은 어떻게 준비해야 할까요?

04 영재성 판별 진단 테스트

간편하게 영재성을 판별할 수 있는 체크리스트를 통해 셀프 영재성 판별을 해보자.

영재교육은 누가 받나요?

영재의 정의

영재교육진흥법에서는 '영재'와 '영재교육대상자'의 의미를 구분하여 사용하고 있다.

'영재'는 '그 사회나 해당 영역에서 재능이 뛰어나거나 잠재력이 우수하다고 인정되는자', 또는 '재능이 뛰어난 사람으로서 타고난 잠재력을 개발하기 위하여 특별한 교육을 필요로 하는 자' 를 말한다.

다음의 사항에 있어 뛰어나거나 잠재성 있는 사람이 영재라고 볼 수 있다.

일반지능 | 특수 학문 적성 | 창의적 사고 능력 | 예술적 재능 | 신체적 재능 | 그 밖의 특별한 재능

영재성을 어느 한 분야에 대한 능력으로 이해하지 않고 다양한 분야에 대한 능력과 재능을 모두 인정하고 있다.

렌줄리(Renzulli)의 영재 정의

렌줄리의 세 고리 정의는 세계적으로 통용되는 영재에 관한 정의이다. 대부분의 미국 교육청과 학교는 이 정의를 바탕으로 영재를 판별한다.

렌줄리는 사회에서 뛰어난 공헌을 한 사람들이 '평균 이상의 지적 능력', '높은 창의성', '높은 과제 집착력'을 갖추고 있다고 발표하였다(Renzulli, 1978).

세 가지 특성에서 모두 대단히 뛰어나야 할 필요는 없다고 강조하였으며, 적어도 한 가지 특성에서만 상위 2%내에 속해야 한다고 하였다.

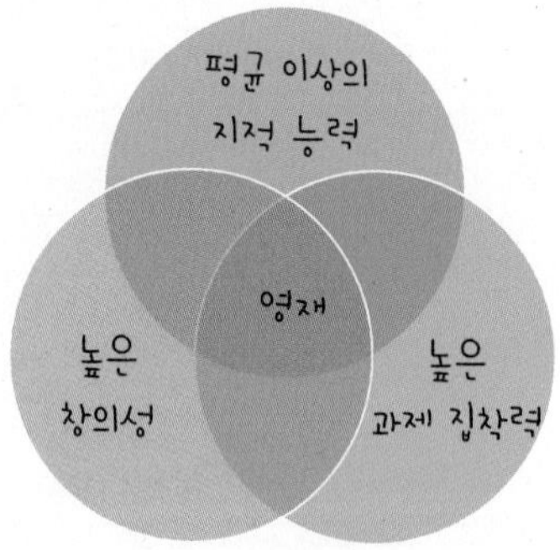

영재에 대한 잘못된 오해

- 영재는 상위 3 ~ 5%에 속하고, 높은 IQ를 가져야 한다?

⇨ 인구 대비 정해진 백분율은 시대와 장소에 따라 변할 수 있으며, 영재성은 단지 IQ로만 볼 수 없다.

- 영재들은 자신의 일을 알아서 잘 하기 때문에 특별한 도움이 필요 없다?

⇨ 국가대표 선수가 훌륭한 코치가 필요하듯이 영재들도 자신의 능력을 개발할 수 있도록 도움이 필요하다.

- 학교 성적이 좋지 않은 학생은 영재가 아니다?

⇨ 영재들은 학교 교과 과정의 지루함으로 학교 생활에 흥미를 잃고 나쁜 학습 습관을 가지게 될 수 있으므로 적절한 도움이 있다면 능력을 발휘할 수 있다.

영재교육

영재 학생들에겐 개인차 수준·특성에 맞는 개별화 교육이 필요하다.

우리나라에서는 다양한 영재교육기관에서 영재교육을 담당하고 있다.

전국 초중등생 수는 약 600만명으로 이중 약 1.7%에 해당하는 10만명의 학생이 현재 영재교육기관에서 수학과 과학 위주의 영재 교육을 받고 있다.

영재교육원은 어떤 곳인가요?

영재학급

초·중·고 각급 학교에서 대상자들을 선발하여 1개 학급 정도로 운영하는 영재반이다.

특별활동, 재량활동, 방과후, 주말 또는 방학을 이용한 형태로 운영되고 있으며, 각 학교 내에서 독자적으로 운영하거나 인근의 여러 학교가 공동으로 참여하여 운영하는 형태도 있다.

영재교육원

영재교육원은 크게 각 지역 교육청(교육지원청)에서 운영하는 경우와 대학 부설로 운영하는 경우가 있으며, 그 외에 과학고 부설로 운영하는 경우, 과학 전시관에서 운영하는 경우, 기타 단체 소속인 경우도 있다.

주로 방과후, 주말 또는 방학을 이용한 형태로 운영하고 있다.

<table>
<tr><th rowspan="2">영재 교육 기관 구분</th><th colspan="2">선발 방법</th><th rowspan="2">선발 시기</th></tr>
<tr><th>방법</th><th>GED 적용</th></tr>
<tr><td>교육지원청 영재교육원</td><td rowspan="6">교사관찰·추천</td><td rowspan="3">GED 적용</td><td rowspan="3">9월 ~ 12월</td></tr>
<tr><td>과학전시관 영재교육원</td></tr>
<tr><td>단위 학교 영재 교육원(예술 분야 제외)</td></tr>
<tr><td>단위 학교 영재 학급(예술 분야)</td><td rowspan="3">GED 미적용</td><td rowspan="2">3월 ~ 4월</td></tr>
<tr><td>단위 학교 영재 학급</td></tr>
<tr><td>대학부설 및 유관기관 영재교육원</td><td>9월 ~ 이듬해 5월</td></tr>
</table>

	영재교육원		영재학급	계
	교육청	대학부설		
기관수	252	85	2,114	2,451
영재교육을 받고 있는 학생 수	33,640	10,272	58,472	102,384
영재교육을 받고 있는 학생 비율	30.8%	9.4%	53.5%	93.7%

▲ 영재교육 기관 현황

영재교육 대상자 선발

영재 선발 방법은 어느 수준의 영재를 교육 대상으로 설정하느냐가 모두 다르기 때문에 영재 교육 기관(영재학교, 영재학급, 영재교육원)에 따라 선발 방법이 조금씩 다르다.

교육청 영재교육원에서만 한국교육개발원에서 개발한 영재행동특성 체크리스트(영재성 검사)를 이용하고, 다른 기관에서는 영재성 검사 도구를 자체 개발하여 선발에 사용한다.

영재교육원의 선발은 어떻게 진행되나요?

GED(Gifted Education Database) 시스템

홈페이지 주소 : http://ged.kedi.re.kr

GED란 국가차원에서 영재의 선발·추천 및 영재 교육에 관련된 자료를 관리하기 위한 데이터 베이스이다.
GED 사이트를 통해서 학생들은 영재교육 기관에 지원하고, 교사들은 학생을 추천하며, 영재교육기관에서는 이들을 선발한다.

GED를 활용한 선발 과정(표준선발안)

단계	세부 내용	담당	기관
지원	지원서 작성 : 학생이 GED 시스템에서 온라인 지원 ① GED 회원 가입 후 영재교육기관 선택 ② 지원서 작성 및 자기체크리스트 작성	학생/ 학부모	학생/ 학부모
추천	- 담임 교사가 GED 시스템에서 담당 학생의 체크리스트 작성 - 학교추천위원회에서 명단 확인 및 추천	담임/ 추천 위원회	소속 학교
창의적 문제 해결력 평가	각 영재교육기관에서 진행하는 창의적 문제 해결력 평가 ① 대상 : GED를 통한 학교추천위원회 추천자 전원 ② 미술, 음악, 체육, 문예 분야는 실기 평가 포함	평가위원	영재교육기관
면접 평가	각 영재교육기관에서 진행하는 심층 면접 평가	평가위원	영재교육기관

★ 대학부설 영재교육원은 GED를 이용하여 학생을 선발하지 않고 별도의 선발 과정을 거친다.

GED 시스템 선발 흐름도

학생
- 온라인 지원서 작성(GED)
- 창의인성 체크리스트 작성 (GED)
- 지원서 출력 후 담임께 제출

⇨

교원
- 담임반 학생 지원서 취합 (GED)
- GED 명단 확인
- 영재행동특성 체크 리스트 작성 (GED)
- 학생 추천 (GED)

⇨

학교추천 위원회
- 학교 추천자 명단 확인 (GED)
- 담임 교사의 체크 리스트 확인 (GED)
- 학생 추천 여부 심의 및 추천 (GED)

⇨

영재교육기관
- 학생 추천 자료 검토 (GED)
- 창의적 문제 해결력 평가 실시
- 심층 면접 평가 실시
- 자료를 종합하여 최종 선발

선발 방식의 이해

1단계는 교사 추천, 2단계는 영재성 검사에 의한 선별, 3단계에서는 창의적 문제 해결력 평가(영역별 학문적성검사) 실시, 최종 단계에서는 심층 면접을 통해서 선발하고 있다.

단계	특징
관찰 추천	교사용 영재행동특성 체크리스트, 각종 산출물, 학부모 및 자기소개서, 교사 추천서등을 활용하여 평가하는 단계
창의적 문제 해결력 평가	창의성, 언어, 수리, 공간 지각에 대한 지적 능력을 평가하는 단계로 정규 교육 과정상의 내용에 기반을 두면서 사고능력과 창의성을 측정하는 것을 기본 방향으로 한다.
심층 면접	이전 단계에서 수집된 정보로 확인된 학생의 특성을 재검증하고, 심층적으로 파악하는 단계로 예술 분야는 실기를 하거나 수학이나 과학에 대한 실험 평가를 할 수도 있다.

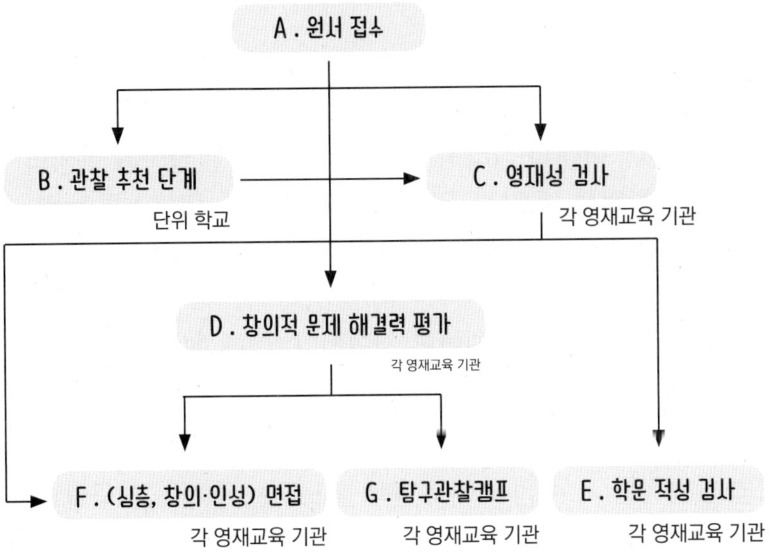

소재 지역	선발 과정
서울, 경기	A → B → D → F
충남	A → B → C
전남	A → D → F
목포	A → D → G
경남	A → C → D → F
경북	A → B → C → D → F
세종, 부산	A → B → C →
강원도, 광주, 전북, 충북	A → C → F

▲ 각 소재 지역별 영재교육원 선발 과정

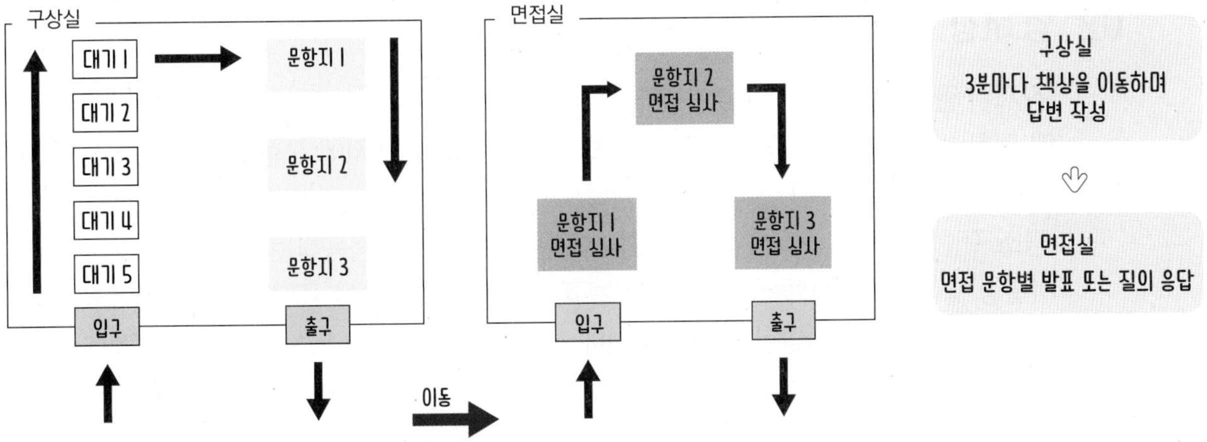

▲ 심층 면접 과정의 예

★ 각 지역별로 선발 과정이 다르므로 반드시 해당 영재교육원 모집 공고를 확인해야 한다.

★ 동일 교육청 소속 영재 교육원은 중복 지원할 수 없으며, 대학부설 영재교육원 합격자는 교육청 소속의 영재교육원에 중복 지원할 수 없다.

각 선발 단계를
준비하는 방법

01 교사 추천

교사는 평소 학교생활이나 수업시간에 학생의 심리적인 특성과 행동을 관찰하여 학생의 영재성을 진단하고 평가한다. 특히, 창의성, 호기심, 리더십, 자기주도성, 의사소통 능력, 과제집착력 등을 평가한다. 따라서 교사 추천을 받기 위한 기본적인 내신 관리를 해야 한다. 평소 수업태도, 학업성취도가 우수하여야 한다.

교과 내용의 전체 내용을 이해하고 문제를 통해 개념을 정리한다. 이때 개념을 오래 고민하고, 깊이 있게 이해하여 스스로 문제를 해결하는 능력을 키운다.

수업시간에는 주도적이고, 능동적으로 수업에 참여하고, 과제는 정해진 방법 외에도 여러 가지 다양하고 새로운 방법을 생각한다. 수업 외에도 흥미를 느끼는 주제나 탐구를 직접 연구해 보고, 그 결과물을 작성해 놓는다.

02 영재성 검사

잠재된 영재성에 대한 검사로, 영재성을 이루는 요소인 창의성과 언어, 수리, 공간 지각 등에 대한 보통 이상의 지적 능력을 측정하는 문항들을 검사지에 포함시켜 학생들의 능력을 측정한다.

평소 꾸준한 독서를 통해 기본 정보와 새로운 정보를 얻어 응용하는 연습으로 내공을 쌓고, 서술형 및 개방형 문제들을 많이 접해 보고 논리적으로 답안을 표현하는 연습을 한다. 꾸러미에는 기출문제와 다양한 영재성 검사에 적합한 문제를 담고 있으므로 풀어보면서 적응하는 연습을 하는 것이 좋다.

다양한 교구놀이나 퍼즐, 조립활동 등은 공간지각력을 키우는 데 도움이 되고, 단순 계산 연습보다는 수 퍼즐이나 목표수 만들기와 같은 놀이로 수감각을 키우는 학습도 필요하다.

03 창의적 문제 해결력(학문적성 검사)

창의적 문제 해결력 검사는 수학, 과학, 발명, 정보 과학으로 구성되어 있으며, 사고 능력과 창의성을 측정하는 것을 기본 방향을 하고 지식, 개념의 창의적 문제해결력을 측정한다. 따라서 학생의 해당 학년의 교육과정 범위 내에서 각 과목의 개념과 원리를 얼마나 잘 이해하고 있는지 측정하는 검사이다.

심화 학습과 사고력 학습을 통해 생각의 깊이와 폭을 확장시키고, 생활 속에서 일어나는 일들을 학습한 개념과 연관시켜 생각해 보는 것이 중요하다.

꾸러미는 교육과정 내용과 심화 학습, 창의력 문제를 통해 기본 개념은 물론, 창의성을 넓게 기를 수 있도록 도와주고 있다.

04 심층 면접

심층 면접을 통해 영재 교육 대상자를 최종 선정한다. 심층 면접은 영재 행동특성 검사, 포트폴리오 평가, 수행평가, 창의인성검사 등에서 제공하지 못하는 학생들의 특성을 역동적으로 파악할 수 있는 방법이고, 기존에 수집된 정보로 확인된 학생의 특성을 재검증하고, 학생의 특성을 심층적으로 파악하는 과정이다. 이 단계에서 예술 분야는 실기를 실시할 수도 있으며, 수학이나 과학에 대한 실험을 평가하는 등 각 기관 및 시도교육청에 따라 형태가 달라질 수 있다.

면접에서는 평소 관심 있는 분야나 자기 소개서, 창의적 문제 해결력 문제의 해결 과정에 대해 질문할 가능성이 높다. 따라서 평소 자신의 생각을 논리적으로 표현하는 연습이 필요하다. 단답형으로 짧게 대답하기 보다는 자신의 주도성과 진정성이 드러나도록 자신있게 이야기하는 것이 중요하다. 자신이 좋아하는 분야에 대한 관심과 열정이 드러나도록 이야기할 수 있어야 하며, 평소 육하원칙에 따라 말하는 연습을 하는 것이 좋다.

무한상상

영재성 판별 진단 test

간단하게 스스로나 자녀의 영재성을 체크하고 점수를 알아봅시다.
*학생의 평소 행동 특성을 가장 잘 나타낸다고 생각되는 곳에 체크해 주세요.

<영재성 판별 체크 리스트>

영역	행동 특성	자주 그렇다 (3점)	보통이다 (2점)	전혀 아니다 (1점)
언어영역	1. 어느 장소에 가더라도 책을 찾아서 읽는다.			
	2. 학교에서 배운 역사적인 사실 등을 잘 기억하여 친구들과 이야기한다.			
논리-수학영역	3. 틀린 문제의 답을 찾기 위해 두세 번 이상 시도한다.			
	4. 시계 바늘이 움직이는 원리에 대해 질문한다.			
	5. 블록을 높고 안정감있게 쌓을 수 있다.			
공간영역	6. 길을 잘 찾고 방향감각이 뛰어나다.			
	7. 퍼즐이나 장난감들을 조립하거나 분해하고 다시 끼워 맞추기를 좋아한다.			
신체-운동영역	8. 연극에서 대사를 만들고 연습하는 것을 좋아한다.			
	9. 찰흙 놀이, 가위질하기 등을 즐긴다.			
음악영역	10. 혼자서 노래를 만들어 부르거나 물건으로 리듬 있게 소리내기를 즐긴다.			
	11. 음악이 나오면 즐거워하고 멜로디, 리듬 등을 노래나 악기로 쉽게 재현해 낸다.			
대인관계 영역	12. 친구들이 많다.			
	13. 친구들 간에 의견 충돌이 있을 때 중재하는 역할을 한다.			
개인적 통찰영역	14. 혼자서 하는 놀이나 취미가 많다.			
	15. 자신의 장점과 단점을 많이 이야기한다.			

소계			
총합			점

<영재성 판별 결과>

총 00명의 학생들에게 조사하여 점수 비율을 선정하였으므로, 이를 통해 또래 친구들 사이에서의 학생의 영재성 수준을 파악할 수 있습니다.

점수	24점 이하	25점 이상 ~ 29점 이하	30점 이상 ~ 34점 이하	35점 이상 ~ 39점 이하	40점 이상
평가	어떤 부분에 우수한지 정밀 검사요망	영재성을 길러주면 발전될 가능성 있음	영재성 교육을 하면 잠재능력 발휘함	영재성이 있고 우수하며, 전문가와 상담요망	대단히 우수하며, 영재 교육 절대 필요함
	보통이하	보통	우수	매우 우수	최상

<과학적 태도 검사 체크 리스트>

과학적 태도는 과학적 창의성과 연계되는 것이므로, 학생의 과학적 태도를 점검하고 더욱 발전시킬 수 있습니다.
*학생의 평소 행동 특성을 가장 잘 나타낸다고 생각되는 곳에 체크해 주세요.

행동 특성	자주 그렇다 (5점)	가끔 그렇다 (4점)	보통이다 (3점)	약간 아니다 (2점)	전혀 아니다 (1점)
1. 물체의 부피를 구해본 경험이 있다.					
2. 나뭇잎이나 꽃을 수집하거나 곤충 채집을 해 본 경험이 있다.					
3. 전기와 전선을 이용하여 자석을 만들어 본 경험이 있다.					
4. 잡지나 신문에서 과학 기사를 찾아 읽거나 TV에서 과학 프로를 시청하는 것을 즐긴다.					
5. 과학과 과학자에 대한 책을 읽고 친구와 이야기하는 걸 좋아한다.					
6. 과학 수업 시간을 편안하게 느끼고, 새로운 사실을 배우는 것을 재미있어한다.					
7. 과학 수업시 배우는 많은 내용이 일상 생활에 유용하다고 생각한다.					
8. 과학 분야에서 일을 하는 것에 관심이 있고, 가치 있는 일이라 생각한다.					
9. 불필요한 전등을 끄거나 수도꼭지를 잘 잠궜는지 확인하는 등 자원 절약에 관심이 있다.					
10. 내 생각이 잘못 되었다는 것을 알았을 때에 쉽게 수긍하고 사실을 받아들일 수 있다.					
11. 과학 수업을 좋아하거나 과학 관련 동아리에서 활동하며, 과학에 관련된 직업이 장래희망이다.					
12. 새로운 것을 발견하는 것을 중요하게 생각하며, 과학의 발전이 해로운 점보다 이로운 점이 많다고 생각한다.					

소계					
총합	점				

<과학적 태도 검사 결과>

총 00명의 학생들에게 조사하여 점수 비율을 선정하였으므로, 이를 통해 또래 친구들 사이에서의 학생의 과학적 태도 수준을 파악할 수 있습니다.

점수	29점 이하	30점 이상 ~ 39점 이하	40점 이상 ~ 44점 이하	45점 이상 ~ 49점 이하	50점 이상 ~ 54점 이하	55점 이상
평가	과학에 대한 이해를 확충할 필요가 있음	어떤 부분에 우수한지 정밀 검사요망	영재성을 길러주면 발전될 가능성 있음	영재성 교육을 하면 잠재능력 발휘함	영재성이 있고 우수하며, 전문가와 상담 요망	대단히 우수하며, 영재교육 절대 필요함
	보통 이하	보통	양호	우수	매우 우수	최상

PART II

영재성 검사

나에게는 잠재된 영재성이
있을까?

단원 살짝 엿보기

01 일반 창의성
생활 소재를 사용한 문제를 통해 유창성, 융통성, 독창성, 정교성 등을 통한 창의성 평가

02 언어 / 추리 / 논리
언어적 이해를 통해 표현력 평가

03 수리논리
수와 연산에 대한 감각을 통한 창의성 평가

04 공간 / 도형 / 퍼즐
공간, 도형, 퍼즐을 통해 논리적 사고력, 추리력 평가

05 과학 창의성
과학적 문제에 대한 창의성 평가

● 1회 모의고사 / 2회 모의고사
기출문제와 다양한 문제 유형을 통해 실전감각을 키워보자

1 일반 창의성

[각 문제 배점 : 5점]

순천 교육청 영재교육원 기출

01 주위에서 볼 수 있는 세모 모양의 물건들을 가능한 많이 찾아 써 보세요. (단, 많이 쓸수록 점수가 높아집니다.)

- ☑ 유창성
- ☑ 융통성
- ○ 독창성
- ○ 정교성

교육청 영재교육원 기출

02 닭과 귤의 공통점을 가능한 많이 쓰세요. (단, 많이 쓸수록 점수가 높아집니다.)

- ☑ 유창성
- ☑ 융통성
- ○ 독창성
- ○ 정교성

1 일반 창의성

03 <보기>와 같이, 어떤 행동이나 상황을 나타내거나 주의시킬 때 표지판을 사용합니다. 주어진 표지판을 보고 무엇을 나타내는 것인지 말해 보세요.

- ○ 유창성
- ✓ 융통성
- ○ 독창성
- ✓ 정교성

보기

길을 걸을 때 휴대폰이나 책을 읽으면서 걸으면 차에 치일 위험이 있어요!

울산 교육청 영재교육원 기출

04 우리 반에서 수업을 시작할 때 사용할 인사법 한 가지를 새로 만들어 이름을 정하고, 설명을 적으세요.

- ○ 유창성
- ○ 융통성
- ✔ 독창성
- ✔ 정교성

그림과 설명	
인사법의 이름	
이러한 이름을 붙인 이유	

울산 교육청 영재교육원 기출

05 한 아이는 앉아서 울고, 한 아이는 서서 웃고 있는 그림을 보고 무슨 일이 있었는지 구체적으로 예를 들어 보세요.

- ◯ 유창성
- ✔ 융통성
- ✔ 독창성
- ◯ 정교성

서울 교육청 영재교육원 기출

06 상상이가 창문을 보고 깜짝 놀란 표정을 지었어요. 무슨 일이 있었을지 상황에 맞게 이야기를 만들어 보세요.

- ○ 유창성
- ✓ 융통성
- ✓ 독창성
- ○ 정교성

07 무한이가 급식을 받으려고 오랫동안 줄을 서서 기다리고 있다가 마침내 자기 차례가 되었습니다. 그런데 한 친구가 다가와 어떤 말을 하자, 무한이는 그 친구가 먼저 급식을 받을 수 있게 해 주었습니다. 친구가 무슨 말을 했을지 상황에 맞게 재미있는 답을 써 보세요.

- ○ 유창성
- ✔ 융통성
- ✔ 독창성
- ○ 정교성

08

무한이는 엄마와 함께 편의점에 가서 샌드위치를 2개, 딸기우유를 2개 샀습니다. 딸기우유를 먹으려는 순간 편의점 직원이 달려 나오며 '잠시만요!'라고 외쳤습니다. 편의점 직원이 무한이를 왜 불렀을까요? 최대한 많은 이유를 써 보세요.

- ☑ 유창성
- ☑ 융통성
- ○ 독창성
- ○ 정교성

09 어린아이가 모자를 머리에 눌러쓰고 있습니다. 이 아이에게 1분 전에 일어났을 것으로 생각되는 일을 가능한 많이 써 보세요.

- ☑ 유창성
- ☑ 융통성
- ○ 독창성
- ○ 정교성

10 무한이는 유치원생인 동생을 데리러 아빠와 함께 유치원에 갔습니다. 그런데 처음에는 웃고 있던 동생이 친구와 이야기를 나누다가 갑자기 울어버렸습니다. 친구와 무슨 이야기를 했던 걸까요? 다양하게 써 보세요.

- ☑ 유창성
- ☑ 융통성
- ○ 독창성
- ○ 정교성

1 일반 창의성

11 다음 동물들 중 나와 비슷하다고 생각하는 동물을 고르고, 그렇게 생각한 이유를 말해 보세요.

- ○ 유창성
- ✔ 융통성
- ○ 독창성
- ○ 정교성

12 상상이는 책을 읽는 것과 걷는 것을 좋아합니다. 책 읽기와 걷는 것은 어떤 닮은 점이 있을까요? 자유롭게 말해 보세요. (많이 쓸수록 점수가 높아집니다.)

☑ 유창성
☑ 융통성
○ 독창성
○ 정교성

13 상상이는 100년 후에 열어볼 타임 캡슐에 물건을 넣으려고 합니다. 미래의 사람들에게 상상이와 같은 학생들의 모습이 어떤지에 대해 알려주고 싶은데, 어떤 물건을 넣으면 좋을까요? 3가지 물건을 쓰고, 그 이유를 이야기해 보세요.

- ○ 유창성
- ○ 융통성
- ✔ 독창성
- ✔ 정교성

14 상상이는 학교에서 쉬는 시간에 칠판에 분필로 그림을 그리는 것을 좋아합니다. 분필 칠판의 좋은 점과 나쁜 점에는 무엇이 있을지 다양하게 써 보세요. (많이 쓸수록 점수가 높아집니다.)

- ✔ 유창성
- ✔ 융통성
- ○ 독창성
- ○ 정교성

15 무한이는 안을 볼 수 없는 검은 상자 안에 손을 집어넣어 보았습니다. 안에 잡히는 것은 뾰족한 부분이 없고, 물컹물컹하고, 부드러운 감촉을 가진 물체였습니다. 상자 안에 든 것은 어떤 물건일까요? 다양하게 써 보세요. (많이 쓸수록 점수가 높아집니다.)

- ✔ 유창성
- ✔ 융통성
- ○ 독창성
- ○ 정교성

16

상상이가 동글동글한 물건을 데굴데굴 굴리면 상상이네 고양이가 쫓아가며 사냥놀이를 합니다. 사냥놀이를 해 줄 수 있을 만한 물건에는 무엇이 있을까요? 주위에서 찾아 다양하게 써 보세요. (많이 쓸수록 점수가 높아집니다.)

- [x] 유창성
- [x] 융통성
- [ ] 독창성
- [ ] 정교성

교육청 영재교육원 기출

17 다음 <보기>와 같이 점선을 접었을 때 완전히 겹쳐지는 단어 중 2글자 이상으로 이루어진 의미 있는 단어를 최대한 많이 써 보세요.

- ✔ 유창성
- ✔ 융통성
- ○ 독창성
- ○ 정교성

보기

아마

교육청 영재교육원 기출

18 <보기>처럼 빈칸에 적당한 말을 넣어 보세요.

- 유창성
- 융통성
- ✔ 독창성
- ✔ 정교성

보기

돈으로 침대는 살 수 있지만, 잠은 살 수 없다.

돈으로 (　　　　)은/는 살 수 있지만, (　　　　)은/는 살 수 없다.

돈으로 (　　　　)은/는 살 수 있지만, (　　　　)은/는 살 수 없다.

돈으로 (　　　　)은/는 살 수 있지만, (　　　　)은/는 살 수 없다.

19 수학 계산은 일상 생활에서도 많이 쓰입니다. 다음 <보기>는 2 + 4 = 6을 잘 이용한 예와 잘못 사용한 예를 보여주고 있습니다. 이처럼 식을 사용하여 생활 속의 모습을 짧은 문장으로 나타내어 보세요. (많이 쓸수록 점수가 높아집니다.)

- ✔ 유창성
- ✔ 융통성
- ○ 독창성
- ○ 정교성

보기

2 + 4 = 6

사탕을 2개 가지고 있었는데, 엄마에게 4개를 더 받아서 6개가 되었습니다.(맞음)

이 더하기 사는 육이야.(틀림)

오늘 학교에서 2+4=6을 배웠습니다.(틀림)

(1) 6 − 5 = 1

(2) 8 + 3 = 11

(3) ○ × 8 = □

20 내가 만약 상어가 되었다고 할 때, 내가 어떻게 살아가야 할지 설명해 보세요.

- ◯ 유창성
- ✔ 융통성
- ✔ 독창성
- ◯ 정교성

21 우주선을 타고 우주 여행을 하게 된다면 어떤 것들을 볼 수 있을까요? 마음껏 상상해서 써 보세요. (많이 쓸수록 점수가 높아집니다.)

- [x] 유창성
- [ ] 융통성
- [ ] 독창성
- [x] 정교성

22 무한이네 가족들은 모두 TV를 좋아합니다. 어느 날 갑자기 이 세상에서 TV가 모두 사라지게 된다면 무한이네 가족들은 어떻게 변하게 될까요? 마음껏 상상해서 말해 보세요.

- ✓ 유창성
- ○ 융통성
- ○ 독창성
- ✓ 정교성

23 우리는 무거운 물건을 번쩍번쩍 들어 던지는 수퍼 히어로 영화나, 허공에서 꽃을 만들어내거나 아주 먼 곳까지 순식간에 갈 수 있는 마법사들이 등장하는 이야기들을 많이 봅니다. 만약 나에게도 특별한 능력이 생긴다면 어떤 능력이 생기면 좋을까요? 그리고 그 능력이 생긴다면 하루 동안의 생활이 어떻게 바뀔지 상상해서 써 보세요.

- ○ 유창성
- ✔ 융통성
- ✔ 독창성
- ○ 정교성

24 어느 날 내가 구름으로 변신한다면, 무슨 일을 할 수 있을까요? 다양하게 써 보세요. (자세하게 쓸수록 점수가 높아집니다.)

- ☑ 유창성
- ☑ 융통성
- ○ 독창성
- ○ 정교성

25 손을 직접 대지 않고 TV를 켜고 채널을 옮길 수 있는 방법을 되도록 많이 써 보세요.

- ✔ 유창성
- ✔ 융통성
- ○ 독창성
- ○ 정교성

26 동물원에서 기린이 탈출했습니다. 탈출한 기린을 잡을 수 있는 방법을 최대한 많이 써 보세요.

- ☑ 유창성
- ☑ 융통성
- ☐ 독창성
- ☐ 정교성

27 1센트짜리 동전으로는 우리나라에서 물건을 살 수 없습니다. 이 동전을 다른 용도로 사용할 수 있는 방법을 최대한 많이 써 보세요.

- ✔ 유창성
- ✔ 융통성
- ○ 독창성
- ○ 정교성

28 무한이는 탁자에 놓여진 이쑤시개 한 통을 가지고 이를 쑤시는 것 외에 다른 용도로 써 보려고 합니다. 어디에 어떻게 쓸 수 있을까요? 마음껏 상상해서 써 보세요. (많이 쓸수록 점수가 높아집니다.)

- ☑ 유창성
- ☑ 융통성
- ○ 독창성
- ○ 정교성

29 비행기는 하늘을 자유롭게 나는 새들의 모양을 본떠서 만들었습니다. 하지만 비행기가 뜨고 내리는 활주로에 새가 많으면 아주 위험합니다. 비행기가 뜨거나 내릴 때 새들이랑 부딪칠 수 있기 때문입니다. 그렇다면 활주로의 새들을 다른 곳으로 보내기 위해서 어떤 방법을 쓸 수 있을까요?

- ○ 유창성
- ○ 융통성
- ✓ 독창성
- ✓ 정교성

30 상상이는 친구와 함께 산에서 점심을 먹고 놀다가 친구를 잃어버렸습니다. 친구를 잃어버린 지 얼마 되지 않았으므로 친구가 멀리 떨어져 있지 않은 것은 확실한데, 소리를 질러도 친구는 대답하지 않았고, 핸드폰으로 전화도 되지 않습니다. 어떻게 친구를 찾을 수 있을까요? 자기만의 방법을 말해 보세요.

- ○ 유창성
- ✔ 융통성
- ✔ 독창성
- ○ 정교성

1 일반 창의성

31 화장실 입구에는 남자 화장실과 여자 화장실을 구분하는 표지판이 붙어 있지만, 시각 장애인은 표지판을 볼 수 없습니다. 시각 장애인이 남녀 화장실을 구별할 수 있게 하는 방법을 써 보세요.

- ☑ 유창성
- ☑ 융통성
- ☐ 독창성
- ☐ 정교성

32 외국인 친구가 한국에 놀러왔습니다. 같이 지하철을 타고 놀러가기로 했는데, 지하철을 타는 방법을 모른다고 합니다. 알려주고 싶은데 말이 통하지 않습니다. 어떻게 하면 알려줄 수 있을지 다양하게 방법을 써 보세요.

- [x] 유창성
- [x] 융통성
- [ ] 독창성
- [ ] 정교성

33 무한이는 조금 전 체육 수업 때문에 매우 목이 마릅니다. 그런데 무한이가 가지고 다니는 물통을 꺼냈더니 바닥에 구멍이 나서 물이 하나도 남아있지 않았습니다. 어떻게 하면 무한이가 정수기에서 물을 받아 마실 수 있을까요? 여러 가지 방법을 적어 봅시다. (많이 쓸수록 점수가 높아집니다.)

- ☑ 유창성
- ☑ 융통성
- ○ 독창성
- ○ 정교성

34 다음의 모양이 포함되는 그림을 그리고 그 그림을 나타내는 단어를 써 보세요.

- ☑ 유창성
- ☑ 융통성
- ○ 독창성
- ○ 정교성

보기

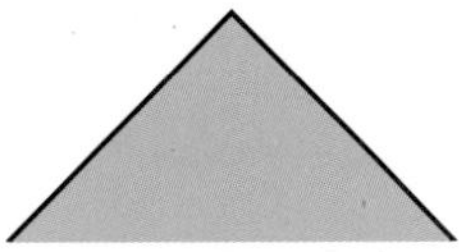

[산]

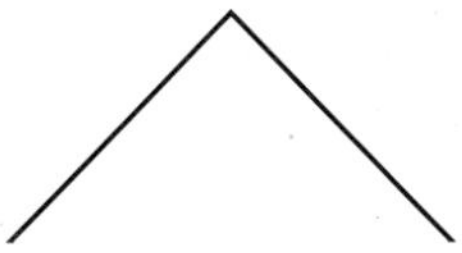

[ ]

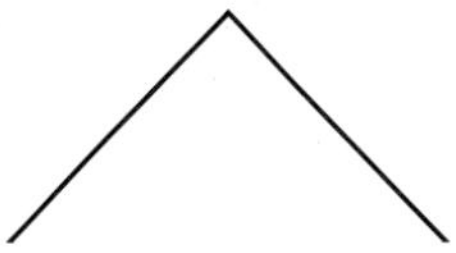

[ ]

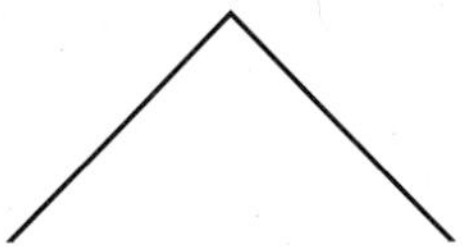

[ ]

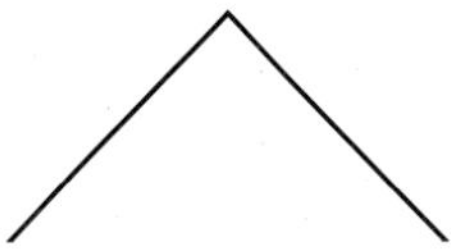

[ ]

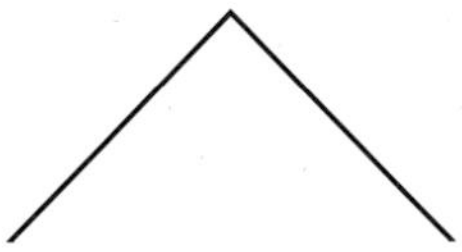

[ ]

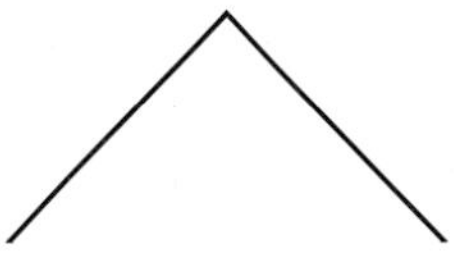

[ ]

35 <보기>에 주어진 도형만을 모두 이용하여 다양한 그림을 그려 보세요.

- ○ 유창성
- ○ 융통성
- ✓ 독창성
- ✓ 정교성

보기

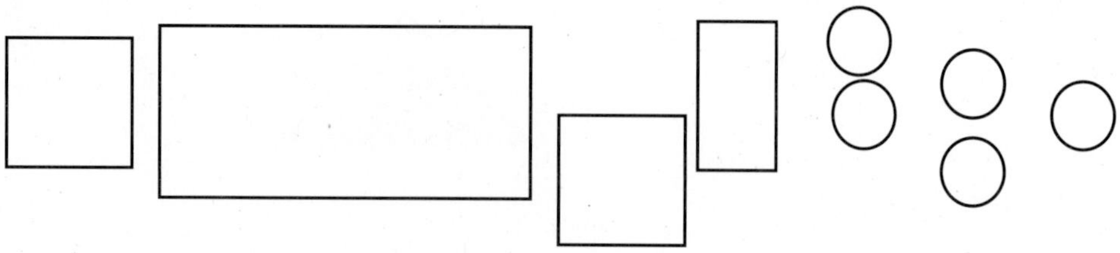

예시 답안 / 평가표
p.17

36 다음 그림을 보고 무엇이 연상되는지 적어 보고 그림을 독창적으로 완성해 보세요.

- ◯ 유창성
- ◯ 융통성
- ✓ 독창성
- ✓ 정교성

(1)

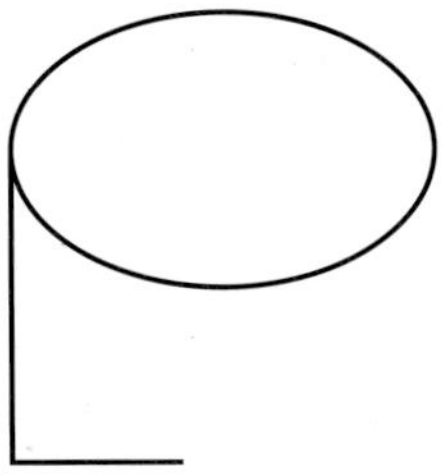

(2)

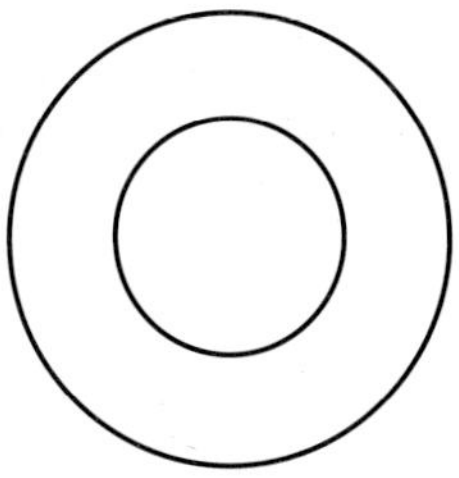

교육청 영재교육원 기출

37 상상이는 그림을 그리다가 그만 깜빡 잠이 들어버렸습니다. 상상이가 그리던 그림을 완성하고, 제목을 붙여보세요.

- ○ 유창성
- ✓ 융통성
- ○ 독창성
- ✓ 정교성

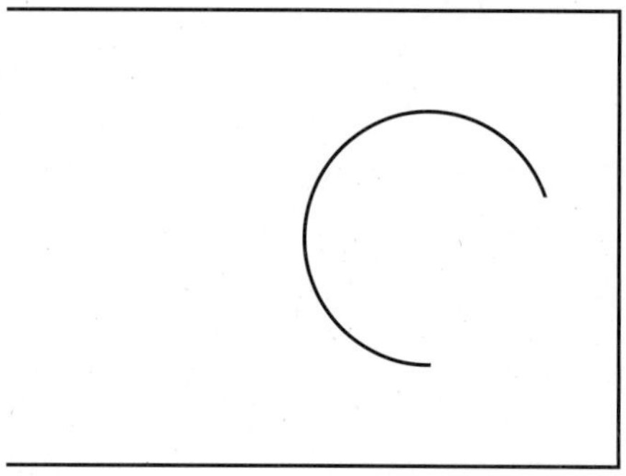

예시 답안 / 평가표
p.18

38 무한이가 63빌딩에 올라가 아래쪽을 내려다 보면서 다음과 같은 그림을 그렸습니다. 무엇을 그린 것인지 자신의 생각을 자유롭게 말해 보세요. (많이 쓸수록 점수가 높아집니다.)

- ☑ 유창성
- ☑ 융통성
- ○ 독창성
- ○ 정교성

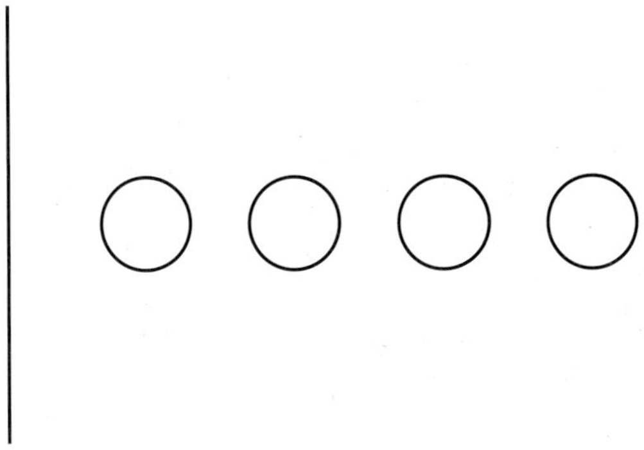

39 0, 1, 2의 숫자를 모두 사용하여 학교 생활에 관한 그림을 그리고, 제목을 붙여 보세요.

- ○ 유창성
- ✓ 융통성
- ✓ 독창성
- ✓ 정교성

[제목 :]

40 <보기>와 같이 ㅂ 모양을 이용하여 그림을 그리고, 그 그림의 제목을 적어 보세요. (많이 그릴수록 점수가 높아집니다.)

- ✓ 유창성
- ✓ 융통성
- ○ 독창성
- ✓ 정교성

보기

<바구니> <원두막> <조명>

2 언어 / 추리 / 논리

[각 문제 배점 : 5점]

01 다음 <보기>에 나오는 낱말들과 같은 형식의 낱말이 굉장히 많습니다. 최대한 많이 써 보세요.

보기

갈팡질팡, 미주알고주알, 대롱대롱

02 <보기>와 같이 자음 ㄴ, ㄹ을 순서대로 모두 넣어 만들 수 있는 두 글자 단어를 최대한 많이 만들어 보세요. (단, 자음의 순서가 바뀌면 안되고, 많이 쓸수록 점수가 높아집니다.)

보기

나라

03 우리말은 띄어쓰기를 어떻게 하느냐에 따라 뜻이 여러 가지로 달라지기도 합니다. 다음 문장을 보고 띄어쓰기를 다양하게 하여 각각 뜻을 적어 보세요. (단, 많이 쓸수록 점수가 높아집니다.)

오늘밤나방그린다.

04 <보기>의 글자들을 잘 맞추어서 글자 수에 상관 없이 단어를 다양하게 만들어 보세요. (단, 많이 쓸수록 점수가 높아집니다.)

보기

가 요 치 구 사 위 이 리 다

05 하나의 낱말은 여러 가지 의미를 가지고 있을 때도 있습니다. <보기>와 같이 주어진 단어를 가지고 다른 뜻을 가지는 짧은 문장을 각각 2개씩 써 보세요.

보기

쓰다.

→ 맛이 쓰다.

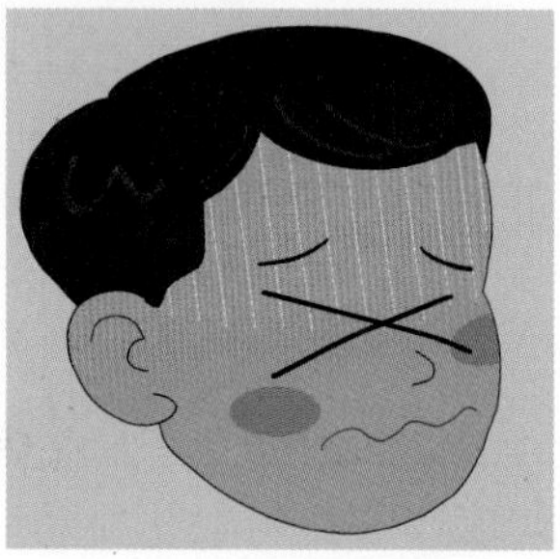

→ 모자를 쓰다.

(1) 차다.

→ ______________________________

→ ______________________________

(2) 감다.

→ ______________________________

→ ______________________________

06 상상이와 영재가 단어를 번갈아 말하는 게임을 하고 있었습니다. 상상이와 영재가 주고받은 단어들이 다음과 같을 때, 맨 마지막 단어 다음 빈 칸에 들어갈 수 있는 단어를 써 보세요. (단, 많이 쓸수록 점수가 높아집니다.)

수리 - 장수 - 사장 - 이발사 - ______

07 무한이와 상상이가 끝말잇기 놀이를 하였습니다. 다음 <보기>의 과정을 읽고 둘의 끝말잇기에 나온 단어를 순서대로 써 보세요.

보기

무한이가 먼저 '고기'로 시작했습니다.

상상이는 게임 중에 '장수'라는 단어를 사용했습니다.

무한이가 사용한 모든 단어는 고기, 수영장, 간□ 입니다.

상상이가 사용한 모든 단어는 장수, □구, 기□입니다.

08 다음 <보기>와 같이 시작 단어에서 떠오르는 낱말을 계속 이어서 낱말 기차를 최대한 길게 만들어 보세요. (단, 많이 적을수록 점수가 높아집니다.)

> 사과 - 맛있어 - 바나나 - 길어 - 기차 - 빨라 - 비행기 - 높아 - 백두산 - …

(1) 연필 -

(2) 얼음 -

09 <보기>와 같이 단어가 연결되도록 빈칸에 알맞은 말을 써 보세요.

보기

> 백합 - [꽃] - 가루 - [비누] - 방울 - [토마토] - 껍질

감기 - [ ] - 통 - [ ] - 막대 - [ ] - 수수

예시 답안 / 평가표
p.24

10 다음 <보기>의 규칙을 보고, 규칙에 따라 빈칸에 알맞은 말을 써 보세요.

보기

뿡 > 뿌붕 > 뿌부붕

(1) 샵 > ______________ > 샤사삽

(2) ______________ > 쿠궁 > 쿠구궁

(3) 쨘 > 쨔잔 > ______________

11 무한이는 선생님이 주신 단어를 보고 생각나는 단어들을 옆 가지에 썼습니다. 그런데 실수로 물을 엎어, 처음 받았던 단어 부분이 지워져 버렸습니다. 무한이가 처음 선생님께 받았던 단어는 무엇일까요?

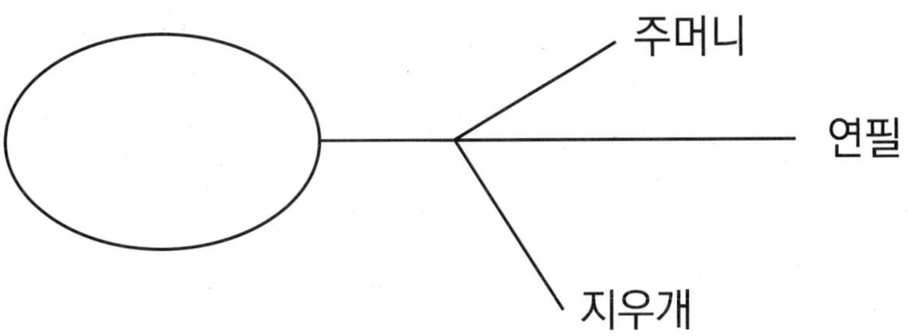

12 <보기>에서 나열된 단어들을 보고, 문제에서 빈칸에 알맞은 단어를 찾아 넣어 보세요.

보기

나침반 - 방향을 알다.

자 - 길이를 재다.

동화책 - 이야기를 읽다.

(1) ______ - 자르다.

(2) ______ - 붙인다.

(3) ______ - 오르다.

13 두 그림이 연결고리가 있도록 글을 완성해 보세요.

(1)  이 화장실 휴지라면,  는 ______________이다.

(2) 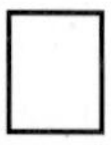 이 수첩이라면  는 ______________이다.

(3)  이 콩이라면  는 ______________이다.

14 상상이는 가운데에 있는 낱말을 보고 떠오르는 낱말을 <보기>와 같이 주위에 적어 보았습니다. 다음 중 빈칸에 들어갈 수 있는 단어를 아래에서 골라 적어 보세요.

보기

교실	체험 학습	친구
운동회	학교	선생님
공부	점심 시간	교과서

(1)

연락처	인터넷	전화
사진		게임
문자	노래	동영상

휴대폰 텔레비전 컴퓨터 라디오

(2)

	여름	

붕어빵 에어컨 장마 수영 얼음 난로
피서 수박 첫눈 해바라기 목도리
티셔츠 떡국 개나리 동백

15 무한이와 상상이, 상상이와 미영이, 미영이와 무한이로 달리기 시합을 했더니 결과가 다음과 같았습니다. 누가 제일 빠르고 누가 제일 느릴까요? 빠른 순서대로 써 보세요.

보기

무한이가 상상이보다 빠릅니다.

상상이가 미영이보다 느립니다.

미영이가 무한이보다 빠릅니다.

16 다음 <보기>의 대화를 읽고, 무한이는 몇 층에 살고 있을지 맞춰 보세요.

보기

A : 무한, 상상, 영재, 민아는 4층짜리 아파트에 사는데, 1층부터 4층까지 한 명씩만 살 수 있어.

B : 무한이는 1층 또는 3층에, 상상이는 3층 또는 4층에 살고 있어.

C : 영재는 민아의 바로 위층에 살고 있어.

D : 상상이는 영재의 바로 위층에 살고 있어.

17 세 개의 상자 속에는 금이 들어 있거나 흙이 들어 있다고 합니다. 다음 <보기>를 읽고 상자 A ~ C 중 항상 금이 들어 있는 상자는 무엇인지 맞춰 보세요.

보기

ㄱ. A 상자에 흙이 있다면, B 상자에 금이 있다.

ㄴ. C 상자에 금이 있다면, A 상자에 흙이 있다.

ㄷ. B 상자에 흙이 있다면, C 상자에 금이 있다.

18 **다음 <보기>의 ㄱ ~ ㄹ을 읽고, 전국 여름방학 캠프에서 만난 A, B, C 세 사람의 이름과 사는 곳을 바르게 연결해 보세요.**

보기

ㄱ. 세 사람의 이름은 각각 무한, 상상, 영재이다.

ㄴ. 세 사람이 사는 곳은 서울, 부산, 대전이다.

ㄷ. B는 대전에 살고, 영재가 아니다.

ㄹ. A는 상상이가 부산에 산다는 것을 안다.

19 무한, 상상, 영재 세 학생 중 한 명이 집에 가는 길에 넘어진 아이를 발견하고 일으켜서 달래주었다고 합니다. 선생님이 누가 그랬는지 물었더니 세 명이 다음 <보기>와 같이 답했습니다.

보기

무한 : 영재가 했습니다.

상상 : 제가 했습니다.

영재 : 제가 한 것이 아닙니다.

세 명 중에서 두 명이 참말을 하고 한 명이 거짓말을 했습니다. 누가 좋은 일을 했을까요?

20 <보기>의 규칙에 따라 4개의 칸을 가진 서랍의 A ~ D 칸 각각에 해당하는 색깔을 맞춰 보세요.

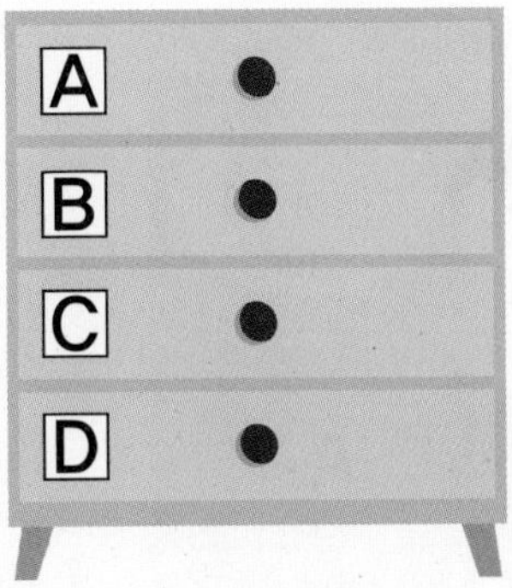

보기

ㄱ. 한 서랍에는 한 가지 색만 있다.

ㄴ. 노란색은 아래에서 두 번째 서랍에 있다.

ㄷ. 노란색은 빨간색 위에 있다.

ㄹ. 주황색은 노란색과 초록색 사이에 있다.

21 학교에서 받아쓰기 시험을 보고 난 후, A, B, C, D 네 사람은 다음과 같이 성적을 추측하였습니다.

발표된 시험 성적을 보니 한 사람만이 틀리게 추측하였다고 합니다. 점수가 높은 사람 순서대로 써 보세요.

22 각각의 말이 옳은지 옳지 않은지 구분하고, 그 이유를 설명해 보세요.

(1) 무한이는 영재 초등학교 학생이다.
영재 초등학교에 다니는 학생 몇 명은 피아노 학원에 다닌다.
그러므로 무한이도 피아노 학원에 다닌다.

(2) 강아지는 동물이다.
동물은 모두 생물이다.
그러므로 강아지도 생물이다.

23 우리가 일상 생활에서 지켜야 하는 많은 규칙들은 모두가 다치지 않고 편하게 생활하기 위해서 만들어진 것입니다. 특히 운동 경기에서의 규칙은 선수들이 다치지 않고 올바르게 승부를 가리기 위해 더욱 엄격하게 적용됩니다. 무한이네 학교는 운동회에서 반 대항 달리기 시합을 하려고 합니다. 친구들이 다치지 않도록 하면서 공정하게 대회를 진행하기 위해서 무한이는 다음과 같은 규칙을 만들었습니다. 이 규칙은 무엇을 위한 것일까요?

> 앞선 친구들이 다 뛰기 전까지는 출발하지 않는다.

24 학교에서 불우이웃을 돕기 위해 바자회를 하려고 합니다. 이때, 학생들은 바자회에 어떤 물건을 내놓는 것이 가장 좋을까요? 왜 그럴까요?

25 다음 <보기>와 같이 친구에 대한 각자의 생각대로 빈칸을 채워보고, 그 이유를 말해 보세요.

보기

친구는 형제와 같다.

왜냐하면 항상 함께 놀고 맛있는 것을 같이 먹기 때문이다.

친구는 [　　　　] 와(과) 같다.

왜냐하면 ______________________________.

26 다음 <보기>의 글을 읽고 무한이의 행동은 바른 행동인지 아닌지, 왜 그렇게 생각하는지 자유롭게 써 보세요.

보기

영재는 유치원 때 사고로 부모님을 잃고 할머니와 둘이서 어렵게 살고 있습니다. 할머니는 일 때문에 집에 계시는 시간이 적고, 영재는 소년 가장으로서 힘들게 살고 있습니다. 무한이는 가장 친한 친구 영재가 용돈이 떨어져서 굶고 있는 것을 보았습니다. 무한이는 영재를 돕고 싶어서, 어머니 지갑에 들어 있는 만 원 한 장을 몰래 꺼내어 영재에게 맛있는 햄버거를 사주었습니다.

27 상상이는 오늘 학교에서 옛날부터 내려오는 속담을 배웠습니다. 그런데 옛날 속담이라 요즘과는 잘 어울리지 않는 단어들이 있다고 합니다. 다음의 속담을 <보기>와 같이 단어를 현대적으로 바꾸어서 의미가 통하도록 만들어 보세요.

보기

바늘 도둑이 소 도둑 된다 > 라면 도둑이 보석 도둑 된다.

(1) 등잔 밑이 어둡다. > ______________________

(2) 서당 개 삼 년이면 풍월을 읊는다. > ______________________

28 무한이는 동물을 좋아합니다. 그래서 학교에서 생활 속에서 사용하는 속담들을 알아오라는 숙제를 냈을 때, 동물에 관련된 속담을 찾아보기로 하였습니다. 동물이 들어간 속담에는 어떤 것들이 있을까요? 다양하게 적어 봅시다.

29 다음 무한이와 상상이의 이야기를 보고, 어떤 속담을 쓰면 좋을지 <보기>에서 골라 보세요.

상상이와 무한이가 크게 다투었습니다. 상상이가 떠나고 무한이가 씩씩 숨을 고르고 있는데, 그것을 모르는 영재가 무한이에게 다가왔습니다. 영재가 무한이에게 "무한아, 상상이는 어디 갔니?"하고 물었는데, 무한이는 "그걸 내가 어떻게 알아???"하고 영재에게 왈칵 화를 내고 말았습니다.

보기

- 꼬리가 길면 밟힌다.
- 고래 싸움에 새우 등 터진다.
- 말이 아 다르고 어 다르다.
- 종로에서 뺨 맞고 한강에서 화풀이 한다.

30 다음 <보기>의 문장들을 이야기가 자연스럽게 이어질 수 있도록 번호를 순서대로 써 보세요.

보기

① 소는 싫었지만 참았습니다.

② 둘은 결국 서로에게 "난 네게 최선을 다했어!"라며 헤어지고 말았습니다.

③ 사자는 풀을 씹어보다 에퉤퉤 하고 뱉어내어 버렸습니다.

④ 소는 보답으로 사자에게 맛있는 풀을 준비해서 주었습니다.

⑤ 사자는 소에게 신선한 고기를 사냥해 주었습니다.

⑥ 어느 마을에서 소와 사자가 서로 사랑해서 사귀게 되었습니다.

31 양치기 소년이 늑대 한 마리와 양 한 마리, 그리고 양배추 한 통을 가지고 강을 건너려고 합니다. 배를 타고 건너는 데에는 소년이 반드시 노를 잡아야 하고, 배가 아주 작아서 강을 건널 때는 한 번에 하나씩만 가지고 건널 수 있다고 합니다. 만약 소년이 곁에 있지 않는다면 늑대는 양을 잡아먹고, 양은 양배추를 먹어버릴 것입니다. 다행히 늑대는 양배추는 먹지 않습니다. 소년이 늑대와 양, 양배추를 모두 무사히 건너게 하려면 어떻게 해야 할까요?

32 각 문제에서 주어진 단어들이 모두 들어간 짧은 문장을 만들어 보세요.

(1) 아파트, 가게, 딸기우유

(2) 지우개, 짝궁, 받아쓰기

33 다음 <보기>의 ㄱ과 ㄴ의 문장을 보고, 알 수 있는 결론을 ㄷ에 써 보세요.

보기

ㄱ. 햄스터는 늑대보다 작다.

ㄴ. 늑대는 코끼리보다 작다.

ㄷ. 그러므로 햄스터는 ____________________

34 다음 <보기>의 ㄱ과 ㄷ의 문장을 보고, ㄷ의 결론이 나올 수 있도록 ㄴ에 알맞은 문장을 써 보세요.

보기

ㄱ. 상상이네 학교의 모든 학생들은 급식을 먹는다.

ㄴ. ____________________

ㄷ. 따라서 무한이는 급식을 먹는다.

35 우리는 손과 발을 이용해서 많은 일들을 합니다. 손가락과 발가락 중 누가 더 행복할까요? 여러 가지로 생각해 보세요. (단, 많이 쓸수록 점수가 높아집니다.)

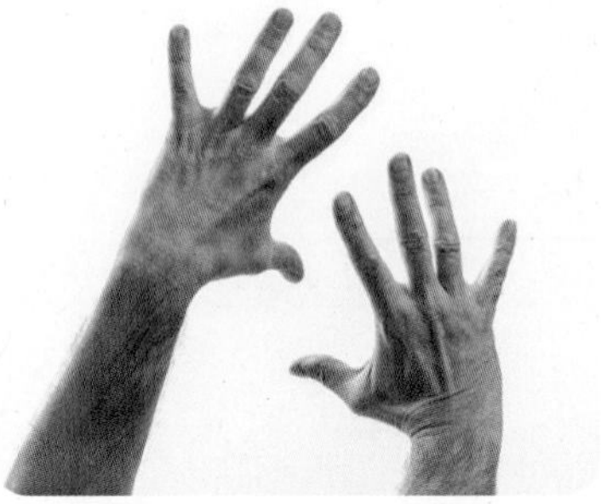

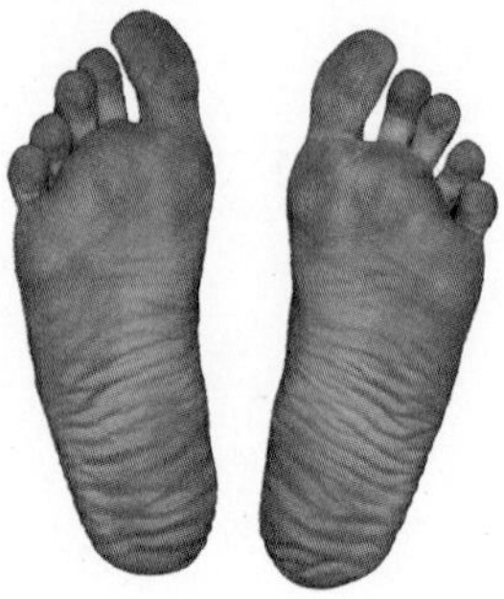

36 그림을 보고, 바로 그 다음에 일어날 수 있는 일을 자세히 써 보세요.

37 다음은 재미있는 이야기입니다. 이때 광대가 할 수 있는 말을 다양하게 써 보세요.

어떤 임금 곁에 재미있는 말을 해 주는 광대가 있었다. 그런데 그 광대가 결정적인 실수를 해서 사형을 면치 못하게 되었다. 왕이 말했다.

"넌 평소 날 즐겁게 해주었으니 죽는 방법은 네가 원하는 대로 해주마."

"오, 임금님! 자비로우십니다. [ ]"

38 다음 만화를 보고, 무한이가 한 말에서 틀린 부분은 무엇인가요? 있다면 왜 틀렸을까요?

39 다음 무한이와 상상이의 대화 이후 상상이가 할 수 있는 말을 자유롭게 상상해서 써 보세요.

무한 : 상상아, 나 지난 수업 시간 빠졌었는데, 선생님이 주셨던 간식 남은 거 줘.

상상 : 너 며칠 전에 내가 빠졌을 때는 내 거 맡아주지 않았었잖아.

무한 : 그래도 네가 내 짝이잖아. 맡아줬어야지.

상상 : [ ]

40 다음 그림을 보고, 지은이가 우리에게 하고 싶은 말이 무엇인지 생각해 보세요.

어느 날, 닭이 먹이를 찾아 땅바닥을 쪼다가 우연히 진주를 발견했습니다.

"이게 뭐야! 옥수수인 줄 알았는데."

어느 날, 개가 산 속에서 주인이 쏘아 맞힌 사냥감을 찾다가 금가루가 들어있는 자루를 발견했지만, 개는 찾던 사냥감이 아니어서 불평만 했을 뿐 그냥 지나쳤습니다.

어느 날 한 아저씨가 창고를 청소하다가 아주 중요한 옛날 책을 발견했습니다. 하지만 아저씨는 그것이 무엇인지 알려고 하지도 않고 그 책을 휴지통에 버렸습니다.

지은이는 우리에게

____

라는 말을 하려는 것이다. (단, 속담이나 비유적인 표현은 사용하지 말 것)

3 수리논리

[각 문제 배점 : 5점]

01 무한이네 아파트는 주차장의 각 칸에 규칙에 따라 번호를 적어두었습니다. 어느 날 무한이가 아파트 베란다에서 주차장을 내려다 보았더니 다음 그림과 같은 모습이 보였다고 합니다. 차가 주차되어 있는 칸의 번호는 몇 번일까요?

02 다음 카드로 만든 식은 잘못된 식입니다. 식에 들어 있는 카드 두 장의 자리를 바꿔 옳은 식을 만들어 보세요.

7	5	-	2	1	=	4	3

03 무한이는 성냥개비를 이용해서 덧셈과 뺄셈 식을 만들었습니다. 그런데 성냥개비 하나를 잘못 놓아서 잘못된 식이 되고 말았습니다. 각각의 식에서 성냥개비 하나를 움직여 올바른 식으로 고쳐 보세요.

(1)

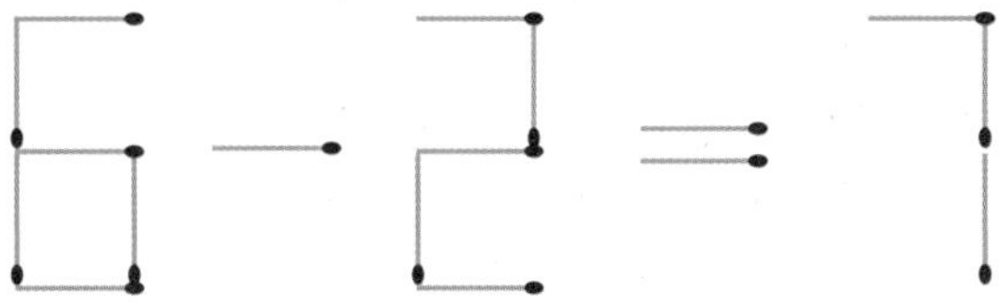

(2)

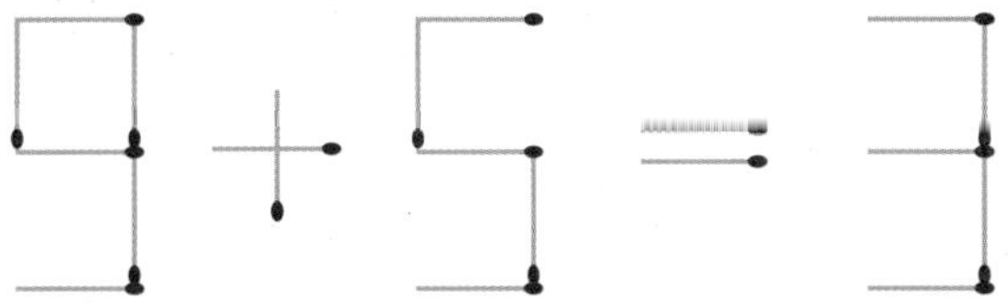

(3)

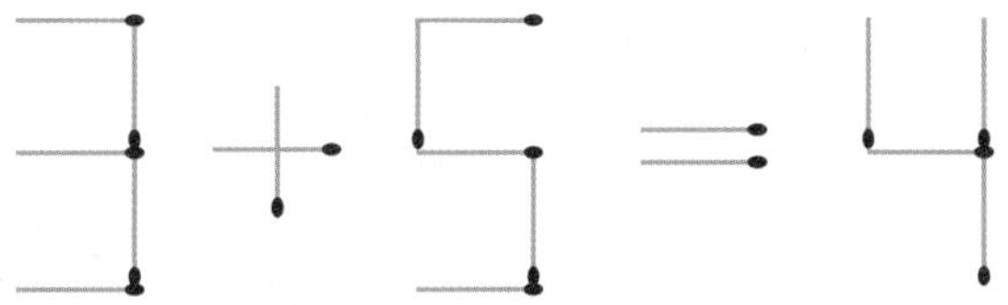

(4)

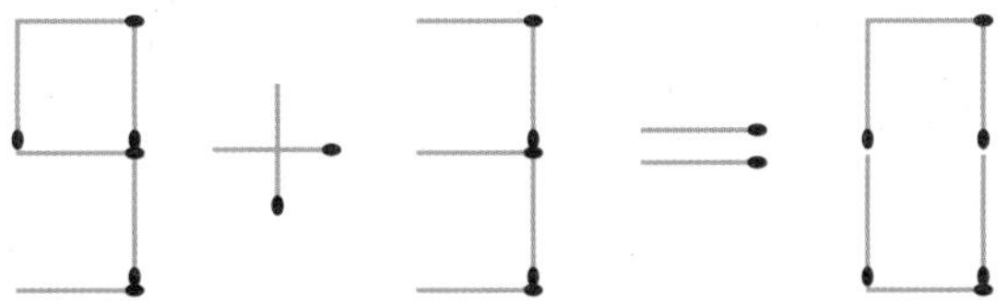

04 <보기>에서 무한, 상상, 영재 세 사람의 나이를 비교해 보았습니다. 가장 나이가 많은 사람은 누구인가요? 또 가장 나이가 적은 사람은 누구일까요?

보기

상상이는 무한이보다 3살 많습니다.

영재는 상상이보다 2살 적습니다.

영재는 무한이보다 1살 많습니다.

05 무한이의 식탁 위에 과자가 담겨 있는 세 개의 접시가 있습니다. 무한이와 상상이의 이야기를 읽고, 어느 접시의 과자가 가장 많은지 얘기해 보세요.

보기

무한 : 첫 번째 접시는 세 번째 접시보다 과자가 4개 적어.

상상 : 세 번째 접시는 두 번째 접시보다 2개 많네.

06 그림과 같이 두 개의 양팔 저울 위에 과일을 올려놓았더니 양쪽의 무게가 같았습니다. 포도 한 송이의 무게는 자두 몇 개의 무게와 같을까요?

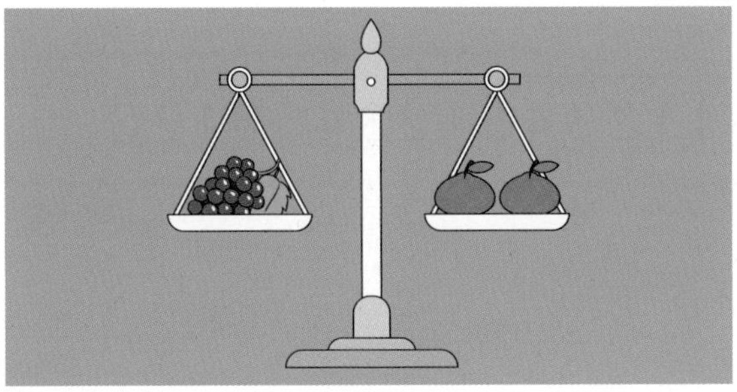

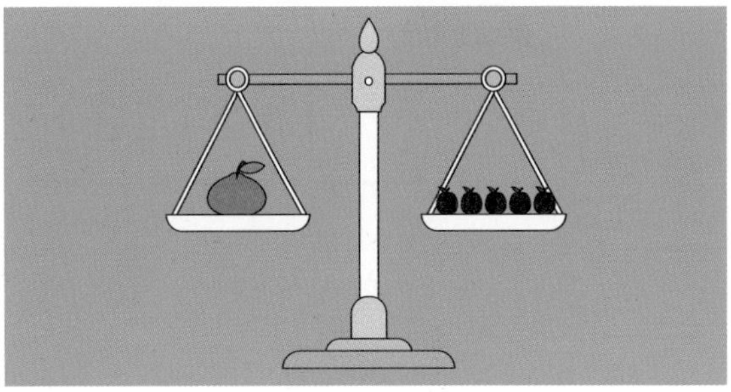

07 다음 두 수의 공통점을 여러 가지 적어보세요. (단, 여러 가지 쓸수록 점수가 높아집니다.)

보기

16　　　25

08 다음 <보기>의 나열된 수들의 규칙을 찾아보고, 마지막 숫자 다음에 나올 숫자를 구해 보세요.

보기

1 1 2 1 2 3 1 2 3 4 1 2 3 4 5 1 2 3 4 5 6 1 2 3

09 수들이 <보기>와 같이 순서대로 놓여있을 때, 무슨 규칙에 따라 놓은 것인지 설명해 보세요.

보기

1 4 7 10 13 16 19

10 다음 각 문장의 내용은 참일까요 거짓일까요? 알아맞혀 보세요.

(1) 어제가 화요일이었다면, 모레는 토요일입니다.

(2) ★ + ★ + ★ = ◇이고 ◇ − ★ = 10이라면, ★ = 5입니다.

(3) 상상이는 원래 10권의 책을 가지고 있었는데, 그 중 2권을 무한이에게 빌려주었더니 두 사람이 가지고 있는 책의 수가 같아졌습니다. 이때 무한이는 원래 5권의 책을 가지고 있었습니다.

11 상상이와 무한이는 서로에게 수학 문제를 내기로 했습니다. 각 문제가 어떤 계산을 이용하여 만든 문제인지 <보기>에서 찾아 짝을 지어 보세요.

보기

7 + 4　　12 − 5　　2 + 4 + 8

(1) 상상이는 새 연필 한 다스를 사서, 다섯 명의 친구들에게 한 자루씩 나눠주었습니다. 상상이에게 남은 연필은 몇 자루일까요?

(2) 무한이는 7개의 초콜릿을 가지고 있었는데, 친구에게서 4개를 더 받았습니다. 무한이는 총 몇 개의 초콜릿을 가지고 있을까요?

(3) 무한이는 지우개를 잘 잃어버립니다. 그래서 어제 2개를 샀고, 오늘은 4개나 더 샀습니다. 그런데 집에 와서 방 정리를 했더니 무려 8개의 잃어버린 지우개가 나왔습니다. 무한이는 지금 몇 개의 지우개를 가지고 있을까요?

12 무한이는 1 ~ 10까지의 숫자 카드 중 하나를 선택하고, 상상이는 무한이에게 질문하여 알아맞히는 놀이를 하였습니다. 질문에 대한 답은 '예', '아니오'로만 할 수 있을 때 <보기>의 무한이와 상상이의 대화를 보고, 무한이가 고른 숫자 카드가 무엇인지 맞춰 보세요.

보기

상상 : 5보다 큰 수인가요?

무한 : 예

상상 : 짝수인가요? (홀수 : 1,3,5,7,9 짝수 : 2,4,6,8,10)

무한 : 아니오.

상상 : 1을 더하면 10이 되나요?

무한 : 아니오.

상상 : 좋아. 답을 알았어. 네가 가지고 있는 숫자 카드는 [ ] 야.

13 상상이는 엘리베이터를 타고 일곱 층을 올라갔다가 두 층을 내려와서 엘리베이터를 내렸습니다. 그리고 계단으로 세 층을 내려온 후 다시 엘리베이터로 한 층을 올라갔다가 네 층을 내려갔더니 아파트의 2층에 도착했다고 합니다. 처음 상상이가 엘리베이터를 탄 층은 몇 층일까요?

14 무한이는 20cm인 종이테이프 4개를 이어 붙여 보았습니다. 겹치는 부분이 모두 3cm일 때, 종이테이프의 전체 길이는 몇 cm일까요?

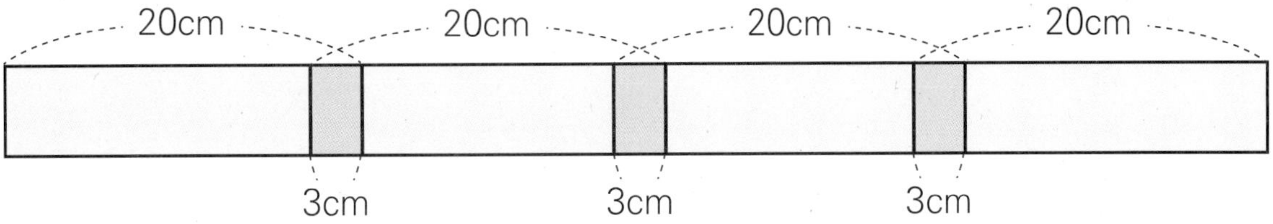

15 1부터 6까지의 수를 한 번씩만 넣어서 각 변에 있는 세 수의 합이 모두 같게 하려고 합니다. 빈칸에 알맞은 숫자를 넣어서 모두 채워 보세요.

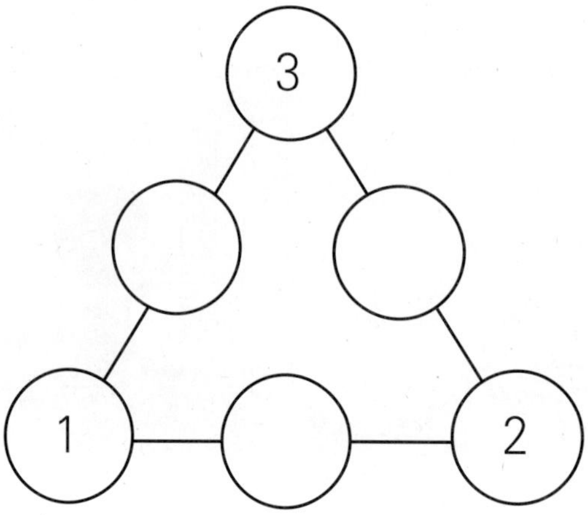

16 A, B가 0부터 5까지의 숫자 중 서로 다른 숫자를 가질 때, 아래의 식에서 각 알파벳에 들어갈 숫자는 무엇일까요?

$$\begin{array}{rcc} & A & B \\ + & B & 3 \\ \hline & 5 & A \end{array}$$

17 상상이는 다음 그림에 1에서 7까지의 수를 한 번씩 넣어 하나의 네모로 이어진 4개 숫자의 합이 모두 같도록 만들려고 합니다. a, b, c에 들어갈 알맞은 수를 써넣어 보세요.

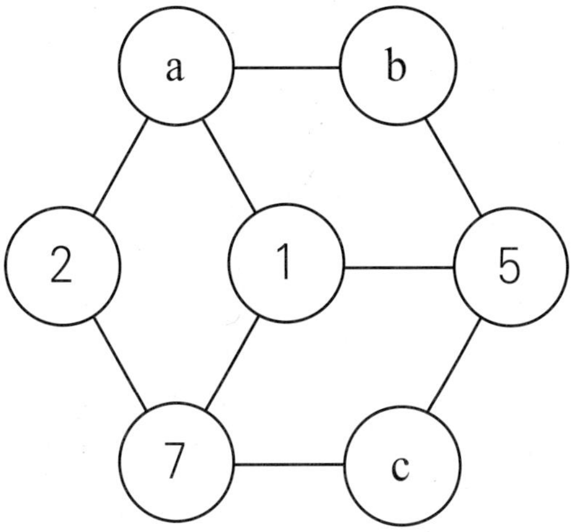

18 세 원이 겹쳐져 7개의 칸으로 나누어진 도형이 있습니다. 7개의 칸에 10부터 16까지의 수를 하나씩 넣으려고 합니다. 각 숫자를 한 번씩만 사용해서 각 원 안에 있는 수의 합이 모두 같아지도록 빈칸을 채워 보세요.

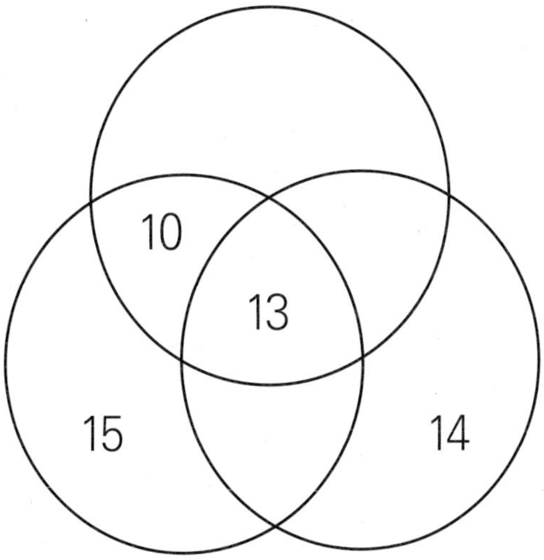

19 다음의 숫자 피라미드는 <보기>에서와 같은 모양일 때 ㉮ + ㉯ = ㉰가 됩니다. 피라미드 안의 빈칸에 알맞은 숫자를 적어 보세요.

보기

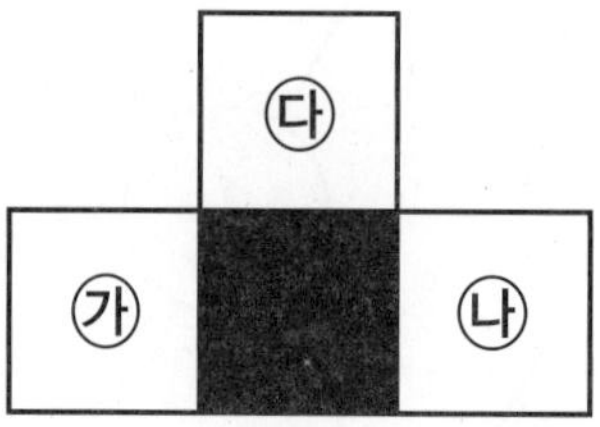

20 <보기>와 같이 아래 모양에 숫자를 넣는다면, A, B에 각각 어떤 숫자가 들어갈지 맞혀 보세요.

보기

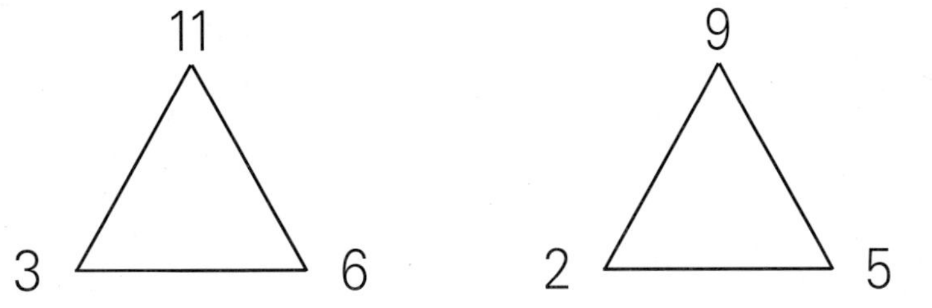

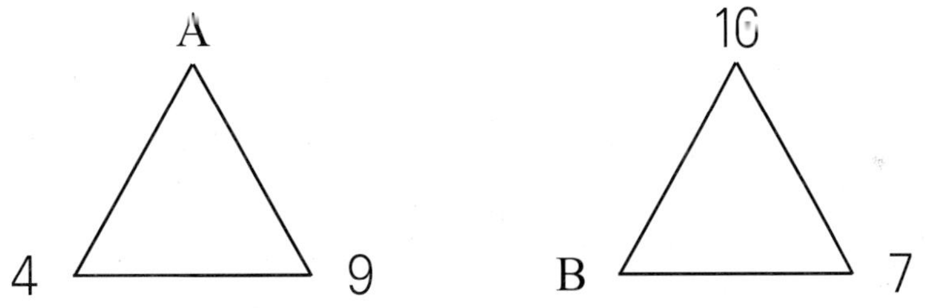

21 상상이는 일정한 규칙을 가지고 순서대로 다음 숫자들을 썼습니다. ㉮와 ㉯에 들어갈 숫자가 무엇일지 맞혀 보세요.

(1) 11000, 01100, 00110, 00011, 10100, 01010, 00101, 10010, (㉮)

(2) (180301, 180302, 180303)
(180301, 180401, 180501)
(180301, 190301, ㉯)

22 <보기>에 주어진 4개의 수를 아래 식의 □ 안에 한 번씩 각각 넣어 계산하였을 때, 괄호 안의 답 중 가장 큰 수와 가장 작은 수는 무엇일까요? (단, 0보다 작은 답은 뺀다.)

보기

41　33　26　58

□ + □ - □ - □ = (　　　　)

23 주사위는 마주 보는 면에 있는 점의 합이 항상 7 입니다. <보기>와 같이 주사위 2개를 붙여두었다면, 두 주사위가 붙은 면의 점의 합이 가장 클 때 그 수는 몇일까요?

보기

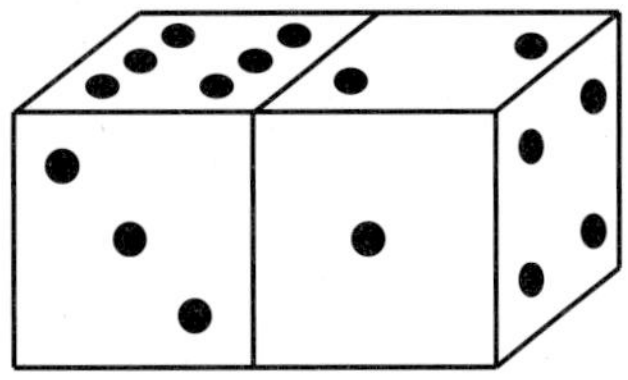

24 상상이네 반 28명이 음악회에 갈 때, 3인용 승용차와 8인용 승합차를 이용하여 간다고 합니다. 승합차와 승용차가 남는 자리 없이 28명이 모두 탈 수 있으려면 몇 대씩이 필요할까요? 선생님이라 생각하고 계산해 봅시다.

3 수리논리

25 무한이는 어머니와 함께 시장에 갔습니다. 오이 가격이 1000원일 때, <보기>의 조건에 맞는 사과, 배, 수박의 가격은 각각 얼마일까요?

보기

조건 1. 사과 1개와 오이 1개를 합한 가격은 3000원이다.

조건 2. 수박 2통의 가격과 사과 7개의 가격이 같다.

조건 3. 오이 1개와 배 2개를 합한 가격이 수박 1통의 가격과 같다.

26 상상이가 좋아하는 콜라 3개와 우유 4개를 사려고 했더니 총 가격이 11000원이었습니다. 그러다 상상이가 우유 1개를 뺐더니 총 가격이 9000원이 나왔다고 합니다. 콜라와 우유의 각각의 가격은 얼마일까요?

27 무한이는 2500원짜리 색연필을 사면서 500원, 100원, 50원짜리 동전을 1개 이상 사용해서 총 11개를 주었습니다. 500원, 100원, 50원짜리 동전을 각각 몇 개씩 주었을까요?

28 길이를 알고 있는 3개의 종이테이프를 붙여서 원기둥의 높이를 구하려고 합니다. 원기둥의 높이가 <보기>와 같을 때, 종이테이프로 높이를 정확히 잴 수 없는 원기둥은 무엇일까요? (단, 1개나 2개를 써도 되고 테이프를 겹쳐서 써도 됩니다.)

2cm	3cm	7cm

보기

1cm 6cm 11cm

29 상상이는 엄마가 주신 용돈 10000원으로 간식을 사려고 합니다. 거스름돈이 남지 않게 하려면 어떻게 살 수 있을까요? (단, 종류의 수는 관계없고, 가짓수를 여러 가지 쓸수록 점수가 높아집니다.)

곰보빵	감자칩	딸기 케이크
1000원	1500원	4000원

30 무한이는 1부터 8까지의 여덟 장의 숫자 카드를 4장씩 나누어서 각각의 숫자 카드의 수의 합이 같아지도록 하려고 합니다. 몇 가지나 있을까요? 최대한 많이 적어 봅시다. (단, 많이 쓸수록 점수가 높아집니다.)

3 수리논리

31 주어진 숫자와 +, − 를 사용하여 답이 12가 되도록 다양하게 만들어 보세요. (단, +, −와 숫자는 여러 번 쓸 수 있고, 많이 쓸수록 점수가 높아집니다.)

보기

1, 2, 3, 4, 5, 6, +, -

32 숫자 1과 2, 더하기(+)를 사용하여 3이 되도록 하는 데에는 다음 <보기>와 같이 2가지 방법이 있습니다. 이때, 같은 방법으로 숫자 1과 2, 더하기(+)를 사용하여 계산 결과가 5가 되도록 만들어 보세요. (단, 여러 가지 쓸수록 점수가 높아집니다.)

보기

1+1+1=3　　　1+2=3

33 1부터 9까지의 숫자와 +를 한번만 이용하여 계산한 값이 40이 나오는 식을 다양하게 써 보세요. 이때, 숫자는 모두 한 번씩만 사용해야 하고, 두 개의 숫자를 붙여서 사용할 수도 있습니다. (단, 더하는 순서가 바뀌는 것은 같은 식으로 세고, 많이 쓸수록 점수가 높아집니다.)

34 7과 8을 더하면 15로 13보다 큽니다. 숫자 카드 1 ~ 9 중에서 2장을 골랐을 때 그 합이 13보다 큰 경우의 가짓수는 모두 몇 개일까요? (단, 같은 숫자 카드는 쓸 수 없고, 순서만 뒤바뀐 것도 같은 경우로 셉니다.)

35 상상이는 가로가 18cm, 세로가 16cm인 네모 모양의 색지를 한 장 가지고 있습니다. 이것을 잘라서 가로 6cm, 세로 4cm 크기의 쪽지를 가능한 한 많이 만들어 친구들에게 나눠주려고 합니다. 몇 개의 쪽지를 만들 수 있을까요?

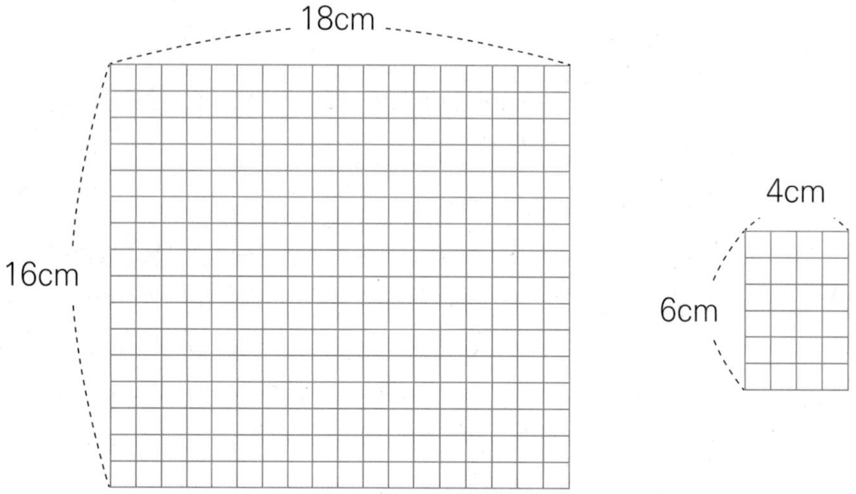

36 다음 <보기>와 같이 격자무늬 칸에 1에서 9까지의 수를 한 번씩 써 넣어 가로, 세로, 대각선에 있는 세 수의 합이 모두 같게 하려고 합니다. A에 들어갈 숫자는 무엇일지 구해 보세요.

보기

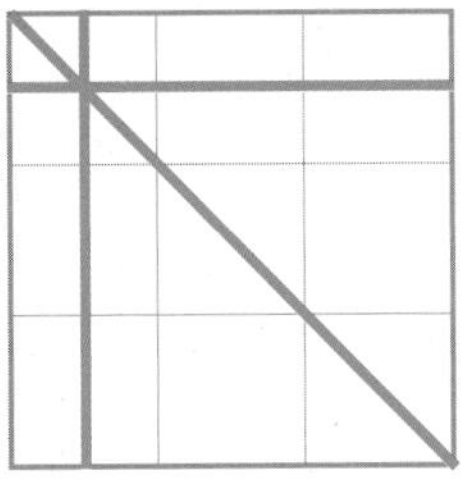

파란 선으로 이어지는 세 수의 합이 같다.

4		2
A		7
	1	6

37 무한이는 1부터 12까지의 숫자 카드를 가지고 있습니다. 아래 그림에서 왼쪽에서 오른쪽으로 갈수록 숫자가 커지도록 카드를 놓고 싶어 합니다. 어떻게 카드를 놓으면 될까요? 빈칸에 숫자를 넣어서 완성해 보세요.

1			6
		11	
	3		8

38 다음 표는 네모 안에 1부터 12까지의 수를 각각 한 번씩 넣고 옆과 아래로 각각 수를 더한 값을 나타낸 것입니다. 빈칸을 채워넣고 표를 완성해 보세요.

+				=
1		12		24
	11		3	31
8	2			23
19	18	23	18	

39 무한이는 공을 좋아하기 때문에, 방에 공이 각각 20개씩 들어있는 상자가 세 개나 있습니다. 각각의 상자 안에 들어 있는 공의 종류를 보고, 상자에서 공 5개를 색을 보지 않고 꺼내려고 합니다. 다음 중 어느 상자에서 흰색 공이 가장 많이 나올까요?

40 상상이의 필통 안에는 3자루의 빨간색 색연필과 1자루의 초록색 색연필이 있습니다. 상상이가 그림을 색칠하다가 빨간색 색연필이 필요해졌습니다. 필통 안을 보지 않고 색연필을 하나씩 꺼낼 때, 꼭 빨간색 색연필을 꺼내려면 몇 번 꺼내야 할까요?

4 공간 / 도형 / 퍼즐

[각 문제 배점 : 5점]

01 다음 선 3개의 길이를 비교할 수 있는 방법에는 어떤 것들이 있을까? 다양하게 써 보세요. (단, 여러 가지 쓸수록 점수가 높아집니다.)

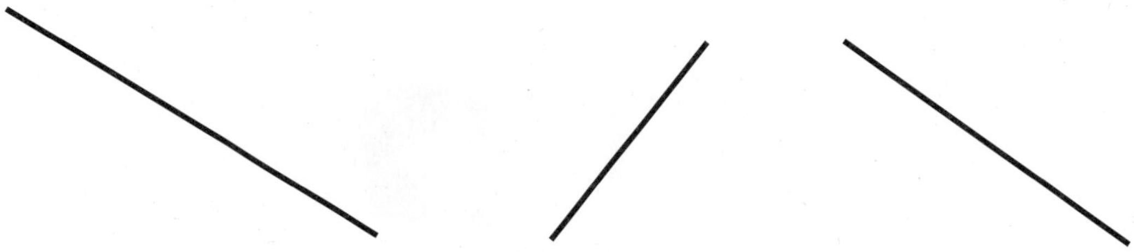

02 상상이는 각각의 그림의 색칠한 부분 위에 크기가 모두 같은 바둑알을 펼쳐서 놓으려고 합니다. 바둑알을 가장 많이 놓을 수 있는 순서대로 기호를 써 보세요.

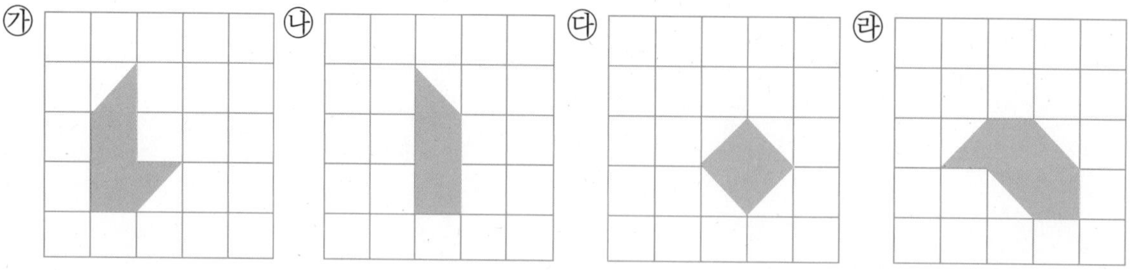

03 무한이가 모눈종이 위에 필통 속의 물건들을 꺼내 놓았습니다. 그림을 잘 보고, 볼펜과 연필의 길이를 구해보고 그 이유도 말해 보세요. (단, 자는 12cm 자입니다.)

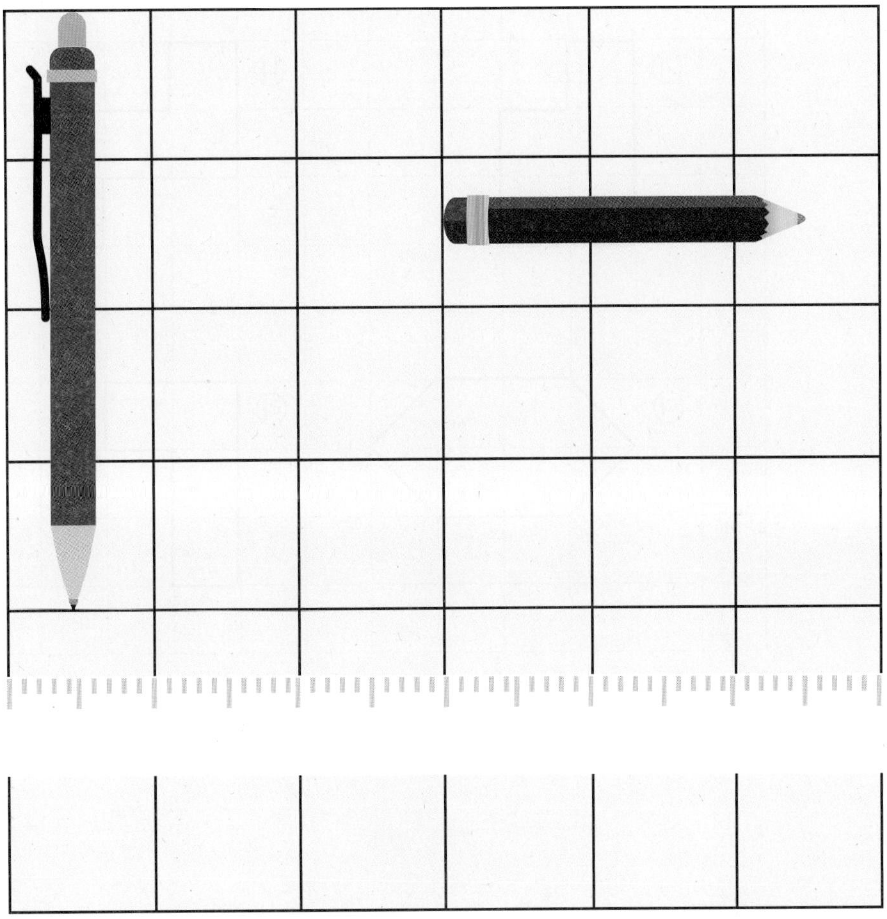

04 다음은 모눈종이 위에 여러 가지 도형을 그린 것입니다. 도형 ㉯ ~ ㉱ 중에 도형 ㉮와 넓이가 같은 도형은 무엇일까요?

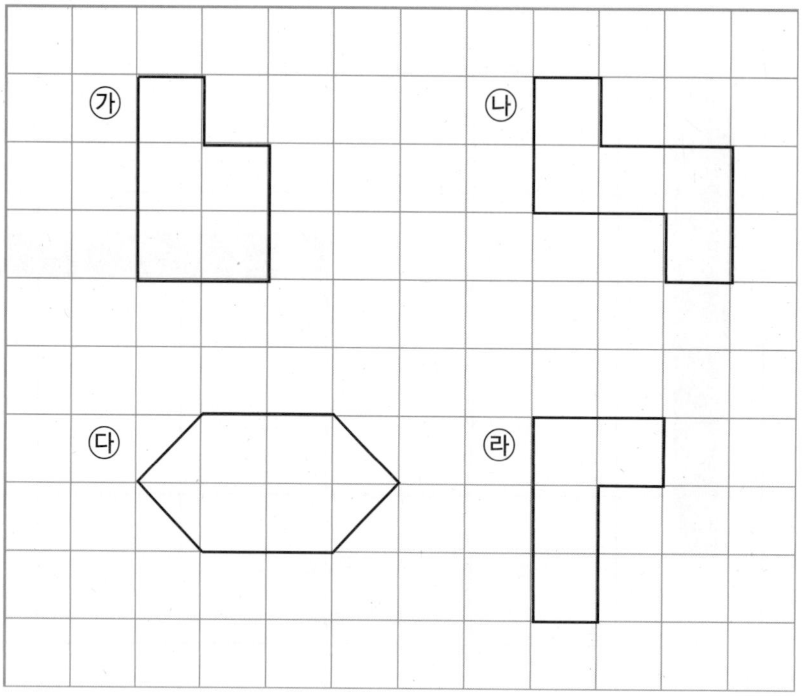

05 도형들을 관찰하고 크기와 모양이 같은 도형들 2개씩을 모두 찾아 보세요.

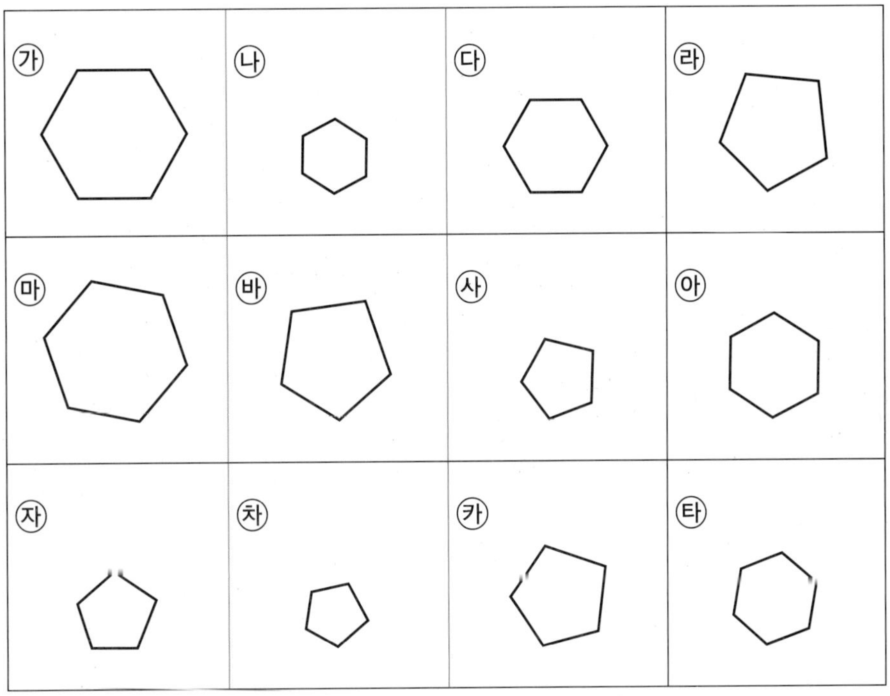

06 각 문제에 나오는 도형들 중에서 나머지와 서로 다른 하나를 골라 보세요.

(1)

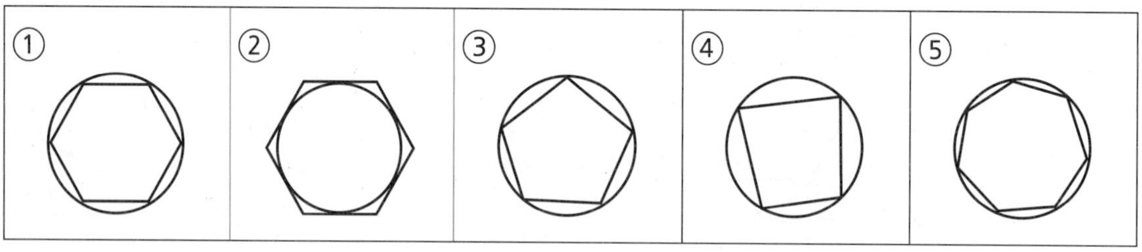

(2)

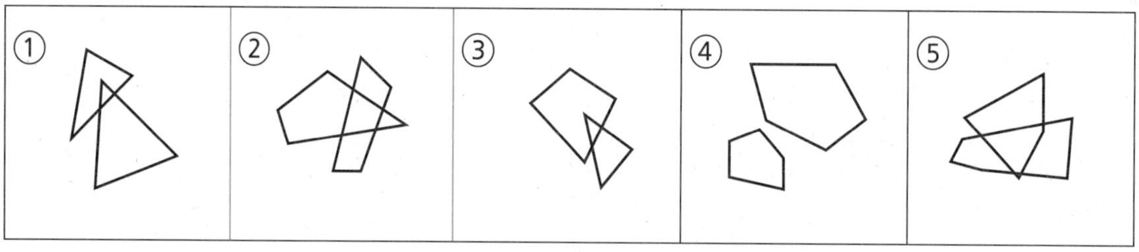

(3)

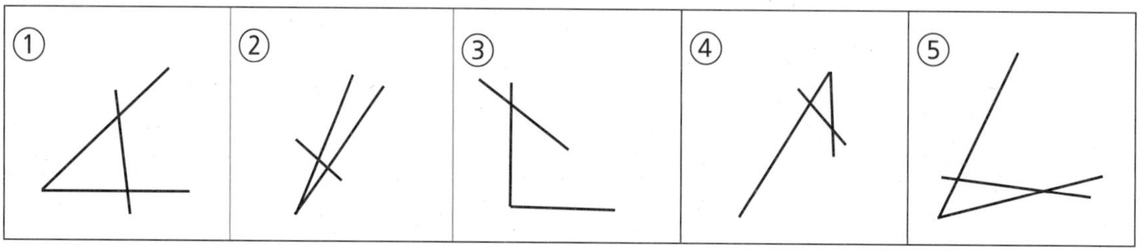

07 다음 그림 중에서 색칠한 부분과 나머지 부분의 크기가 서로 다른 것은 무엇일까요?

①
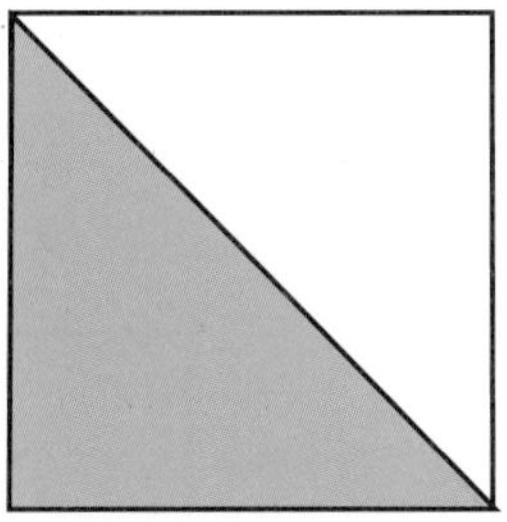
②

③
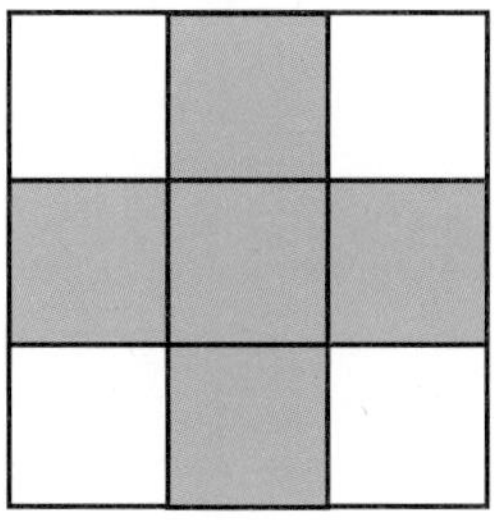
④
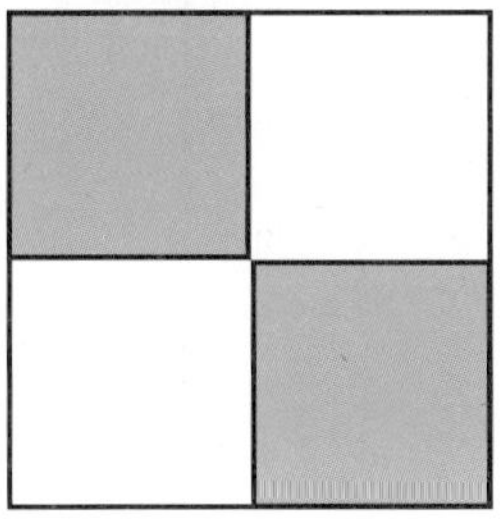
⑤
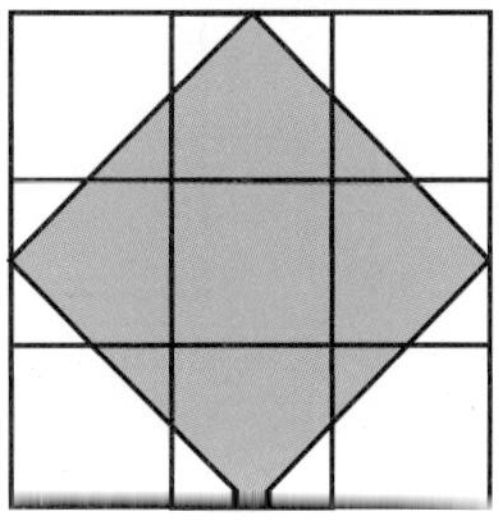

08 다음 그림 중 나머지 그림과 다른 하나를 골라 보세요.

①
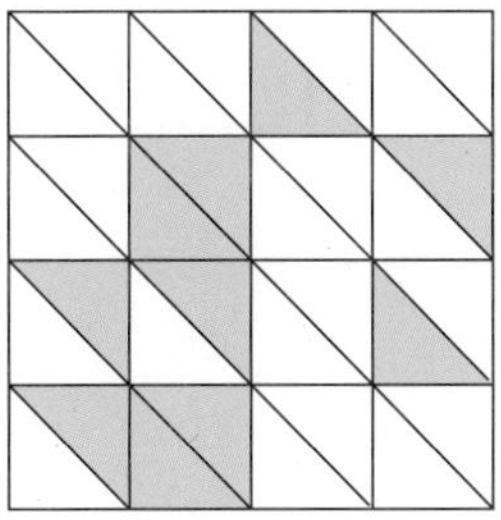
②
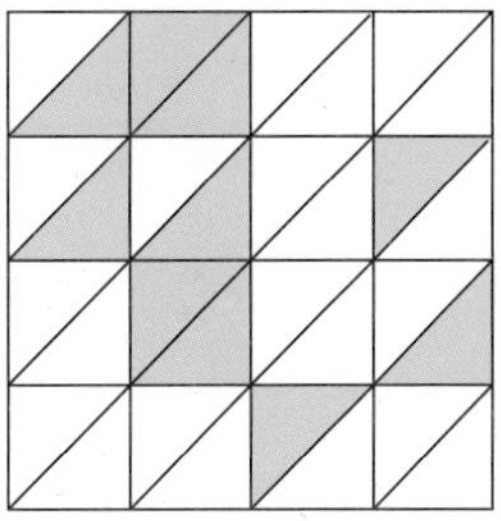
③
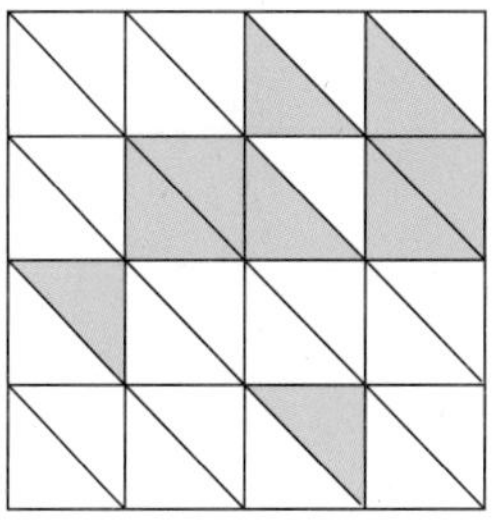
④
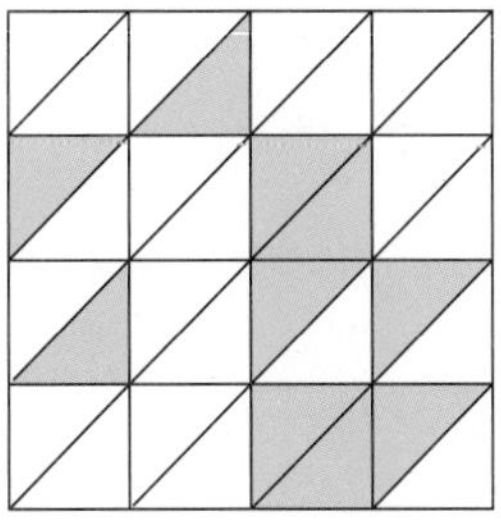
⑤
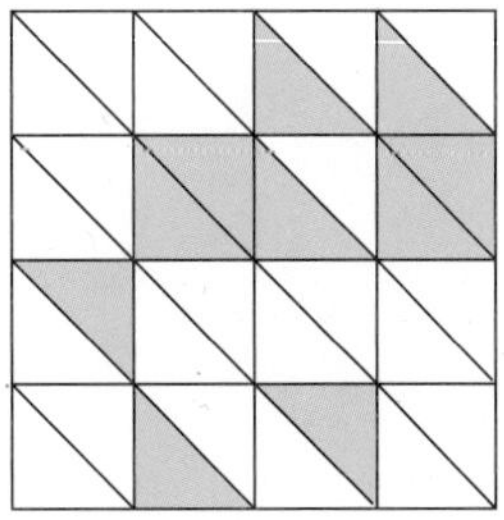

09 무한이는 친구들과 함께 생일 파티를 열었습니다. 아직 오지 않은 친구들을 위해 네모난 케이크에서 네모 모양으로 잘라 먹고 냉장고에 보관해 두었습니다. 다음과 같이 남은 케이크를 6명이서 똑같이 나눠 먹으려면 어떻게 잘라야 할까요? 자르는 부분을 선으로 나타내 보세요. (단, 여러 가지 쓸수록 점수가 높아집니다.)

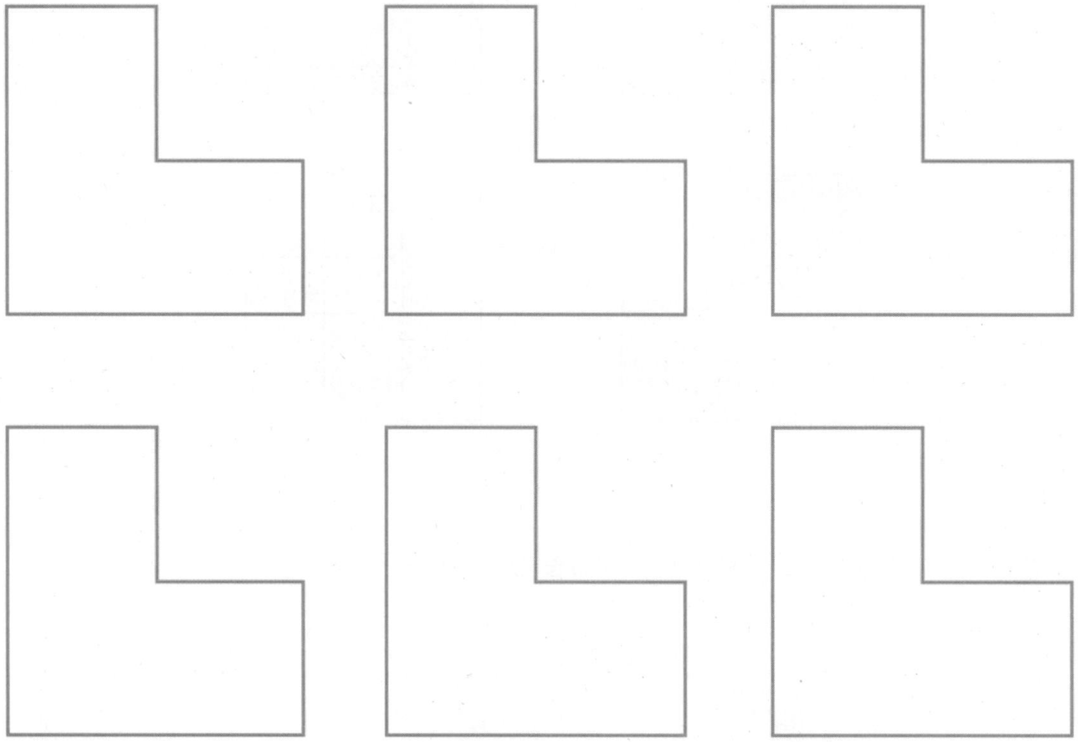

10 상상이는 퍼즐 맞추기를 좋아합니다. 두 조각만 더 맞추면 퍼즐이 완성되는데, 실수로 다른 퍼즐이 담긴 상자를 쓰러뜨려서 퍼즐 조각이 섞여버렸습니다. 다음 중 빈 부분을 채울 수 있는 퍼즐 조각을 모두 골라 보세요.

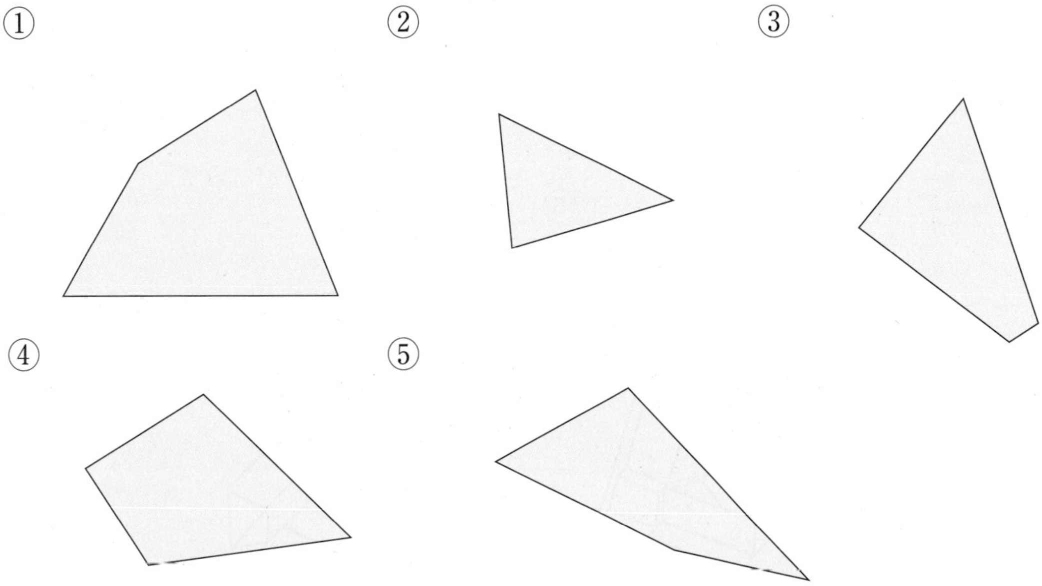

11 그림 ① ~ ⑤는 오른쪽 그림과 모두 조금씩 다른 모양을 가지고 있습니다. 다른 부분을 찾아서 동그라미로 표시해 보세요.

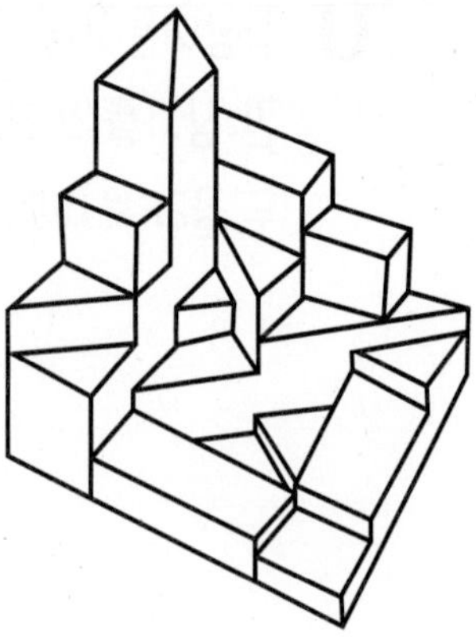

①

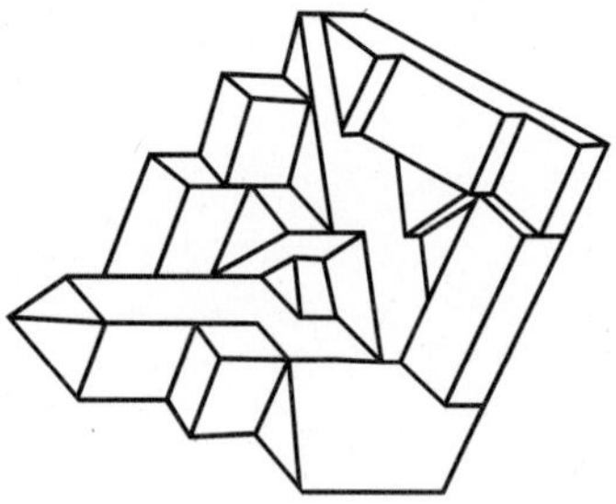

②

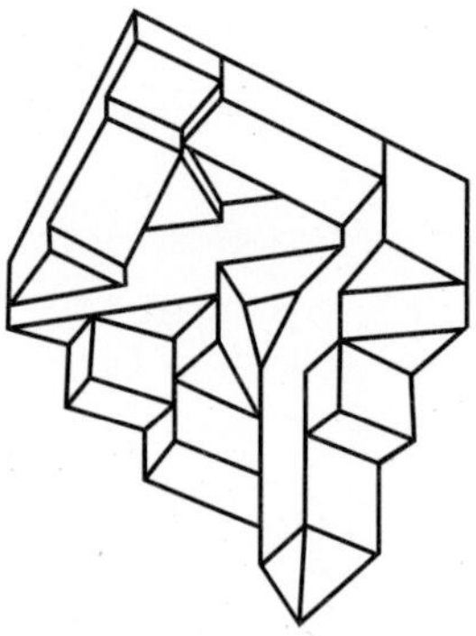

③

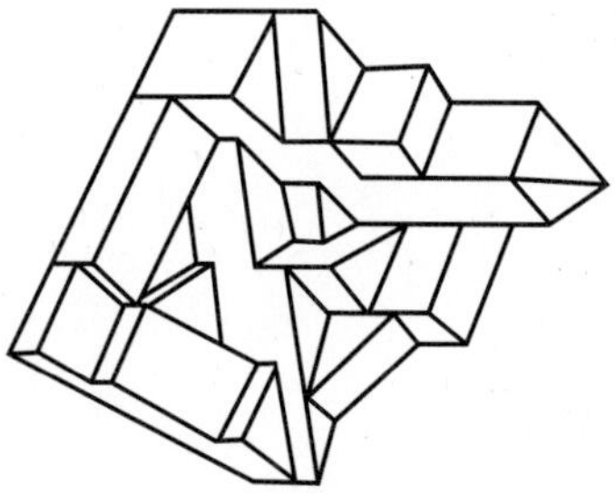

④

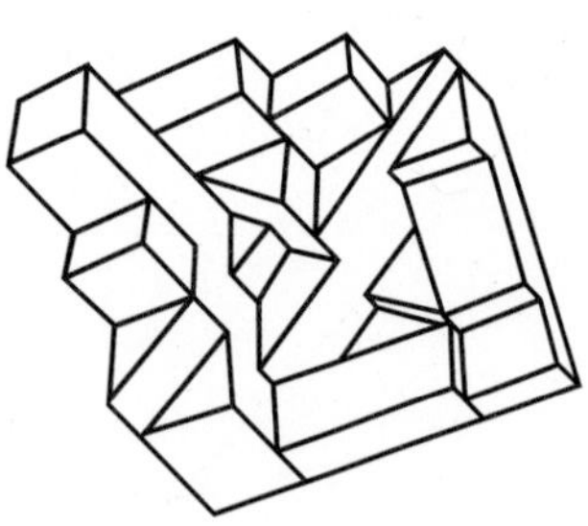

⑤

12 다음 그림에서 찾을 수 있는 크기가 다른 사각형은 모두 몇 가지 종류일까요? (단, 옆으로 돌려서 같은 모양이 되는 것은 한 가지로 세고, 많이 찾을수록 점수가 높아집니다.)

13 상상이는 무늬가 그려져 있는 카드를 가지고 있는데, ●, ♥를 각각 1장씩과 ☆ 카드 2장을 가지고 있습니다. 이 4장의 카드를 한 줄로 놓으려고 하는데, 똑같은 무늬의 카드는 이웃하지 않게 놓으려고 합니다. 어떻게 놓으면 될까요? 카드 모양을 다양하게 그려 보세요.

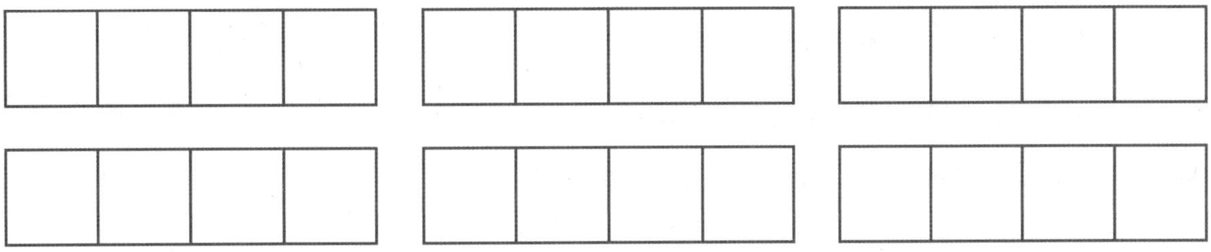

14 무한이와 상상이는 공기돌 7개를 가지고 다음 규칙에 따라 가져가는 게임을 하고 있습니다. 무한이가 돌을 어떻게 가져가든 상관없이 상상이가 꼭 이기기 위해서는 어떻게 해야 할지 적어 보세요.

규칙

한 번 씩 번갈아서 가져간다.

한 번에 1 ~ 2개까지만 가져갈 수 있다.

마지막 공기돌을 가져가는 사람이 이긴다.

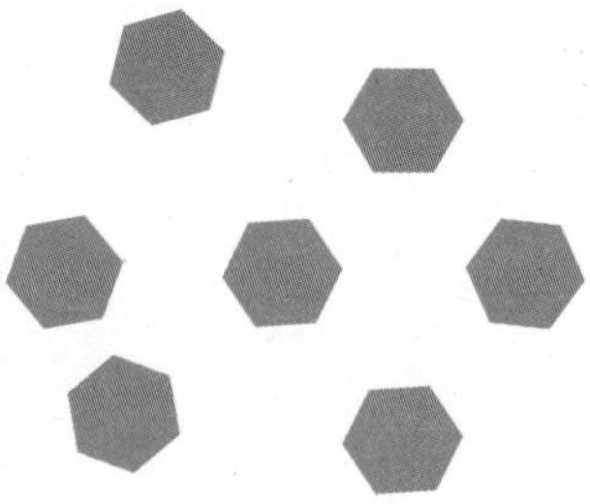

15 무한이는 그림 (가)와 같이 놓인 바둑알을 그림 (나)와 같이 만들려고 합니다. 가장 적은 수의 바둑알을 옮겨서 그림 (나)와 같이 만들려면 몇 개의 바둑알을 옮겨야 할까요?

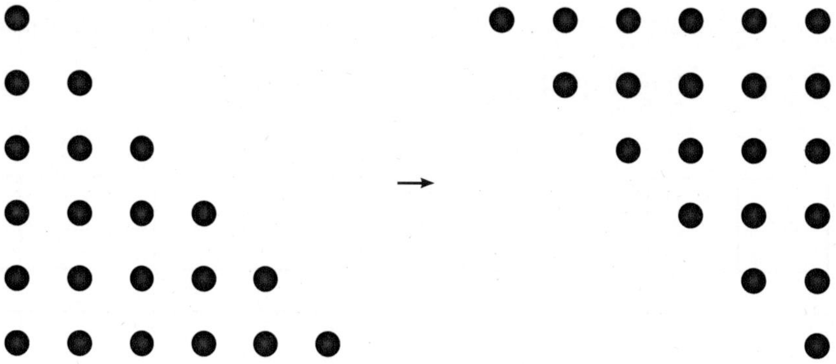

(가) (나)

예시 답안 / 평가표
p.51

16 아래 그림은 어떤 규칙을 가지고 그려졌습니다. 규칙에 따라 마지막 점선 안에는 어떤 도형이 들어가야 할지 그려 보세요.

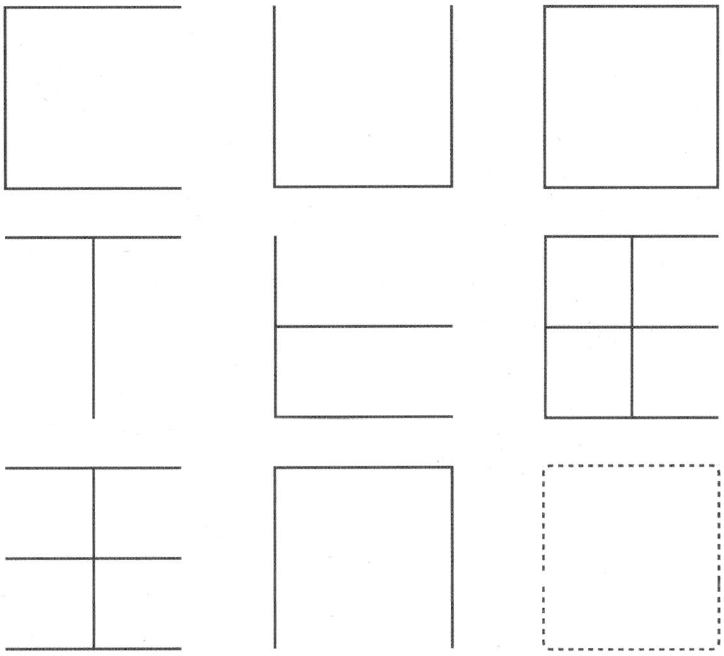

17 다음 그림에서 각각 칸에 들어 있는 도형은 모두 규칙에 따라 순서대로 놓여 있습니다. 빈칸에 들어갈 알맞은 도형을 그 자리에 그려보세요.

18 다음 각 문제별로 색칠 규칙이 다릅니다. 각각의 규칙에 따라 그림을 색칠해 보세요.

(1)

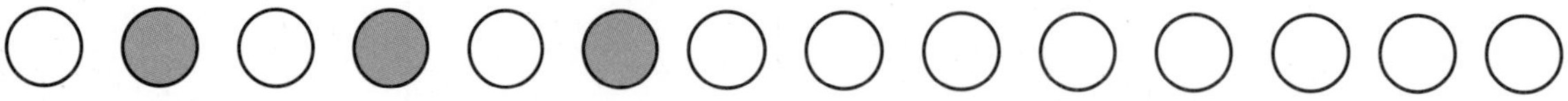

(2)

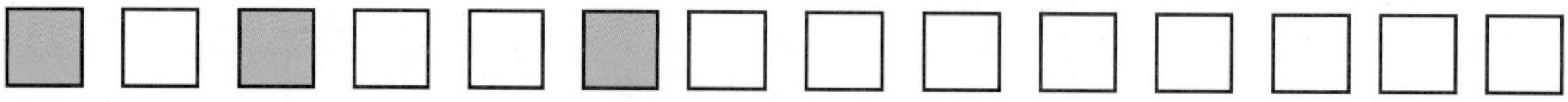

19 무한이는 A에서 D의 순서로 그림을 그렸습니다. 이때 B에 들어갈 수 있는 그림을 모두 그려 보세요.
(단, 여러 가지 쓸수록 점수가 높아집니다.)

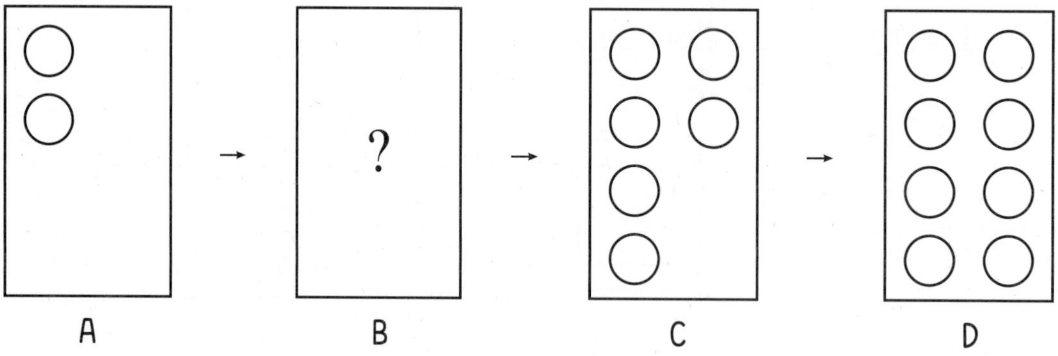

20 무한이는 바둑돌을 다음 그림과 같은 단계로 돌을 덧붙여서 모양을 만들었습니다. 5단계의 모양이 만들어졌을 때 그 안에 있는 검은 돌과 흰 돌의 갯수는 각각 몇 개씩 일까요?

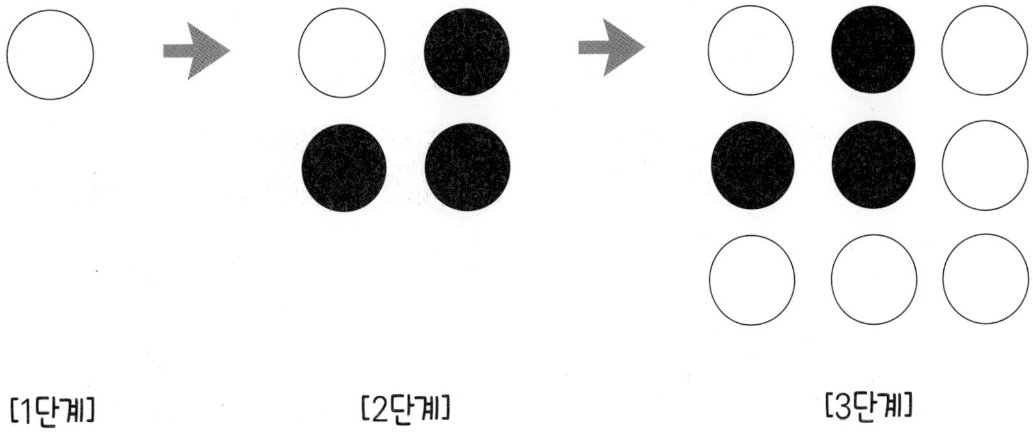

21 상상이는 가로, 세로, 높이가 모두 같은 쌓기블럭을 총 36개 가지고 있습니다. 이 쌓기블럭으로 그림과 같이 계단을 쌓으려고 할 때, 계단을 몇 층까지 쌓을 수 있을까요?

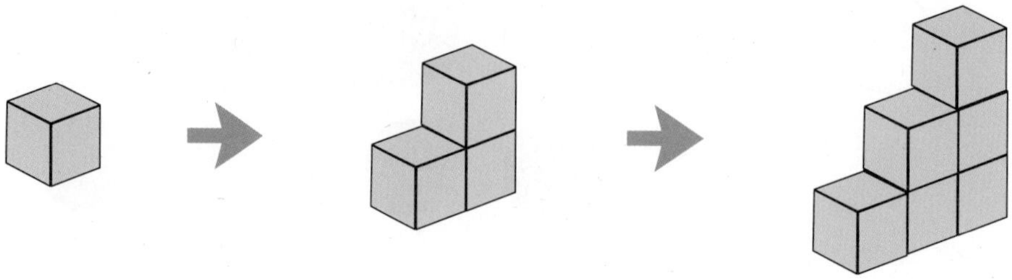

22 다음 그림들은 어떤 규칙에 따라 놓여 있습니다. 빈칸에 들어갈 그림은 무엇일지 그려넣어 보세요.

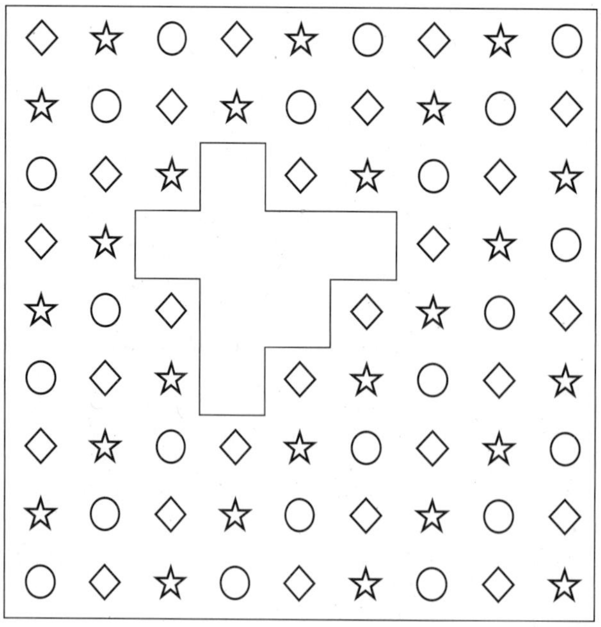

23 무한이는 가로, 세로, 높이의 길이가 모두 같은 쌓기블록을 사용하여 다음과 같은 모양을 만들었습니다. 이 모양을 위, 앞, 옆에서 보면 어떤 모습일까요? 아래 그림 중에서 위에서 본 모습, 앞에서 본 모습, 옆에서 본 모습을 각각 골라 보세요.

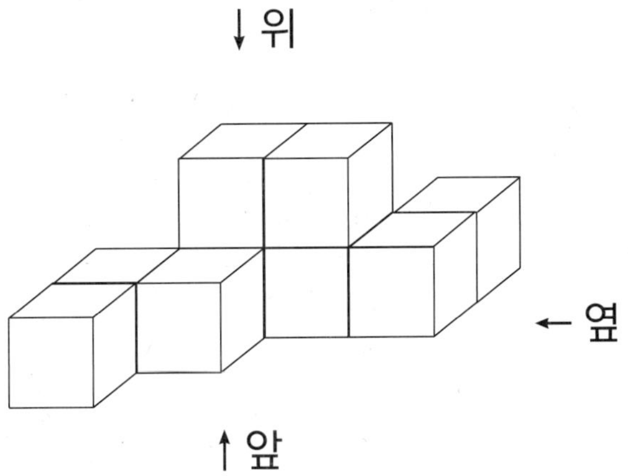

①
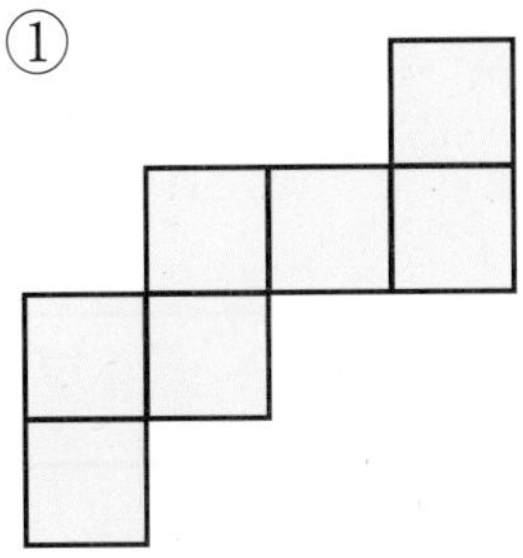
②
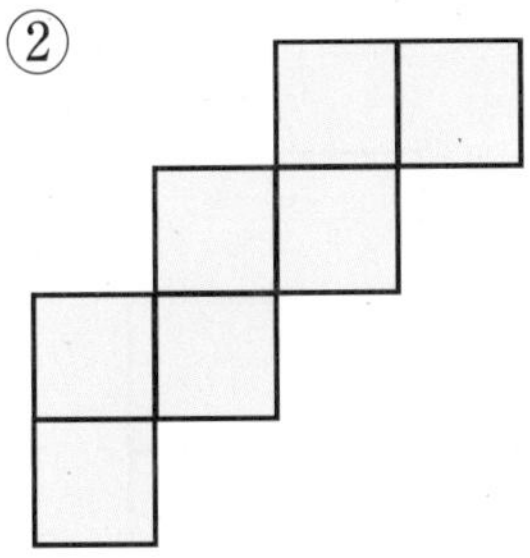
③
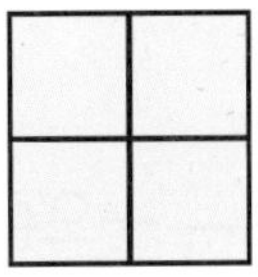
④
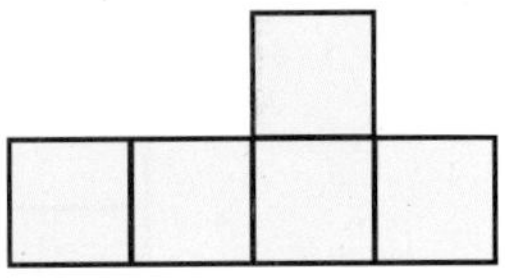
⑤
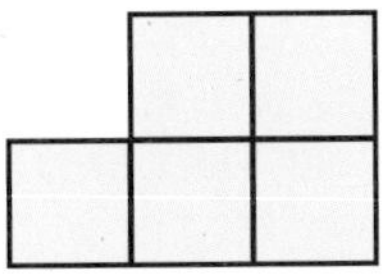
⑥
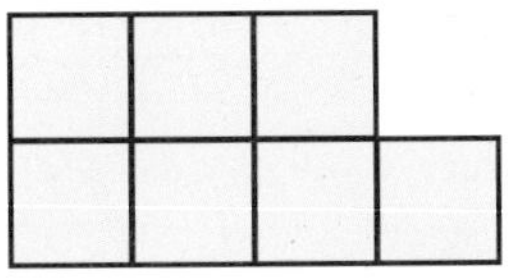
⑦
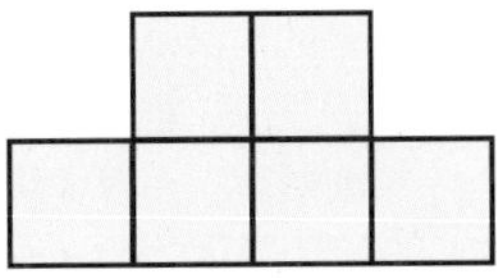
⑧
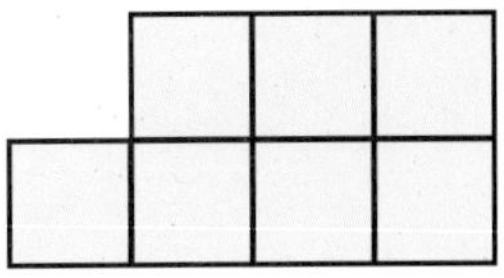

24 상상이는 같은 크기의 쌓기블럭을 쌓아 올린 후 위, 앞, 오른쪽에서 본 모습을 그려보았습니다. 각각의 모양에 사용된 쌓기블럭은 몇 개일까요?

(1)

<위에서 본 모습>

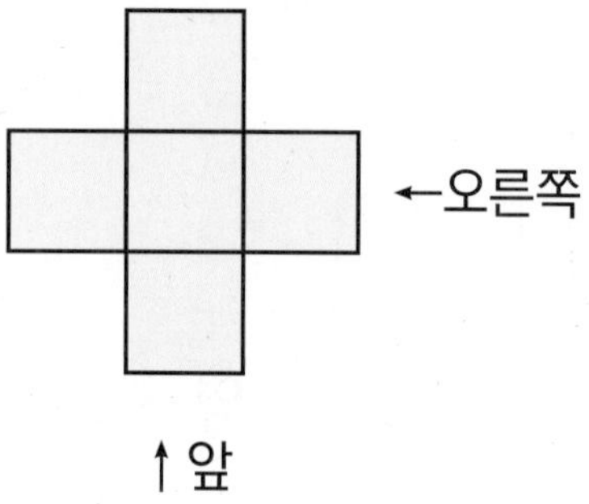

<앞에서 본 모습>

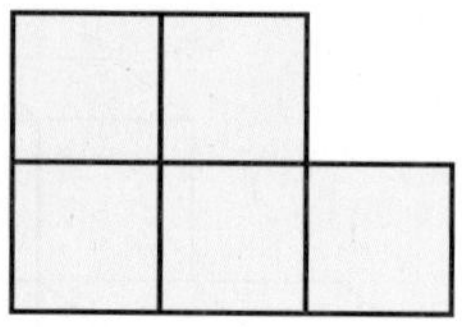

<오른쪽에서 본 모습>

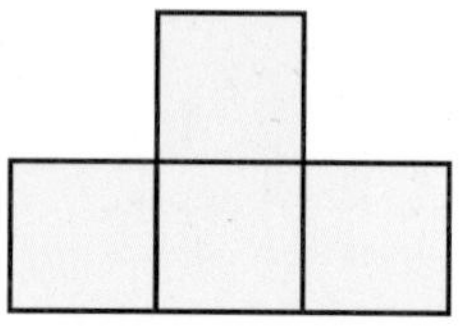

(2)

<위에서 본 모습>

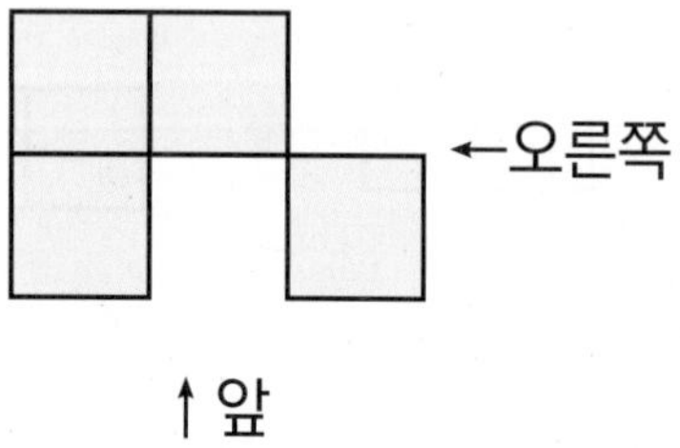

<앞에서 본 모습>

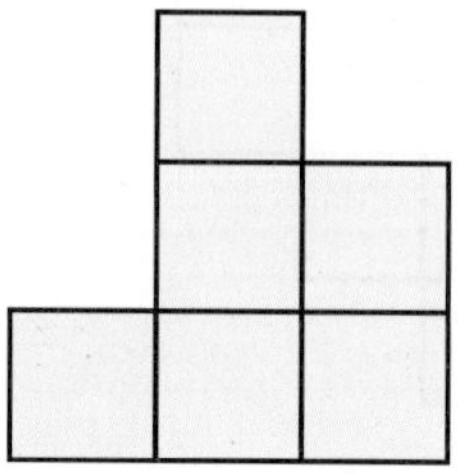

<오른쪽에서 본 모습>

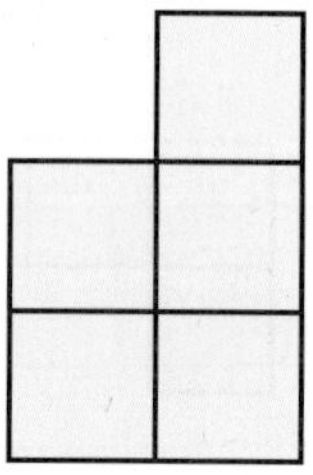

25 다음 쌓기나무 모양 중에서 그 모양을 둘로 나누었을 때, <보기>와 같이 똑같은 두 조각으로 나누어 보세요.

보기

(1)

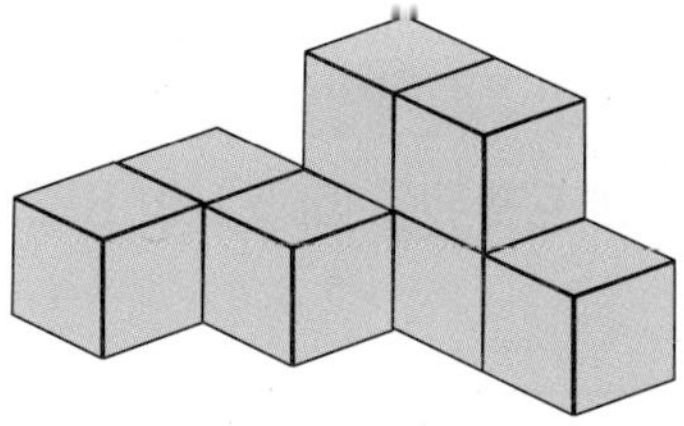

(2)

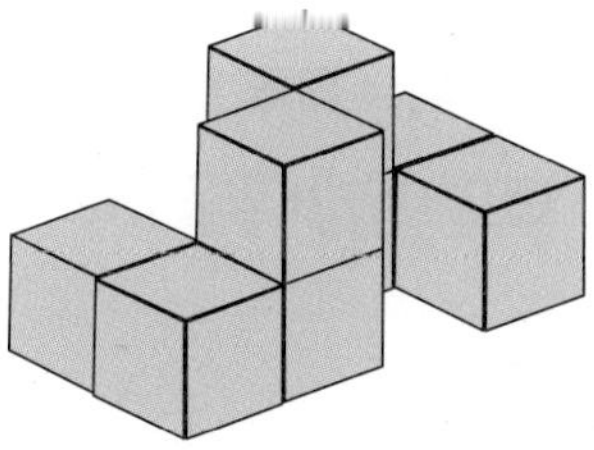

26 무한이는 가로, 세로, 높이의 길이가 똑같은 나무블럭들로 쌓기놀이를 하는 것을 좋아합니다. 무한이가 다음의 그림과 똑같은 모양을 만들려면 나무블럭이 각각 최소 몇 개가 필요할까요?

(1)

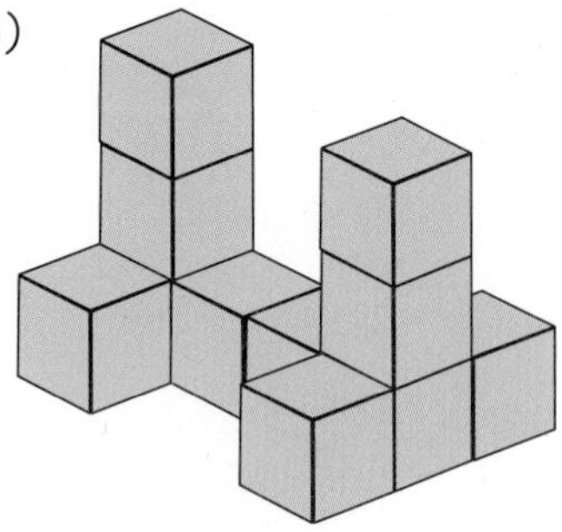

(2)

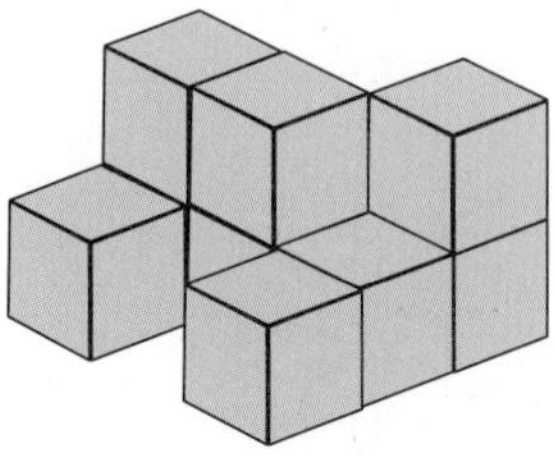

(3)

27 주사위는 마주 보는 면에 있는 점의 합이 항상 7개 입니다. 무한이는 주사위를 다음 그림과 같이 두고 네모 모양의 길을 따라 A까지 굴려 보았습니다. A에 도착했을 때 주사위 바닥의 점은 몇 개일까요?

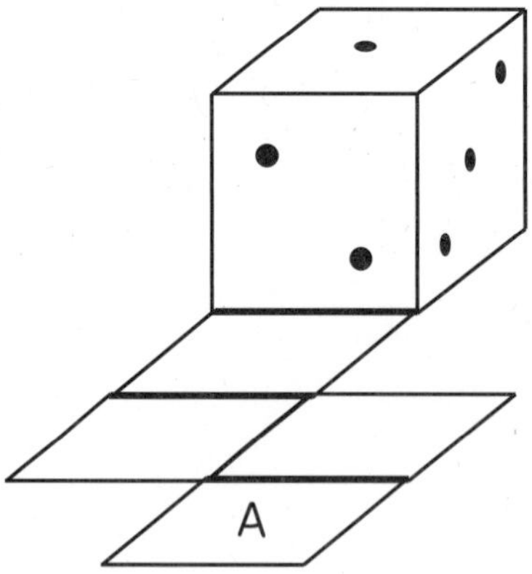

28 다음과 같이 색종이를 두 번 접고 펀치를 이용하여 한 개의 구멍을 뚫었습니다. 이 색종이를 접은 반대 순서대로 처음과 같이 펼쳤을 때, 구멍은 어디어디에 나 있을까요? 그려보세요.

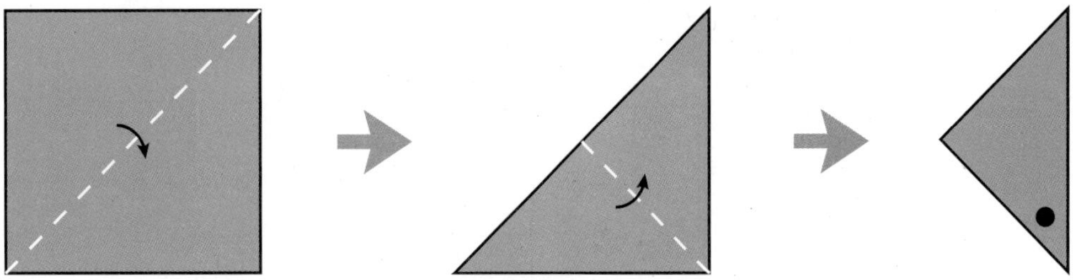

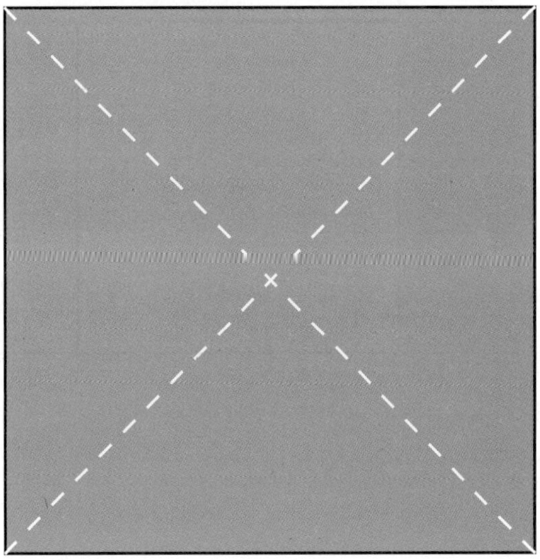

29 아래 그림은 상상이가 색깔이 다르고 크기가 같은 색종이 여러 장을 겹쳐 놓은 것입니다. 위부터 바닥까지 어느 순서로 색종이를 놓았을까요? 가장 바닥에 있는 색종이의 기호를 써 보세요.

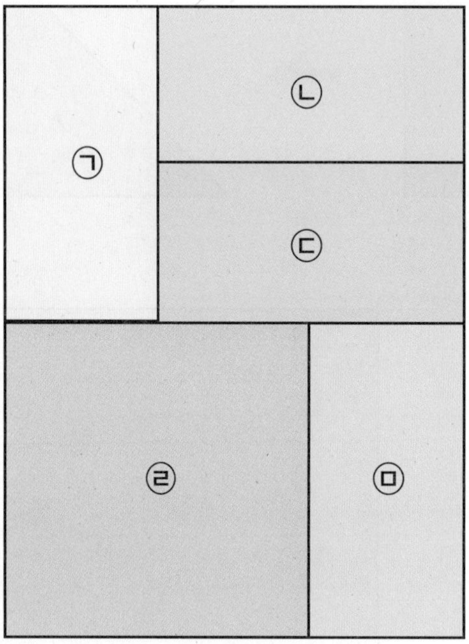

30 다음 도형들을 세 가지 기준으로 분류해 보세요.

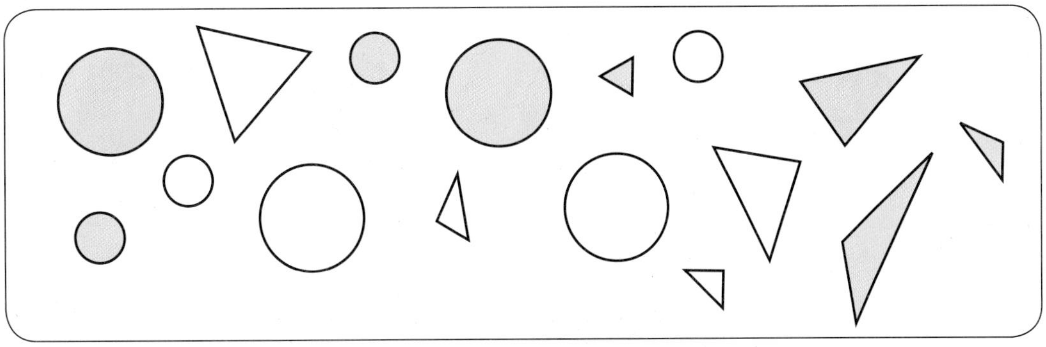

4 공간 / 도형 / 퍼즐

31 각 문제에서 다섯 가지 물건 중 나머지와 다른 것 하나를 찾아 보세요.

(1)

(2)

(3)

32 아래 그림을 자세히 보고, <보기>와 같이 다양한 방법으로 비슷한 것들끼리 두 무리로 나눠 보세요. 왜 그렇게 나눴는지에 대해서도 써 보세요. (많이 쓸수록 점수가 높아집니다.)

보기

기준 : 눈사람이 두 단인가 세 단인가

① ② ⑤ ⑥ | ③ ④

기준 : ______________________________

기준 : ______________________________

기준 : ______________________________

33 다음 여섯 개의 계산식을 서로 다른 두 무리로 분류하고, 분류한 것을 또다시 두 무리씩 분류해 보세요.

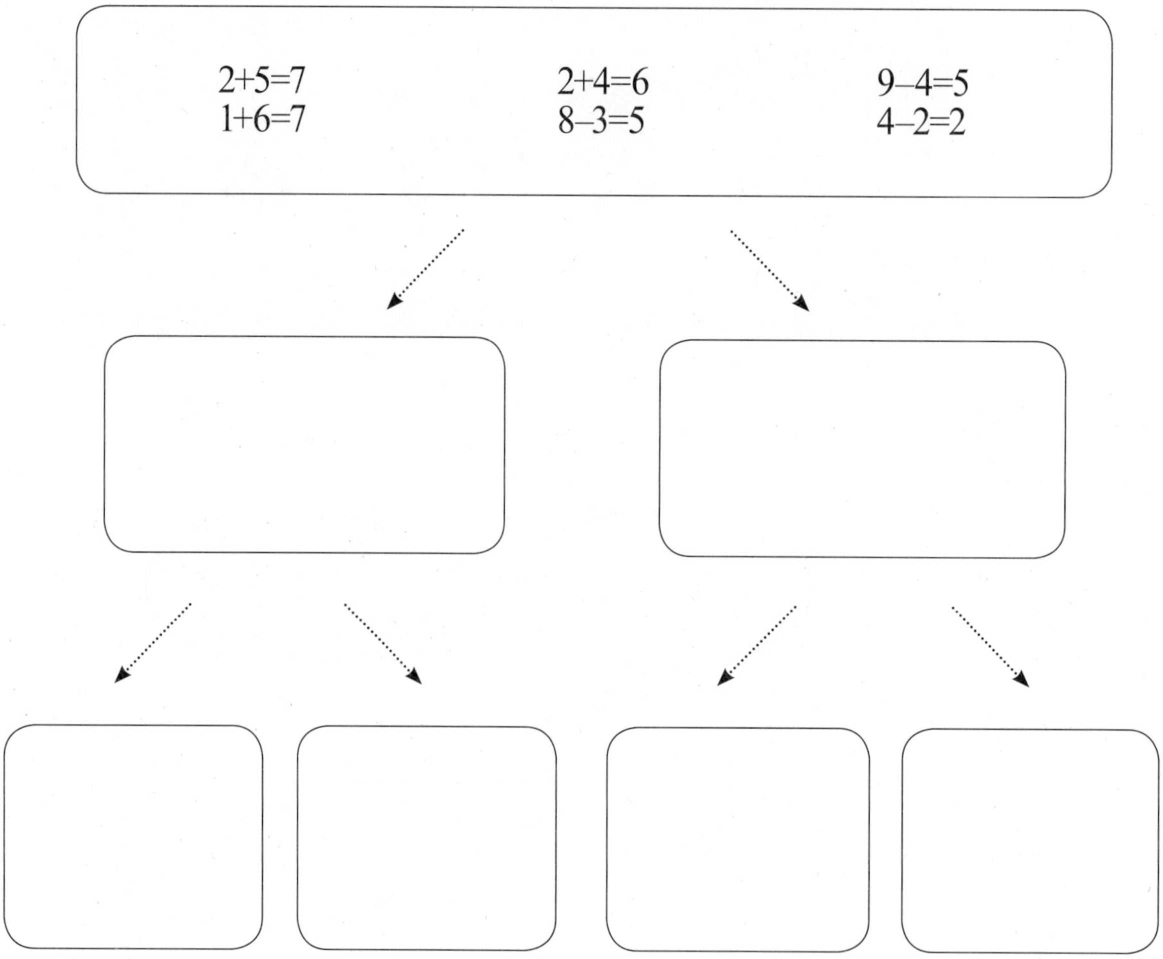

34 다음 (1) ~ (3)의 각 그림과 같은 역할을 하는 그림을 아래 ① ~ ③에서 찾아 선으로 연결해 보세요.

(1)

(2)

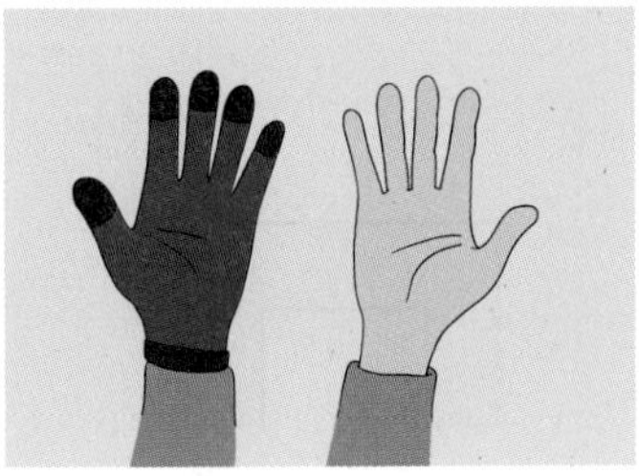

(3)

①

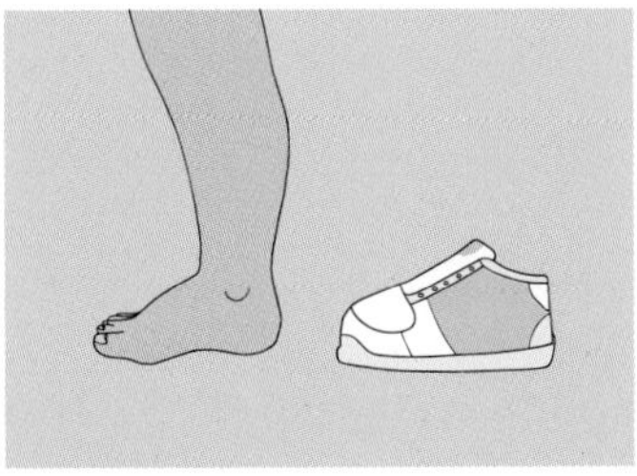

②

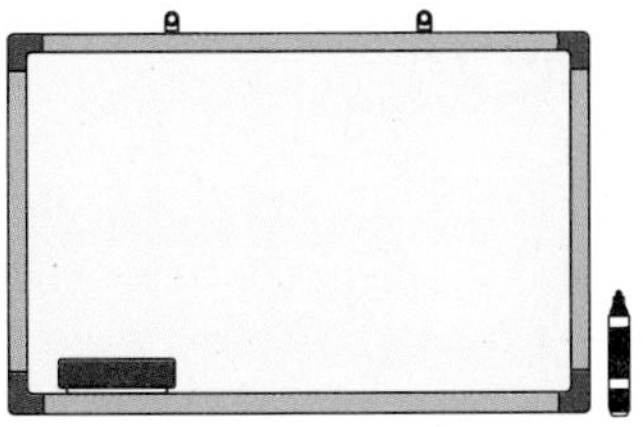

③

35 다음 각 설명에 알맞은 그림을 <보기>에서 골라 기호를 써 보세요.

보기

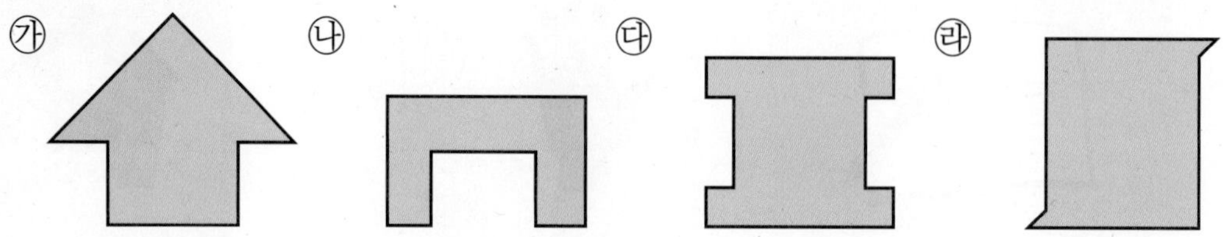

(1) 네모에서 네모를 빼서 만들어진 그림

(2) 네모와 네모와 네모를 더해서 만들어진 그림

(3) 세모와 세모를 더해서 만들어진 그림

(4) 세모와 네모를 더해서 만들어진 그림

36 다음 <보기>의 설명을 보고, 설명에 맞는 그림을 그려 보세요.

보기

네모가 있고, 그 오른쪽에 같은 네모가 하나 더 붙어있어. 두 개의 네모 위에는 삼각형이 하나 있는데, 이 삼각형은 납작한 모양이라 두 개의 네모 위를 모두 덮고 있어. 마지막으로 삼각형 위에 동그라미가 하나 올라가 있는데, 가운데가 아니라 조금 왼쪽으로 치우쳐 놓여 있어.

37 한붓그리기는 그림의 모든 선을 따라 그리면서 한 번 지나간 선은 다시 지나가지 않고 그림을 완성하는 것을 말합니다. <보기>와 같이 주어진 그림으로 한붓그리기를 하려면 어디에서 그리기를 시작해야 할까요?

보기

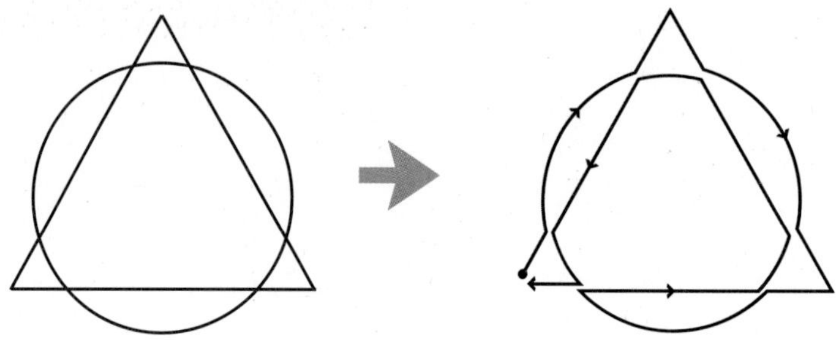

(1)

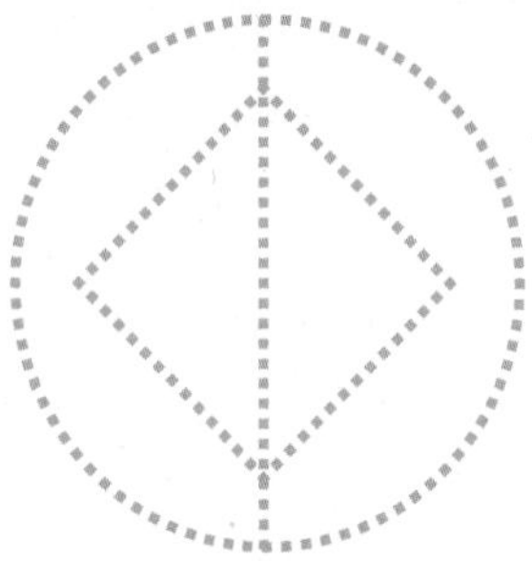

(2)

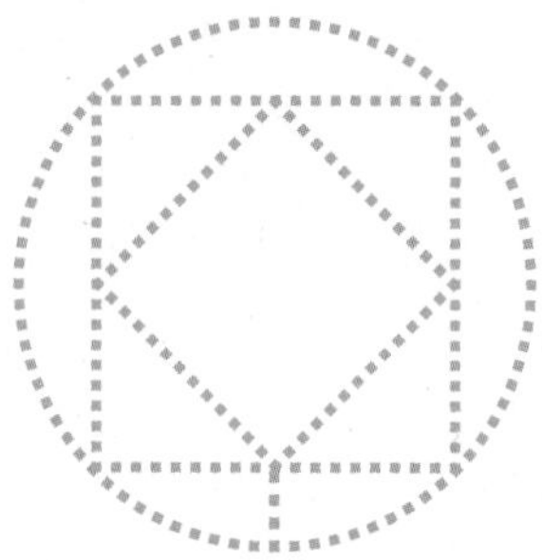

38 로직 퍼즐은 <보기>와 같이 가로와 세로에서 주어진 숫자만큼의 칸을 색칠해서 그림을 완성하는 놀이입니다. 주어진 숫자가 2, 1이면 2개짜리 칸과 1개짜리 칸이 떨어져서 순서대로 색칠되어 있다는 뜻입니다. 아래의 로직 퍼즐을 풀어 보세요.

보기

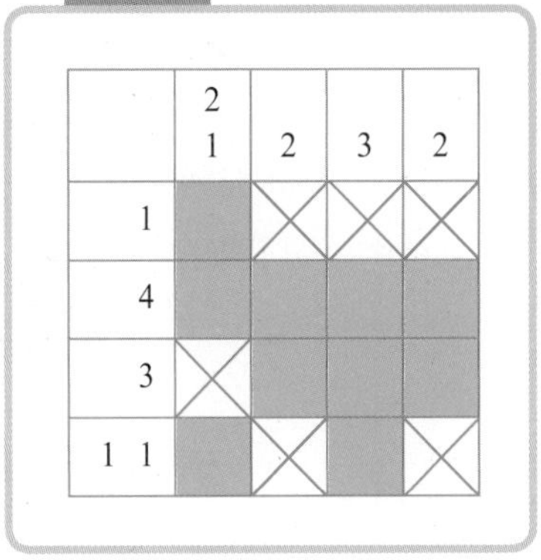

	1 1	5	4	3	4
2					
3 1					
4					
4					
2 2					

39 상상이는 다음과 같은 규칙으로 1부터 6까지의 숫자들을 채우려고 합니다. 알맞은 수를 빈칸에 써넣어 보세요.

규칙

㉠ 각 가로줄에는 1부터 6까지의 숫자가 각각 1개씩 들어갑니다.

㉡ 각 세로줄에는 1부터 6까지의 숫자가 각각 1개씩 들어갑니다.

㉢ 작은 네모 6개로 된 굵은 테두리 안에 있는 네모에도 1부터 6까지의 숫자가 각각 1개씩 들어갑니다.

			5		3
5		2	4		1
		5	3	4	2
3	2	4	1		
6		1	2		4
2		3			

40 다음 <보기>의 힌트와 예를 보고, (가), (나), (다)를 순서대로 써서 덧셈, 뺄셈 문제를 만들어 보세요.

보기

11	12	13
14	15	16
17	18	19

(가)

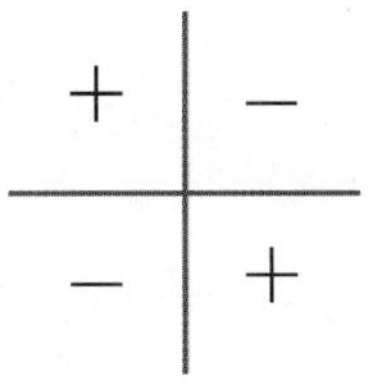

(나)

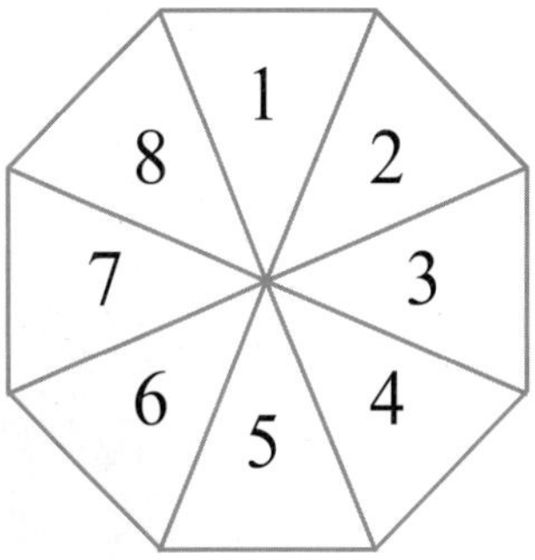

(다)

(예시1) 11 + 8

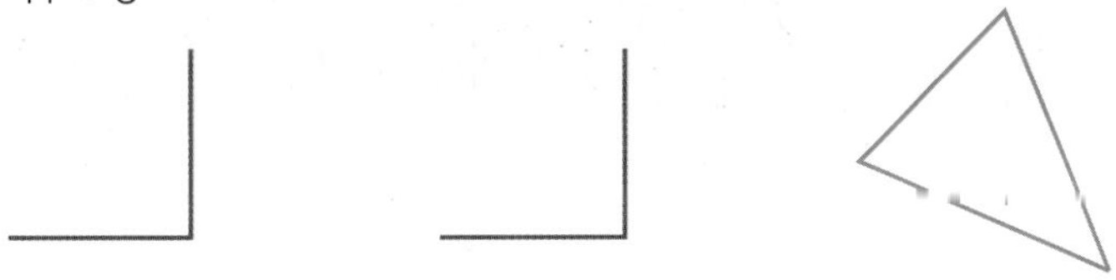

(예시2) 16 − 5

5 과학 창의성

[각 문제 배점 : 5점]

01 무한이는 엄마랑 함께 마트에 과자를 사러 갔습니다. 빵빵하게 부푼 과자 봉지를 사서 신나게 뜯었는데, 봉지 안에는 대부분 공기가 들어 있었습니다. 왜 과자 봉지 안에 공기가 이렇게 많이 들어 있을까요?

○ 유창성
✔ 융통성
○ 독창성
✔ 정교성

02 달에는 공기도 없고 물도 없기 때문에 바람도 불지 않고 비도 내리지 않습니다. 또한 처음으로 인간이 달에 도착했을 때 달 표면에 남긴 발자국은 40년이 지난 지금 달에 가도 그대로 남아있다고 합니다. 왜 달의 표면에 남은 발자국은 오래 남아있을 수 있을까요?

- ○ 유창성
- ✔ 융통성
- ○ 독창성
- ✔ 정교성

03 빛이 없는 어두운 동굴에서도 박쥐가 장애물에 부딪치지 않고 잘 날아다닐 수 있는 이유를 짐작해 다양하게 말해 보세요.

- ✔ 유창성
- ✔ 융통성
- ○ 독창성
- ○ 정교성

04 망원경이 없던 옛날에 인디언들은 적이 왔음을 알기 위해 땅에 귀를 대고 말발굽 소리를 들었다고 합니다. 인디언들이 공기를 통해 전달되는 소리를 듣지 않고, 땅에 귀를 대고 소리를 들었던 이유는 무엇일까요?

- ○ 유창성
- ✔ 융통성
- ○ 독창성
- ✔ 정교성

05 산에서부터 시작된 물줄기는 점점 커지고 양이 많아지면서 내려가 바다에 닿게 됩니다. 계속해서 강물은 바다에 들어가지만 바다의 높이는 그만큼 높아지지 않습니다. 왜 그럴까요?

- ○ 유창성
- ✔ 융통성
- ○ 독창성
- ✔ 정교성

06 일상 생활에 꼭 필요한 전기는 주로 석탄, 석유를 태워서 만듭니다. 그러나 바람으로 커다란 프로펠러를 돌려 전기를 만드는 풍력 발전은 석탄과 석유를 쓰지 않는 친환경 발전 방식입니다. 우리나라에는 강원도 대관령, 제주도, 울릉도 등에만 풍력 발전소가 있습니다. 왜 여기에만 풍력 발전소가 있는 걸까요?

- ○ 유창성
- ✔ 융통성
- ○ 독창성
- ✔ 정교성

07 하늘에서 천천히 내려올 수 있게 해주는 낙하산에는 실제로는 여러 개의 작은 구멍이 뚫려 있다고 합니다. 낙하산에 구멍이 있는 이유는 무엇일지 추리해 보세요.

- ○ 유창성
- ✓ 융통성
- ○ 독창성
- ✓ 정교성

08 상상이는 같은 온도계를 2개 가지고 있습니다. 어느 날 상상이가 온도계를 같은 장소에 나란히 두고, 한쪽 온도계의 A 부분에 젖은 휴지를 덮어 두었습니다. 어떤 온도계의 온도가 더 높을까요? 왜 그럴까요?

- ○ 유창성
- ✔ 융통성
- ○ 독창성
- ✔ 정교성

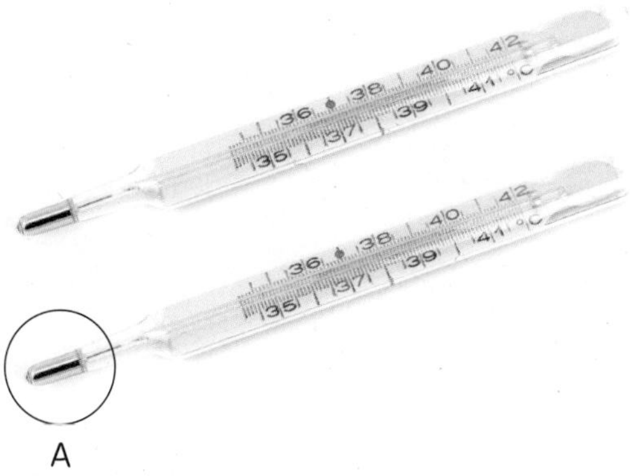

09 무한이가 운동장 모래와 화단 흙을 각각 화분에 담고 같은 식물을 심어 같은 양의 물을 주며 키워보았습니다. 어떤 화분의 식물이 더 잘 자랐을까요? 그 이유는 무엇일까요?

- ○ 유창성
- ✔ 융통성
- ○ 독창성
- ✔ 정교성

10 크기와 무게가 같은 색종이를 하나는 그대로 다른 하나는 동그랗게 뭉친 후 같은 높이에서 동시에 떨어뜨렸습니다. 어느 종이가 먼저 떨어질까요? 그 이유는 무엇일까요?

○ 유창성
✓ 융통성
○ 독창성
✓ 정교성

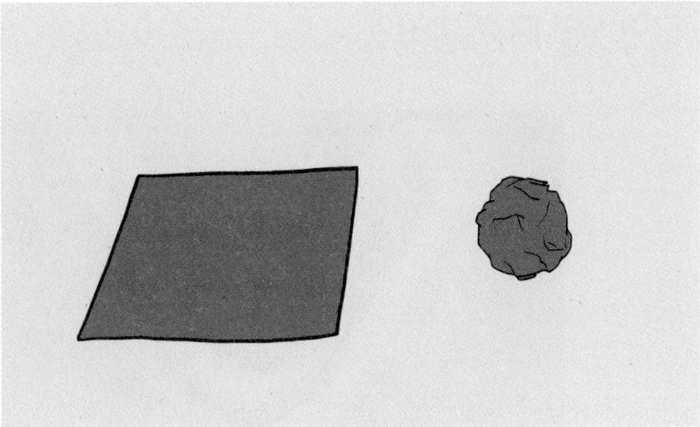

11 무한이와 상상이가 비가 많이 오는 오후에 길을 걷다가 지렁이 몇 마리가 아스팔트 위에서 비를 맞고 있는 것을 보았습니다. 지렁이가 축축한 환경을 좋아한다는 말을 들은 무한이가 상상이에게 "지렁이는 물을 좋아해서 비를 맞으려고 땅 위에 올라온 거야."라고 설명해 주었습니다. 무한이의 설명은 맞을까요? 틀리다면 무엇 때문일까요?

- ○ 유창성
- ✔ 융통성
- ○ 독창성
- ✔ 정교성

✔ 유창성
○ 융통성
○ 독창성
✔ 정교성

12 상상이는 용수철을 가지고 노는 것을 좋아합니다. 늘어나거나 줄어들었다가도 원래의 모양으로 돌아가는 모습이 재미있기 때문입니다. 우리 주변에서 이러한 용수철을 이용한 도구는 매우 많습니다. 다음 중 용수철을 이용한 도구가 아닌 것은 무엇일까요?

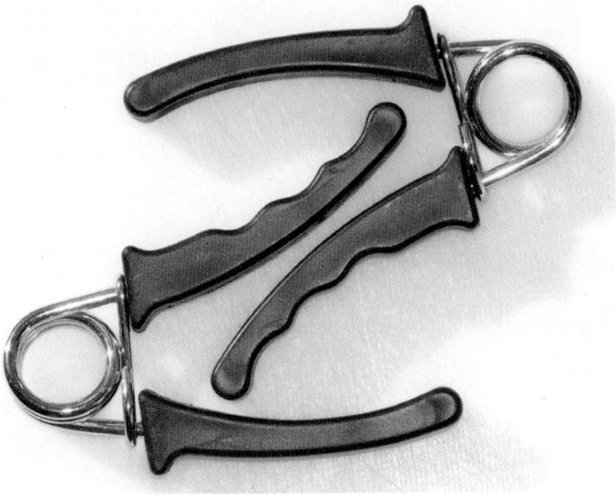

① 볼펜 ② 집게 ③ 샴푸의 펌프 ④ 침대 ⑤ 연필깎이

13 무한이는 학교에 가져갈 준비물인 막대 자석을 찾기 위해 서랍을 열었습니다. 그런데 막대 자석과 똑같이 생긴 쇠막대가 함께 붙어 있었습니다. 다음 중 막대 자석을 찾는 방법으로 옳지 않은 것은 무엇일까요?

- ○ 유창성
- ✔ 융통성
- ○ 독창성
- ✔ 정교성

① 철가루를 근처에 뿌려본다.
② 주변에 나침반 여러 개를 둔다.
③ 막대 끝을 클립에 가까이 가져간다.
④ 두 막대 사이에 얇은 나무판을 두고 붙여본다.
⑤ 한 막대의 끝을 나머지 막대의 중간 부분에 붙여 본다.

14 쌀, 강낭콩, 철가루, 소금이 섞여 있는 혼합물이 있습니다. 상상이는 이 네 가지 물질을 모두 따로 나눠놓아야 합니다. 어떻게 하면 될까요? 각각의 물질과 그 나누는 방법이 바르게 짝지어지지 않은 것을 골라 보세요.

- ○ 유창성
- ✔ 융통성
- ○ 독창성
- ✔ 정교성

① 철가루 : 자석을 사용한다.
② 강낭콩 : 뜨거운 물에 삶아 걸러낸다.
③ 쌀 : 적당한 구멍을 가진 체에 넣어 걸러낸다.
④ 소금 : 물에 녹인 후 물만 따라내서 증발시킨다.

15 생물은 강한 동물에게 잡아먹히지 않기 위해 다양한 방법을 사용합니다. 다음 중 자신의 몸을 보호하는 방법이 다른 하나는 무엇일까요?

- ◯ 유창성
- ✓ 융통성
- ✓ 독창성
- ◯ 정교성

①

②

③

④

⑤

16 불이 타기 위해서는 탈 물질, 산소, 높은 온도의 세 가지 조건이 모두 갖춰져야 합니다. 반대로 불을 끄기 위해서는 탈 물질을 없애거나, 불에서 산소를 차단하거나, 온도를 낮추어 주면 되는 것이지요. 다음 중 방에 난 불을 끄는 방법으로 옳지 않은 방법은 무엇일까요?

- ○ 유창성
- ✔ 융통성
- ○ 독창성
- ✔ 정교성

① 

소화기를 쓴다.

② 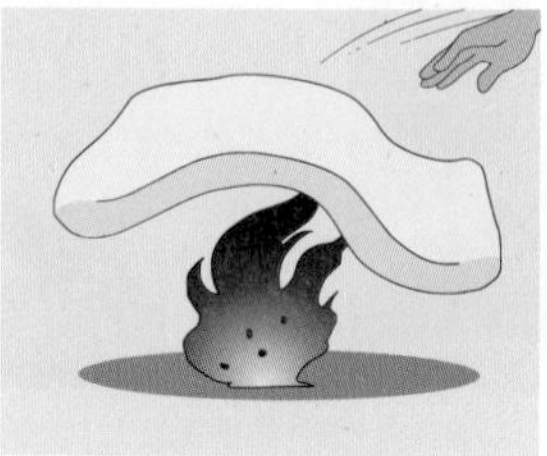
담요로 덮는다.

③ 
물을 뿌린다.

④ 
탈 물건을 치운다.

⑤ 
기름을 뿌린다.

17

상상이는 바닥에 물건을 올려두고 밀어낼 때, 매끄러운 바닥에서는 물건이 잘 밀리고, 울퉁불퉁한 바닥에서는 물건이 잘 밀리지 않는다는 사실을 알아내었습니다. 다음은 상상이가 알아낸 사실과 관련이 있는 생활 속 상황들입니다. 나머지 넷과 다른 하나는 무엇일까요?

- ○ 유창성
- ✓ 융통성
- ○ 독창성
- ✓ 정교성

①

②

③

④

⑤

18

무한이네 반은 학예회에서 손그림자 공연을 하기로 했습니다. 재미있는 이야기를 만들기 위해 많은 아이디어가 나왔습니다. 다음 아이디어 중 손그림자 공연으로 할 수 없는 것은 무엇일까요?

- ○ 유창성
- ✓ 융통성
- ○ 독창성
- ✓ 정교성

①

②

③

④

⑤

19 무한이는 식물이 살아가는 데 무엇이 필요한지를 알아보기 위해서 다음과 같이 4개의 화분을 준비하고, 각각 다른 방법으로 키워보기로 하였습니다. D 식물이 가장 자라지 못하고 C 식물이 가장 잘 자랐다고 할 때, 식물이 살아가는 데 무엇이 필요할까요?

- ◯ 유창성
- ✔ 융통성
- ◯ 독창성
- ✔ 정교성

A

B

C

D

20 무한이는 내리막길을 따라 흐르는 물줄기의 반을 돌로 가려보았습니다. 물줄기가 어떻게 변했을까요? 변화한 모습으로 옳은 그림을 골라 보세요.

- ○ 유창성
- ✔ 융통성
- ○ 독창성
- ✔ 정교성

①  ② 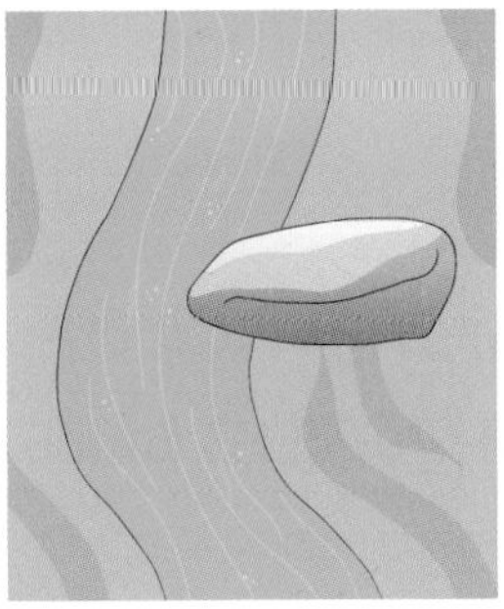 ③ 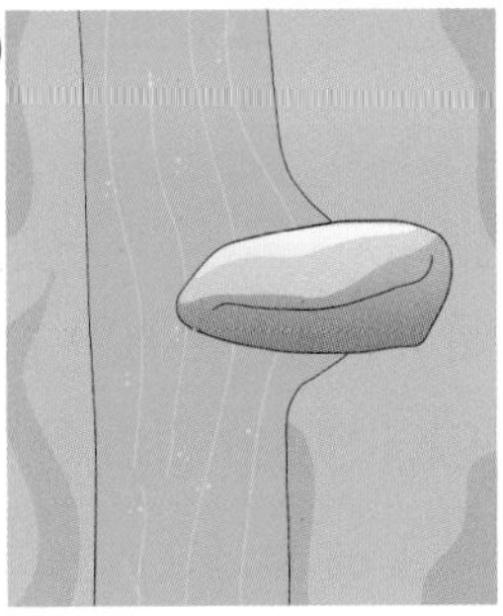 ④ 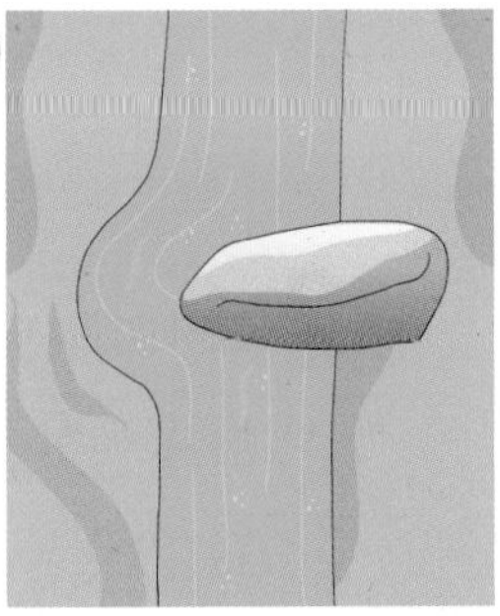

21 무한이는 좋아하는 과일을 나중에 먹으려고 냉장고에 넣어두었다가, 그만 한 달이나 깜박 잊어버리고 말았습니다. 냉장고에 넣어두었으니 상하지 않을 것이라 생각했는데, 냉장고 문을 열어보니 과일이 무르고 곰팡이가 피어 있었습니다. 냉장고에 넣어두어도 곰팡이가 생기는 이유로 옳지 않은 것은 무엇일까요?

○ 유창성
✓ 융통성
○ 독창성
✓ 정교성

① 들어갈 때부터 곰팡이균이 묻어 있었다.
② 과일을 오래 두면 없던 곰팡이균이 생겨나서 곰팡이가 핀다.
③ 냉장고 안은 추워서 곰팡이가 느리게 피긴 해도 완전히 막을 수는 없다.
④ 여러 번 냉장고 문을 열었다 닫으면서 바깥의 곰팡이균이 안으로 들어갔다.

22 무한이가 모양과 크기가 같은 3개의 컵에 그림과 같이 각각 다른 양의 물을 넣고, 다음으로 한 개씩의 돌멩이를 넣었더니 3개의 컵의 물 높이가 같아졌다고 합니다. 어느 컵에 넣은 돌멩이가 가장 클까요? 맞는 것에 ○표 해 보세요.

○ 유창성
✓ 융통성
○ 독창성
✓ 정교성

23 무한이는 같은 크기의 풍선을 가져와서 여러 가지 방법으로 부풀려 보았습니다. 이 풍선들을 놓았을 때 그림과 같이 놓였다고 합니다. 가장 가벼운 풍선은 무엇일까요? 맞는 것에 ○표 해 보세요.

- ○ 유창성
- ✔ 융통성
- ○ 독창성
- ✔ 정교성

24 동그란 모양의 고리 자석은 위와 아래가 각각 N극이거나 S극입니다. 다음 고리자석 4개를 끼워놓은 그림에서 노란색 자석의 윗면이 S극일 때 가장 위쪽에 있는 초록색 고리 자석의 윗면의 극은 무엇일까요?

- ○ 유창성
- ✔ 융통성
- ○ 독창성
- ✔ 정교성

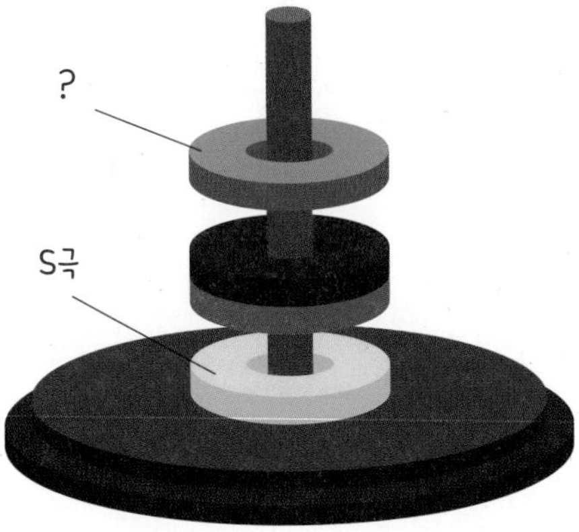

25 상상이는 그리스 로마 신화에서 키클롭스라고 불리는 외눈박이 거인에 대해 읽었습니다. 키클롭스처럼 눈이 가운데에 하나만 있게 된다면 상상이의 생활 모습이 어떻게 달라질까요? 다양하게 써 보세요. (단, 많이 쓸수록 점수가 높아집니다.)

✓ 유창성
✓ 융통성
✓ 독창성
✓ 정교성

26 일기예보에 나오는 '습도'는 공기 중에 수증기가 얼마나 많은지를 알려 줍니다. 습도가 높으면 빨래가 잘 마르지 않고, 습도가 낮으면 불이 날 수 있기 때문에 적당한 습도를 유지하는 것이 중요합니다. 다음 <보기>의 집에서 습도를 조절하는 방법을 습도를 높이는 방법과 낮추는 방법 두 무리로 분류해 보세요.

○ 유창성
✓ 융통성
○ 독창성
✓ 정교성

보기

㉮ 제습기를 사용한다.
㉯ 숯이나 신문지를 둔다.
㉰ 가습기를 사용한다.
㉱ 젖은 빨래를 걸어둔다.

27 무한이와 상상이는 학교 근처에 있는 개울에 가서 다음과 같은 여러 가지 생물을 채집했습니다. 생물들을 생김새에 따라 두 무리로 나누려고 합니다. 어떤 기준으로 나눌 수 있을지 말하고, 그 기준에 따라 나눠 보세요. (단, 많이 쓸수록 점수가 높아집니다.)

- [x] 유창성
- [x] 융통성
- [ ] 독창성
- [ ] 정교성

㉮ 물잠자리

㉯ 가재

㉰ 다슬기

㉱ 거머리

㉲ 송사리

㉳ 소금쟁이

28 날씨가 추워지면 개구리와 뱀은 겨울잠을 자며 겨울을 보냅니다. 이와 같이 동식물들은 다양한 방법으로 추운 겨울을 보낸다고 합니다. 다음 동식물이 겨울을 나는 방법으로 알맞은 것을 <보기>에서 골라 보세요.

- ○ 유창성
- ✓ 융통성
- ○ 독창성
- ✓ 정교성

보기

· 겨울잠 자기 · 두꺼운 겨울털로 털갈이하기 · 낙엽 떨어뜨리기
· 씨앗으로 겨울 나기 · 따뜻한 곳으로 떠나기

(1) 토끼

(2) 강낭콩

(3) 기러기

(4) 단풍나무

✔ 유창성
✔ 융통성
○ 독창성
○ 정교성

29 무한이가 바람개비를 만들어서 가지고 놀려고 합니다. 바람개비는 바람을 받아 빙글빙글 돌아가는 장난감입니다. 그런데 밖에 바람이 전혀 불지 않았다고 합니다. 어떻게 하면 바람개비를 돌아가게 할 수 있을까요? 다양한 방법을 생각해 보세요. (단, 여러 가지 쓸수록 점수가 높아집니다.)

30 우리나라 전통 놀이기구인 연은 바람의 힘을 이용해서 공중에 띄워 노는 장난감입니다. 이와 같이 우리 주변에서 바람의 힘을 이용한 경우를 찾아 다양하게 써 보세요. (단, 많이 쓸수록 점수가 높아집니다.)

- ☑ 유창성
- ☑ 융통성
- ○ 독창성
- ○ 정교성

31 로켓이나 우주 왕복선이 우주로 발사될 때 아래로 엄청난 양의 수증기와 불꽃이 뿜어져 나오면서 로켓이 위로 올라간다고 합니다. 로켓이 발사되는 이유와 비슷한 생활 속의 모습을 말해 보세요.

- ○ 유창성
- ✔ 융통성
- ✔ 독창성
- ○ 정교성

32 사탕을 물에 녹이려고 합니다. 빨리 녹일 수 있는 방법에는 무엇이 있을까요? 다양한 방법을 생각해 보세요. (단, 여러 가지 쓸수록 점수가 높아집니다.)

- ✓ 유창성
- ✓ 융통성
- ○ 독창성
- ○ 정교성

33 공기는 눈에 보이지 않지만 우리가 매일 숨쉬고 있는 것으로 공기가 있다는 것을 알 수 있습니다. 공기가 우리 주위에 있다는 것을 확인할 수 있는 다른 방법에는 어떤 것들이 있을까요?

- ○ 유창성
- ✔ 융통성
- ○ 독창성
- ✔ 정교성

34 무한이는 욕조에 물을 받고 목욕하는 것을 좋아합니다. 아빠가 욕조에 뜨거운 물을 받는 것을 지켜보다가, 욕조에 물을 가득 채우려면 얼마나 많은 양의 물이 필요한지 궁금해졌습니다. 어떻게 하면 물의 양을 알 수 있을까요?

- ○ 유창성
- ✔ 융통성
- ✔ 독창성
- ○ 정교성

35 무한이와 상상이는 다음과 같이 동전 자석을 이용해서 움직이는 자석 자동차를 만들었습니다. 자동차 뒤 5cm 정도 거리를 두고 동전 자석을 갖다대었더니 자석 자동차가 앞으로 천천히 움직였습니다. 자석 자동차를 더 빨리 움직이게 하려면 어떻게 하면 될까요? 다양하게 써 보세요. (단, 많이 쓸수록 점수가 높아집니다.)

- ✔ 유창성
- ✔ 융통성
- ○ 독창성
- ○ 정교성

36 무한이와 상상이가 우주 여행을 하게 되었습니다. 우주 공간에서 우주복을 입고 떠다니던 상상이는 무한이에게 말을 걸고 싶은데, 우주 공간에는 공기가 없어 소리가 전해지지 않았습니다. 어떻게 하면 상상이와 무한이가 이야기를 나눌 수 있을까요?

- ○ 유창성
- ✔ 융통성
- ○ 독창성
- ✔ 정교성

37 다음 그림의 각 네모 칸은 방입니다. 상상이는 주어진 방에 대각선으로 거울 4개를 놓아서 빛이 입구에서 출구까지 지나갈 수 있도록 하려고 합니다. 어떻게 거울을 놓으면 될까요? 다양하게 그려 보세요. (단, 여러 가지 쓸수록 점수가 높아집니다.)

- ✓ 유창성
- ✓ 융통성
- ○ 독창성
- ○ 정교성

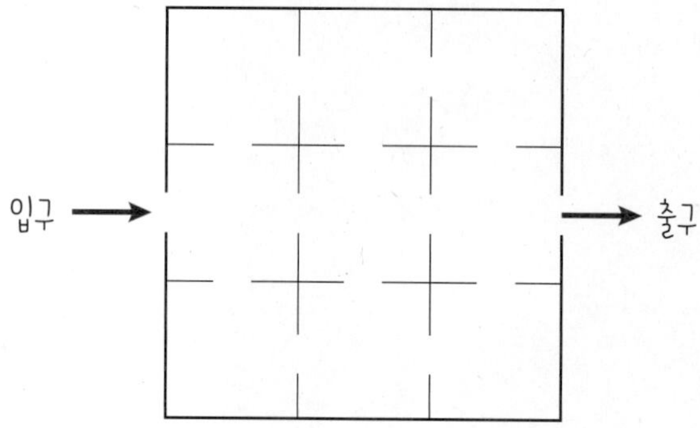

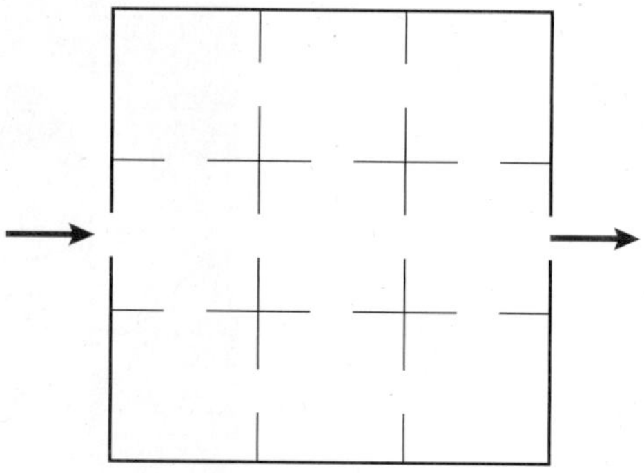

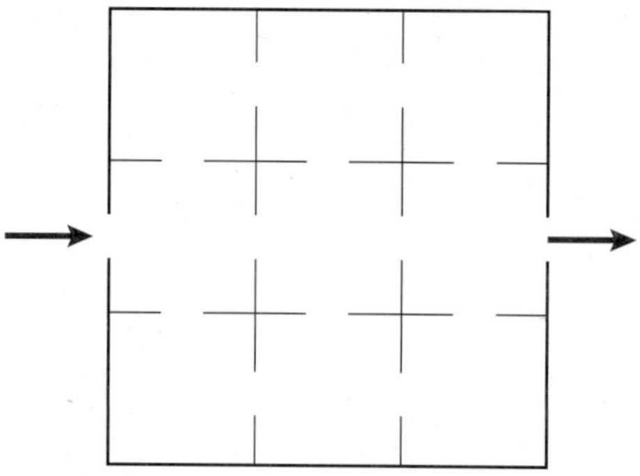

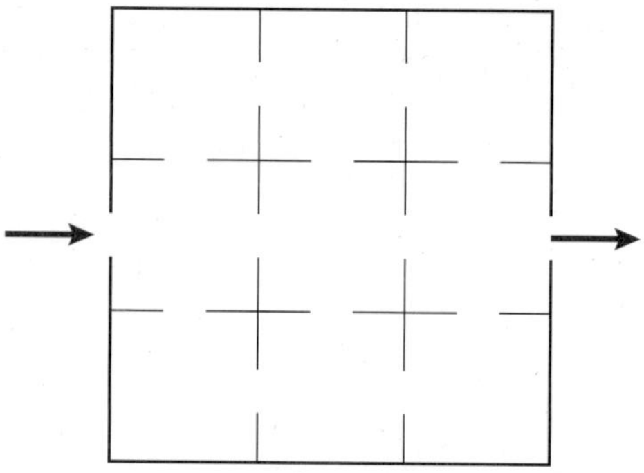

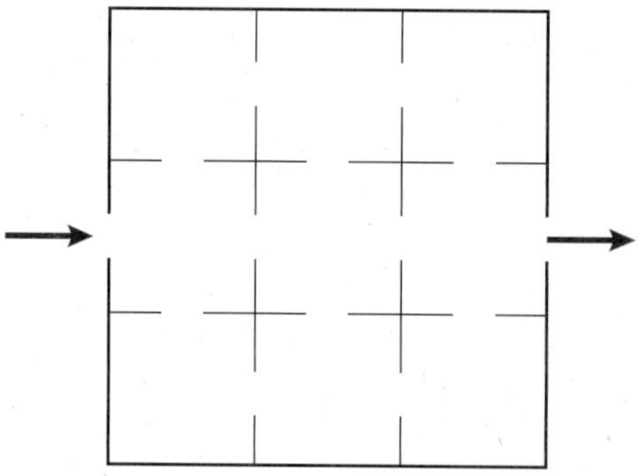

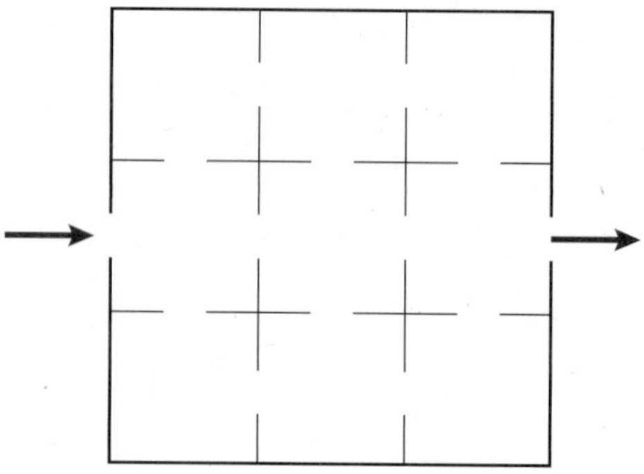

38 그림과 같이 페트병 입구에 풍선을 씌웠을 때, 풍선을 부풀어 오르게 하는 방법에는 어떤 것들이 있을까요? 다양하게 써 보세요. (단, 많이 쓸수록 점수가 높아집니다.)

- ✔ 유창성
- ✔ 융통성
- ✔ 독창성
- ○ 정교성

39 우리가 먹는 콩나물은 콩에 물을 12시간 정도 충분히 주어 불린 후 물이 잘 빠지는 바구니에 담고, 빛을 보지 못하도록 검은 천으로 덮어서 하루에 3번 물을 주며 싹을 틔운 것입니다. 3 ~ 4일 정도 기르면 싹이 터서 아래 사진과 비슷하게 자랍니다.

- ○ 유창성
- ✓ 융통성
- ○ 독창성
- ✓ 정교성

(1) 싹을 틔운 후에도 천을 계속 덮어두면 콩나물의 모양이 어떻게 될까요?

(2) 싹을 틔운 후에 검은 천을 열고 햇빛을 주면 콩나물의 모양이 어떻게 될까요?

40 상상이는 식물도감을 읽다가 어떤 꽃은 햇빛에 따라, 어떤 꽃은 온도에 따라 꽃잎이 열리고 오므라든다는 것을 알게 되었습니다. 다음은 4 ~ 5월에 꽃이 피는 민들레와 튤립의 꽃잎이 열릴 때와 오므릴 때의 사진과 그 시간을 나타낸 표입니다. 물음에 답하세요.

○ 유창성
✓ 융통성
○ 독창성
✓ 정교성

	꽃잎이 열릴 때	꽃잎이 오므라들 때
민들레	해 뜰 때	해질 때
튤립	11시경	15시경

(1) 햇빛에 따라 꽃잎이 열리고 오므라드는 꽃은 어느 것인가요?

(2) 온도에 따라 꽃잎이 열리고 오므라드는 꽃은 어느 것인가요?

1회 모의고사

점수 /

[각 문제 배점 : 10점]

01 테이블 위에 음료수 한 잔이 놓여 있습니다. 이 음료수를 손을 대지 않고 마실 수 있는 방법을 가능한 많이 써 보세요.

예시 답안 / 평가표
p.72

02 다음 그림을 각각 완성하고 제목을 써 보세요. (단, 많이 그릴수록 점수가 높아집니다.)

[제목 :　　　　　　　　]

[제목 :　　　　　　　　]

[제목 :　　　　　　　　]

[제목 :　　　　　　　　]

[제목 :　　　　　　　　]

[제목 :　　　　　　　　]

1회 모의고사

03 다음 <보기>의 ㄱ과 ㄴ의 문장을 보고, 알 수 있는 결론을 ㄷ에 써 보세요.

보기

ㄱ. 자연을 파괴해서는 안된다.

ㄴ. 나무를 많이 베어내면 자연이 파괴된다.

ㄷ. 그러므로 ______________________________

04 다음 <보기>의 무한이와 상상이의 대화에서 상상이가 답답해하는 이유는 무엇일까요?

보기

상상 : 무한아, 너 영재가 어디 있는지 아니?

무한 : 그보다 아까 수업 시간에 배운 문제가 잘 안풀려.

상상 : 선생님이 영재에게 교무실로 오라고 전해 달라셨어. 영재 못봤니?

무한 : 너 이 문제 풀 줄 알아?

상상 : 어휴, 말을 말자.

05 무한이는 1에서 10까지의 숫자 카드를 한 장씩 가지고 있습니다. <보기>와 같이 숫자 카드를 더해서 15를 만들려고 할 때, 가능한 방법의 개수는 모두 몇 개일까요?

보기

$$15 = \boxed{9} + \boxed{6}$$

$$15 = \boxed{7} + \boxed{5} + \boxed{3}$$

06 어미 고양이 2마리와 새끼 고양이 3마리의 몸무게의 합은 20kg입니다. 어미 고양이 1마리와 새끼 고양이 2마리의 몸무게의 합이 11kg일 때, 어미 고양이와 새끼 고양이의 각각의 몸무게는 얼마일까요? (단, 어미 고양이는 어미 고양이끼리 몸무게가 같고, 새끼 고양이는 새끼 고양이끼리 몸무게가 같습니다.)

어미 고양이 : ________________ kg

새끼 고양이 : ________________ kg

07 다음 그림에서 각각 칸에 들어 있는 도형들은 모두 규칙에 따라 순서대로 놓여 있습니다. 마지막 빈칸에 들어갈 알맞은 도형을 그 자리에 그려보세요.

08

무한이는 가로, 세로, 높이의 길이가 똑같은 나무블럭으로 쌓기놀이를 하는 것을 좋아합니다. 무한이가 나무블럭 15개를 가지고 있을 때, 다음 ① ~ ⑤ 중 모양을 똑같이 만들 수 없는 것을 모두 골라보세요.

①

②

③

④

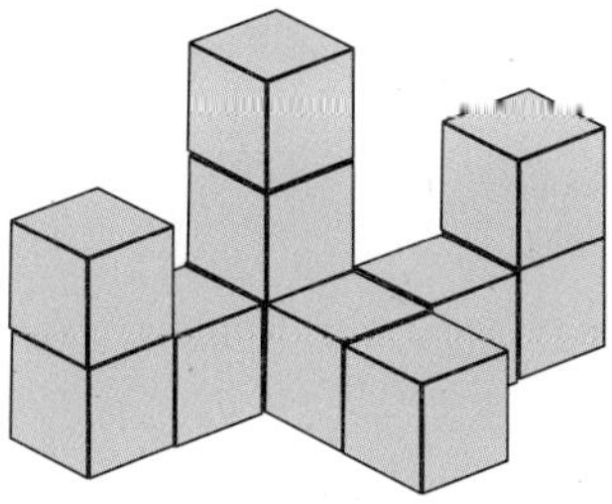

⑤

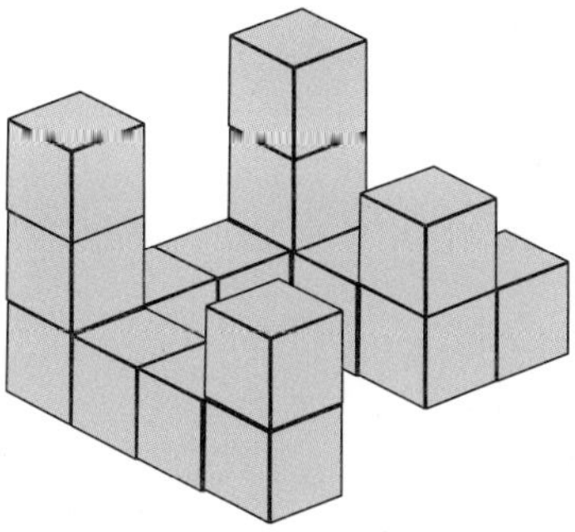

09 겨울잠을 자는 동물에는 다람쥐, 개구리, 뱀, 반달가슴곰 등이 있습니다. 만약 사람들도 이 동물들처럼 겨울잠을 자게 된다면 우리의 생활은 어떻게 달라질까요? 마음껏 상상해서 말해 보세요.

10 무한이가 야구공을 가지고 놀다가 그만 땅 속 구멍으로 야구공을 떨어뜨리고 말았습니다. 너무 깊은 곳에 들어가 손이 닿지 않았습니다. 어떻게 하면 야구공을 꺼낼 수 있을지 다양하게 말해 보세요.

2회 모의고사

점수 /

[각 문제 배점 : 10점]

01 건전지와 크레파스의 공통점을 가능한 한 많이 써 보세요. (단, 많이 쓸수록 점수가 높아집니다.)

02 주사기는 병원에서 사람의 몸에 약물을 넣을 때나 실험실에서 실험을 할 때 쓰입니다. 이 용도 외에 주사기를 다르게 쓰는 방법으로는 어떤 것이 있을까요? 가능한 한 많이 써 보세요. (단, 많이 쓸수록 점수가 높아집니다.)

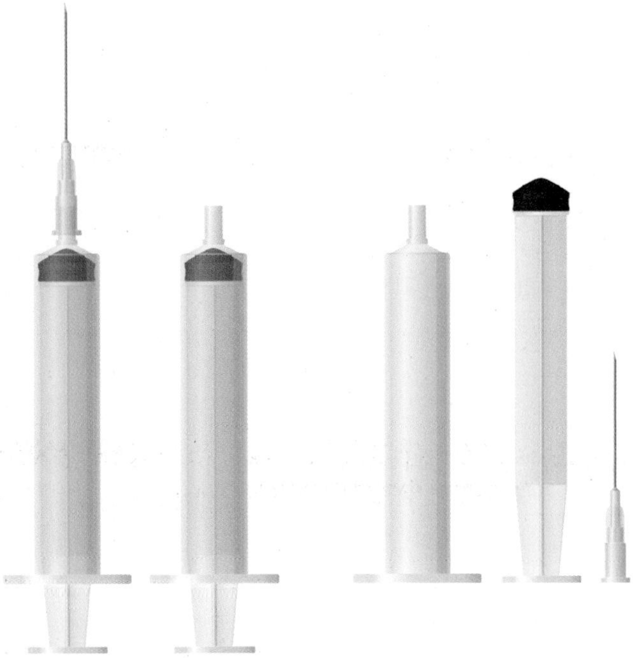

03 <보기>를 읽고 A, B, C, D 우리에 사는 동물들을 맞혀 보세요.

보기

ㄱ. 동물원에 동물 우리가 A, B, C, D 순으로 나란히 있습니다.

ㄴ. 우리에는 각각 호랑이, 코끼리, 원숭이, 말이 살고 있습니다.

ㄷ. 코끼리는 원숭이와 이웃하고 있고, 말과도 이웃하고 있습니다.

ㄹ. 말은 호랑이와 이웃하고 있습니다.

ㅂ. 원숭이는 A 우리에 살고 있지 않습니다.

· A : ____________________

· B : ____________________

· C : ____________________

· D : ____________________

04 다음 <보기>를 읽고, 영재가 울고 있는 이유는 무엇인지 이야기를 만들어 보세요.

보기

할머니는 선반 위에 놓인 항아리에서 매일 영재에게 사탕을 꺼내 주셨습니다. 그러던 어느 날, 영재는 항아리를 앞에 놓고 울고 있었습니다.

2회 모의고사

05 동물원에서 6마리의 큰 원숭이와 9마리의 작은 원숭이가 있습니다. 큰 원숭이는 바나나 3개씩, 작은 원숭이는 바나나 1개씩 주려고 합니다. 아래의 3개 송이 중 어느 2개를 사면 남는 것 없이 나눠 줄 수 있을까요?

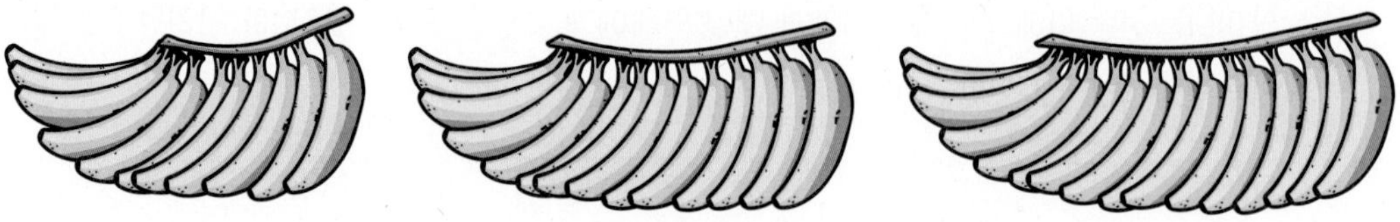

11개　　14개　　16개

06 다음 각 문장의 내용은 참일까요 거짓일까요? 알아맞혀 보세요.

(1) 영재는 3000원으로 800원짜리 과자를 4봉지 사먹을 수 있습니다.

[참 / 거짓]

(2) ▲ + ◎ = 7이고 ◎ - ▲ = 1이라면, ▲ = 3입니다.

[참 / 거짓]

(3) 올해 무한이는 6살, 상상이는 13살입니다. 그러면 5년 후 상상이는 무한이보다 2살 더 많습니다.

[참 / 거짓]

2회 모의고사

07 다음 <보기>의 모양을 4조각으로 잘랐을 때, ① ~ ⑤중 잘라 놓은 4조각이 아닌 것을 골라 보세요.

보기

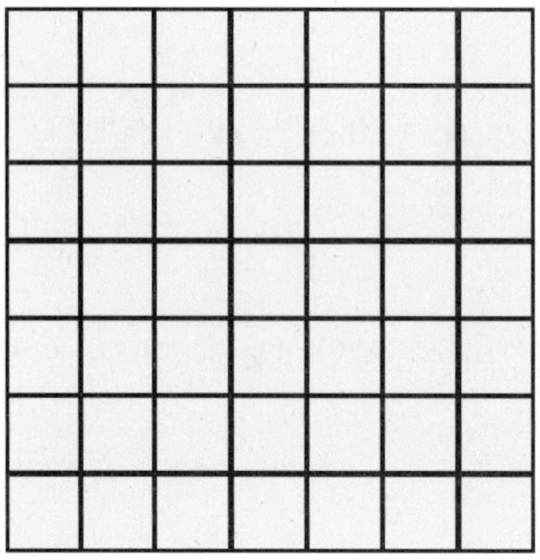

①

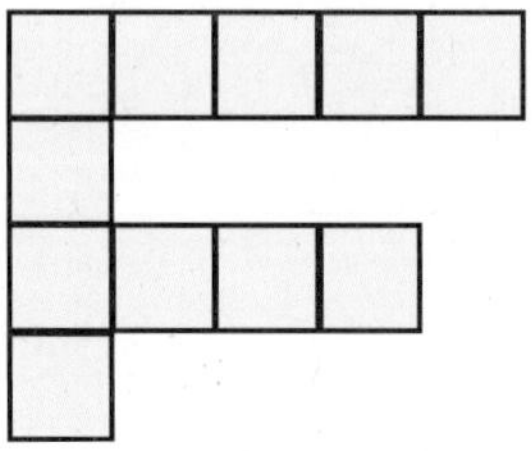

②

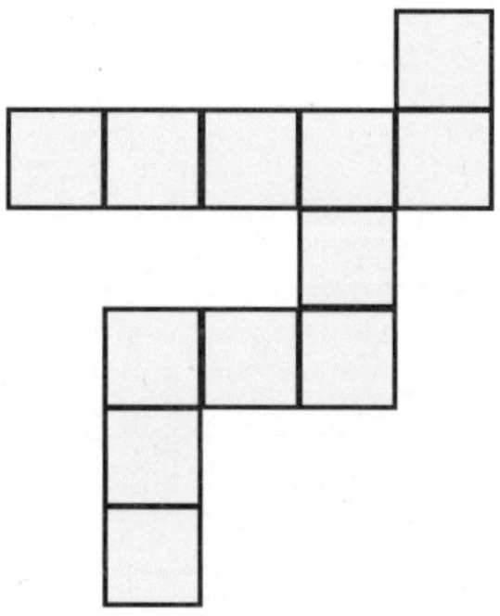

③

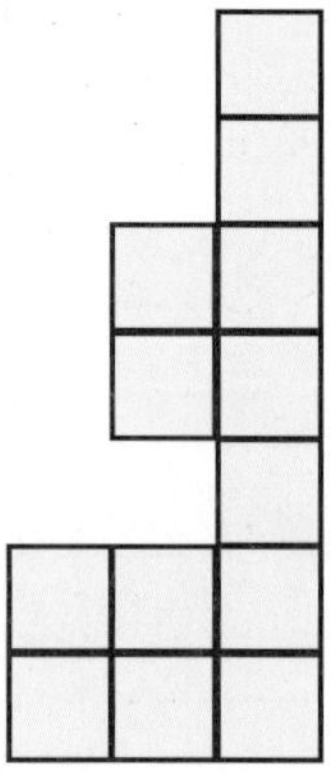

④

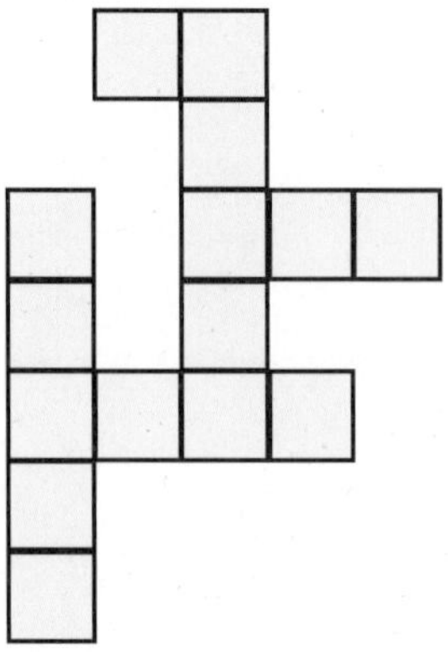

⑤

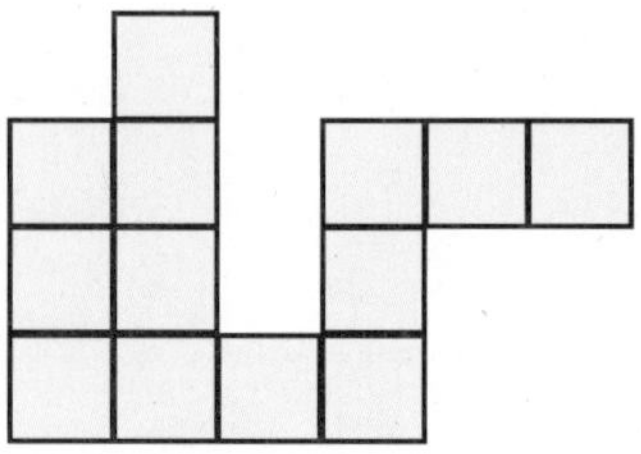

08 다음은 크기가 같은 블록들을 쌓아 만든 모양입니다. 주황색 블록과 면이 닿아 있는 블록은 모두 몇 개인지 각각 구해보세요.

(1)

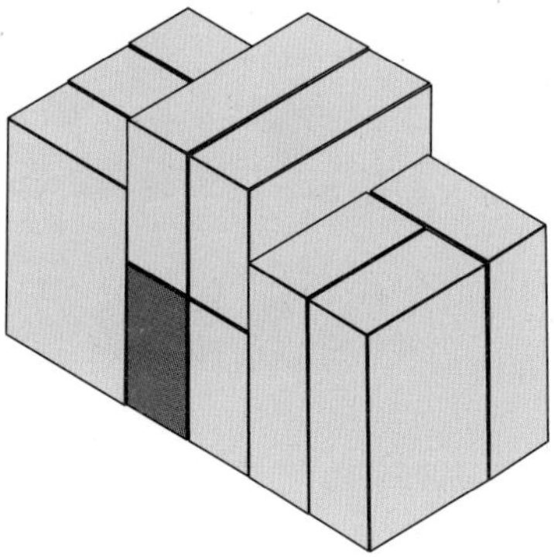

(2)

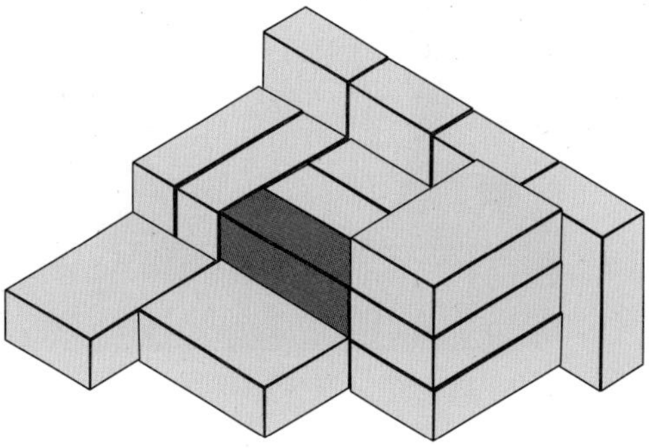

09 많은 동물은 알을 낳습니다. 알의 모양은 동그랗기도 하고, 약간 한쪽으로 길쭉한 모양을 하기도 합니다. 길쭉한 모양은 완전히 동그란 모양일 때보다 어떤 점이 더 좋을까요?

10 무한이와 상상이는 생선을 밖에 오래 두었을 때 생기는 초파리가 어떻게 생겨나는지에 대해 이야기를 나누었습니다. <보기>를 보고, 누구의 말이 옳은지 알아보기 위한 알맞은 방법을 골라 보세요.

보기

상상이 : 생선에 어미 초파리가 알을 낳고 가서 새로운 초파리가 생기는 거야.

무한이 : 아냐, 생선을 가만히 두면 초파리는 안에서 저절로 생기는 거야.

① 생선을 구운 뒤에 초파리가 생기는지 봅니다.
② 생선살을 잘게 갈아낸 후 초파리가 생기는지 봅니다.
③ 생선을 냉장고에 넣어두고 초파리가 생기는지 봅니다.
④ 생선을 공기가 통하지 않는 그릇에 담아두고 초파리가 생기는지 봅니다.

PART III

심층 면접

나는 면접에서 나의 창의성을
마음껏 발휘할 수 있을까?

단원 살짝 엿보기

01 인성 면접 유형
인성 관련 기출문제를 통한 심층면접 문제 유형 익히기

02 창의성 면접 유형
일반·수학·과학 창의성 관련 기출문제를 통한 심층면접 문제 유형 익히기

03 토론 면접 유형
토론형 기출문제를 통한 심층면접 문제 유형 익히기

[심층 면접 Tip]

① 자기소개서의 내용 숙지가 필요하다. 자기소개서에 쓴 내용과 상반된 내용을 말하거나 외운 내용을 확인하는 것처럼 말하면 다른 영역이 뛰어나도 합격이 어렵다.

② 문장의 어미 사용을 보다 명확하게 사용하는 것이 좋다. '~ 인 것 같습니다.' 보다는 '~ 입니다.' 등의 자신감 있는 표현으로 이야기 하는 것이 좋다.

③ 심층 면접은 정답이 따로 정해져 있지 않은 문제로 창의성과 과제 집착력을 평가하는 것이다. 따라서 틀릴까 봐 머뭇거리지 말고 자신감 있게, 그러면서도 신중하게 생각했다는 인상을 줄 수 있도록 대답하는 태도가 필요하다.

④ 수학 면접의 경우 수학을 배워야 하는 이유, 평소 자신이 배우는 수학이 실생활에 어떻게 활용되는지, 어디에 적용되는지 등의 자신만의 경험을 정리해 보고 이를 숙지해 가는 것이 바람직하다.

⑤ 과학 면접은 과학적 지식을 묻는 질문에서 생활 속에서 과학과 관련 내용을 어떤 동기로 알게 됐는지에 대한 것으로 바뀌고 있고 면접관들은 개성 있는 경험을 듣고 싶어 한다. 선행 개념을 바탕으로 답을 하는 경우, 궁금증에 의해 자발적으로 탐구해 인지했음을 밝히는 것이 좋다.

⑥ 지원자들을 그룹을 지어 특정 주제에 대해 토론을 시키는 방식인 토론 면접의 경우 면접관은 이것을 지켜보면서 여러 지원자들의 지식 수준, 리더쉽, 적극성, 협동성, 발표력, 진실성, 의사소통능력, 표현 능력, 위기 상황에서의 대처능력 등을 평가한다. 따라서 타인의 발언을 경청하고, 어떠한 상황이든지 자신감 있게 행동하고 차분하게 자신의 주장을 논리적으로 이야기하는 것이 좋다. 너무 튀어보이려고 하는 태도나 반대로 너무 소극적인 태도도 바람직하지 않으며, 지나친 흥분이나 과격한 언행도 피해야 한다.

1 인성 면접 유형

영재교육원 기출문제로 구성하였습니다.

01 자기 소개를 해보세요.

02 영재교육원에 응시한 이유를 말해 보세요.

03 영재교육원에서 어떤 형식, 내용의 교육을 받았으면 좋겠나요?

04 영재교육원에 들어오면 좋은 점에는 무엇이 있는지 3가지 말해 보세요.

05 영재교육원에 합격했을 때와 합격하지 못했을 때 앞으로의 계획이 어떻게 달라지나요?

06 해당 분야(예를 들어 수학, 물리 등)에 응시한 이유는 무엇인가요?

07 언제 어떻게 지원 분야(수학 또는 과학)에 관심을 가지게 되었나요?

08 좋아하는 과목과 싫어하는 과목은 무엇인가요? 이유와 함께 말해 보세요.

09 자신이 영재라고 생각하나요? 그 이유는 무엇인가요? 그렇다면 영재는 어떤 학생을 말하는 것일까요?

10 다른 사람들이 나에게 해주는 말 중 가장 많이 듣는 말은?

11 자신의 장래 희망을 이루기 위해 필요한 습관 3가지와 그 이유를 말해 보세요.

12 자신의 꿈을 이루는 과정에서 영재 교육은 왜 필요하다고 생각하나요? (장래희망이 수학자나 과학자가 아닐 경우)

13 자기소개서에 기록된 내용 중 남들과 다른 부분이 있다면 어떤 것인지, 그리고 왜 그렇게 생각하는지 설명해 보세요.

14 지금까지 부모님을 제외하고 가장 자신에게 영향을 끼친 사람은 누구인가요? 그 이유와 함께 말해 보세요.

15 다른 친구들과 차별화 된 나만의 공부 방법을 말해 보세요.

16 자신의 장점과 단점을 하나씩 쓰고 장점을 키우기 위해 어떻게 할 것인지, 단점을 고치기 위해서는 어떻게 노력할 것인지 말해 보세요.

17 30년 후 나는 어떤 직업을 가지고 있을까요? 그 직업이 다른 사람들에게 어떤 도움을 줄 수 있을지 3가지 이상 말해 보세요.

18 다음 주 월요일에 중요한 시험이 있습니다. 그 때문에 이번 주말에는 그 시험 준비를 반드시 해야 합니다. 그런데 이번주 토요일에 영재교육원 수업이 있다면 어떻게 할 건가요? 그 이유는 무엇인가요?

19 가장 친한 친구의 장점에 대해 설명해 보세요.

20 친구가 화를 내고 있을 때 풀어줄 수 있는 방법은 무엇이 있을까요?

21 과학 영재원 과제로 프로젝트 준비를 해야 합니다. 선생님께서는 혼자서 프로젝트 준비를 하거나 여러 명이 함께 프로젝트 준비를 해도 된다고 말씀하셨습니다. 두 방법 중 어느 것으로 할 건가요? 그리고 그 이유는 무엇인가요?

22 다음 글을 읽고 모둠원들이 무한이에게 어떻게 하면 좋을지 이야기해 보세요.

우리 모둠은 역할놀이를 하려고 합니다. 그런데 우리 모둠의 일원인 무한이는 역할놀이가 싫다며 그림만 그리고 있습니다. 선생님께서는 모든 모둠원이 참여하여 역할놀이를 하라고 하셨습니다. 우리 모둠원들이 무한이에게 무한이에게 함께 하자고 다시 말하자 짜증을 내며 울기까지 하였습니다. 우리 모둠원들은 어떻게 해야 할 지 몰라 그런 무한이를 바라보고만 있었습니다.

23 평소 잘난 척이 심하고, 수업 시간에 질문을 많이 하여 쉬는 시간을 줄이는 철수가 있습니다. 반 아이들과 나는 철수를 매우 싫어합니다. 바람이 많이 불고 추운 어느 날, 철수가 환기를 한다며 창문을 열었습니다. 아이들은 창문을 닫으라고 소리를 질렀으나 내가 보기에는 환기가 꼭 필요한 상황이었습니다. 나는 어떻게 행동할 건가요?

1 인성 면접 유형

24 모둠 발표를 준비할 때 내가 친구들에게 줄 수 있는 도움에는 무엇이 있을까요?

25 모둠 활동을 할 때 혼자서 다 하려고 고집부리는 친구가 있을 때 어떻게 할 건가요? 자신의 의견이 무시되어도 괜찮을까요?

26 실험 도중에 나와 의견이 안 맞아서 계속 말다툼하는 친구가 있습니다. 말다툼도 하기 싫고 도저히 계속 같이 실험하고 싶지 않아진다면 어떻게 할 건가요?

27 최근에 사회적으로 일어난 사건 중에 관심 있는 사건과 그 이유를 말해 보세요.

28 '지는 것이 이기는 것이다.'라는 말을 자신의 경험을 통해서 말해 보세요.

29 지금까지 가장 슬펐던 때와 가장 기뻤던 때는 언제인가요? 이유와 함께 말해 보세요.

30 남에게 도움을 주었던 경험 중 가장 인상깊게 남은 기억은 무엇이 있나요?

31 요즘 비둘기는 유해동물에 포함되어 있습니다. 날개를 다친 비둘기가 길바닥에 있다면 어떻게 할 건가요?

32 내가 상상이가 되어서 다음 상황을 어떻게 해결할 수 있을지 말해 보세요.

상상이네 집에서 경복궁까지 지하철로 서른 정거장이나 가야합니다. 상상이네 집에서 가장 가까운 지하철역은 환승역이라 사람들이 붐벼 자리에 앉아 갈 수 없습니다. 상상이와 친구는 앉아가기 위해 경복궁역 반대 방향으로 두 정거장을 갔습니다. 그 결과 상상이와 친구는 자리에 앉아갈 수 있었습니다. 그런데 얼마 지나지 않아 갓난 아이를 안은 아주머니가 상상이와 친구의 가운데에 섰습니다.

33 다음 글을 읽고 이와 같은 문제가 나타난 이유와 이를 해결하기 위한 방법을 말해 보세요.

영재네 학급에서는 체육 대회 때 응원상을 받아 생긴 학급비로 무엇을 할까 회의를 하였습니다. 결국 교실에서 모두가 함께 쓸 수 있는 휴지를 사서 쓰기로 했는데, 휴지를 산 지 얼마 되지 않아서 다 써버렸습니다. 그 이유는 학급 휴지를 쓸 때 아껴 쓰지 않아 개인 휴지를 쓸 때보다 빨리 떨어졌기 때문입니다.

2 창의성 면접 유형

01 커피가 들어 있는 커피잔에 반지를 빠뜨렸는데 꺼내보니 젖어 있지 않았습니다. 어떻게 가능할까요?

02 어제 정전이었는데도 영희는 책을 읽었습니다. 어떻게 가능할까요?

03 사람들이 전단지를 길에 버리지 않게 할 수 있는 방법에는 어떤 것들이 있을까요?

04 영국으로 물고기를 가장 신선하게 운반할 수 있는 방법에는 어떤 것들이 있을까요?

05 도구를 사용할 때 본래 목적에 맞추어 사용하지 않고 다른 용도로 사용해 본 적이 있나요? 어떻게 사용했나요?

06 여기에 종이 한 장만 있고, 필기구도 없습니다. 이 종이로 엄마를 웃길 수 있는 방법을 말해 보세요.

07 한 달 동안 집에 전기가 들어오지 않는다면 어떻게 생활해야 할까요?

08 시청 광장에 행사로 사람들이 많이 모여 있습니다. 모인 사람들의 수를 어떻게 셀 수 있을까요?

09 할아버지 선물로 가장 소중한 선물을 상자에 넣어서 드리려고 합니다. 그 상자에는 무슨 선물을 넣을 건가요? 그 이유는 무엇인가요?

10 공중전화 사용을 늘릴 수 있는 방법에는 무엇이 있을까요?

2 창의성 면접 유형

11 환경오염의 피해를 줄이기 위해서는 어떻게 해야 할까요?

12 책의 모양은 반드시 사각형으로 해야 할까요?

13 만약 타이어의 모양이 네모가 된다면 어떻게 될까요?

14 숫자 1은 숫자 2를 부러워합니다. 그 이유를 3가지 이상 말해 보세요.

15 컴퍼스 없이 원을 그리는 방법에는 어떤 것이 있을지 나열해 보세요.

16 0은 짝수일까요 홀수일까요? 왜 그렇게 생각하나요?

17 곱셈이 우리 생활에 꼭 필요한 이유를 말해 보세요.

18 0001, 0010, 0011, 0100, 0101, 0110.... 에서 0110다음으로 올 수는 무엇일까요? 규칙도 함께 설명해 보세요.

19 연속되는 세 홀수를 더하였더니 45가 되었다고 합니다. 이때 가장 작은 홀수는 얼마일까요?

20 명호네 밭의 $\frac{2}{5}$ 에는 배추를 심고 남은 밭의 $\frac{2}{5}$ 에는 고추를 심었습니다. 고추를 심고 남은 밭의 $\frac{1}{5}$ 에는 가지를 심었다고 합니다. 아무 것도 심지 않은 밭의 넓이는 몇 m^2일까요? (단, 가지 심은 밭의 넓이는 $200m^2$ 입니다.)

2 창의성 면접 유형

21 A와 B가 게임을 하였는데, 달력에서 그림과 같이 가로 3, 세로 3인 테두리를 만들고 그 안에 9개의 숫자의 합을 빨리 구하는 사람이 이기는 게임입니다. A가 B보다 정답을 빠르게 구해 대부분의 게임을 이겼다면, 어떻게 계산한 것인지 수학적인 근거를 들어서 설명해 보세요. (단, A와 B가 계산하는 빠르기는 같습니다.)

월	화	수	목	금	토	일
				1	2	3
4	5	6	7	8	9	10
11	12	13	14	15	16	17
18	19	20	21	22	23	24
25	26	27	28	29	30	

22 같은 간격으로 말뚝을 박아서 정팔각형의 모양의 울타리를 만들려고 합니다. 한 변에 말뚝이 10개씩 있게 하려면 말뚝은 모두 몇 개 필요할까요?

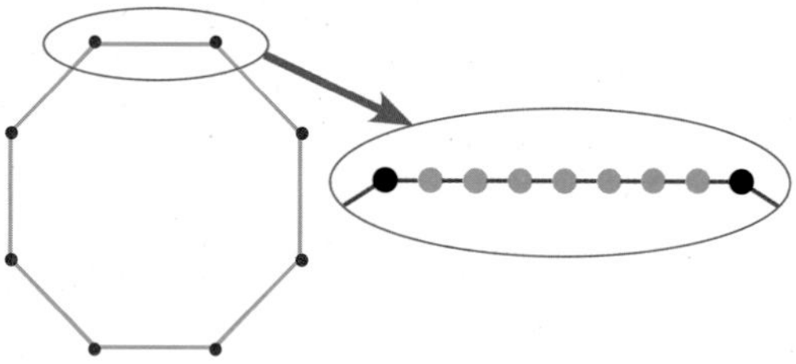

23 5명의 씨름 선수가 대회에 참가했습니다. 각 선수가 다른 모든 사람과 한 번씩 시합을 해서 많이 이기는 사람이 우승한다고 합니다. 시합을 할 수 있는 씨름판 2개를 모두 활용하고 시합을 한 번 하는데 평균 5분씩 걸린다면, 시합을 모두 끝내는 데까지 걸리는 시간은 몇 분일까요?

24 어떤 선거에 2명의 입후보자가 있습니다. 투표 결과 1025표 중 11표는 무효 표였습니다. 두 사람의 표 차가 48표였다면 두 사람은 각각 몇 표씩 얻었을까요?

25 언니와 동생이 지난달까지 저금한 금액은 합쳐서 22800원입니다. 이번 달에는 두 사람이 같은 금액을 저금했는데 언니의 통장 금액은 13500원이고, 동생의 통장 금액은 12300원이었다고 합니다. 이번 달에 두 사람의 저금액은 각각 얼마일까요?

26 가로 50cm인 그림 5장을 3.7m의 벽에 걸려고 합니다. 그림과 그림 사이, 벽의 끝과 그림 사이의 거리도 같게 하려고 합니다. 그림과 그림 사이의 거리를 몇 cm로 하면 좋을까요?

27 정사각형 모양의 땅이 있습니다. 한 변의 길이를 $\frac{1}{2}$ 만큼 늘이고, 다른 한 변의 길이를 $\frac{1}{3}$ 만큼 줄여서 직사각형 모양의 밭을 만들었다고 합니다. 새로 만든 밭의 넓이는 처음 밭의 넓이보다 얼마나 더 넓어졌을까요?

2 창의성 면접 유형

28 오른쪽 정육면체 안의 세모를 위, 옆, 앞에서 봤을 때 어떻게 보일지 그려보세요.

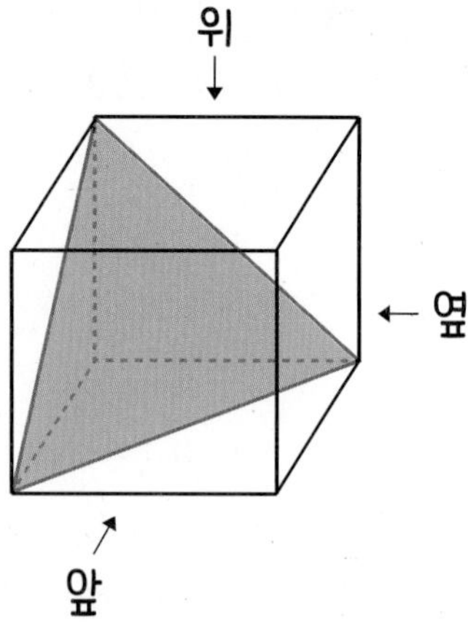

<위>　　　　<앞>　　　　<옆>

29 1에서 5까지의 합을 아래와 같이 구할 수 있다고 합니다. 이와 같은 방법으로 1에서 100까지의 짝수의 합을 구해 보세요.

1+2+3+4+5

+)5+4+3+2+1

6+6+6+6+6=6×3=30　　30÷2=15　답 : 15

30 촛불과 전구의 차이점을 5가지 이상 말해 보세요.

31 거울과 물의 비슷한 점을 써 보세요.

32 살구, 수박, 복숭아, 오리를 세 가지 방법으로 나눠 보세요.

33 물이 얼었다가 녹으면 무게가 변할까요?

34 열을 가하지 않고 물을 수증기로 만드는 방법을 최대한 많이 나열해 보세요.

2 창의성 면접 유형

35 펭귄들이 남극에서 줄다리기를 하다가 모래 운동장에서 줄다리기를 하면 무엇이 달라질지 설명해 보세요.

36 우리 문화재 중 과학적으로 우수한 것에는 무엇이 있을까? 그 이유는 무엇인가?

37 눈이 많이 온 날 맨발은 푹푹 빠지는데 스키나 스노보드를 신으면 눈에 잘 안 빠진다고 합니다. 왜 그런지 설명해 보고, 생활 속에서 비슷한 경우를 말해 보세요.

38 옛날에는 나무로 만들었던 바퀴가 요즘에는 고무 재질로 바뀐 이유를 설명하고 고무 타이어의 단점을 보완할 방법을 찾아 말해 보세요.

39 강낭콩 두 그루로 강낭콩이 자라는데 햇빛이 미치는 영향을 알아보려 할 때, 같게 해야 할 조건을 설명해 보세요.

40 비행기는 새를 본떠 만든 발명품입니다. 이처럼 동, 식물을 본떠 만든 것을 장점과 함께 말해 보세요.

41 답이 '물'이 될 수 있는 문제를 5가지 만들어 말해 보세요.

2 창의성 면접 유형

42 현미경은 사람의 눈으로 볼 수 없을 만큼 작은 물체를 볼 수 있게 도와주는 발명품입니다. 이와 같이 인간의 감각기관의 한계를 극복할 수 있도록 도와주는 물건에는 무엇이 있을까요?

43 에어컨이 없던 시절 옛날 사람들은 너무 더운 여름날에는 물을 마당에 뿌렸습니다. 물을 뿌리는 것이 어떻게 더위를 견디는데 도움이 되는지 설명해 보세요.

44 북두칠성과 큰곰자리의 차이는 무엇일까요?

45 철도청 홈페이지에 "기차 사고는 대형 사고로 이어질 수 있으므로 기차에도 안전벨트를 설치해야 한다."는 의견이 올라왔는데, 기차는 안전벨트가 필요 없다는 답변을 받았다고 합니다. 왜 그런지 과학적 근거와 함께 말해 보세요.

46 연꽃잎의 표면은 아주 작은 돌기들이 수없이 많아 울퉁불퉁하기 때문에 물방울이 잎 속으로 스며들지 못하고 금방 흘러내리면서 먼지와 오염물을 씻어낸다고 합니다. 이것을 '연꽃잎 효과(lotus effect)'라고 하는데, 이를 생활 속에서 어떻게 이용할 수 있을지 말해 보세요.

47 말벌에 쏘인 개구리를 굶긴 다음 줄무늬 파리를 날아다니게 해 보았습니다. 보통 개구리는 줄무늬 파리를 잘 먹는데 말벌에 쏘인 개구리는 줄무늬 파리를 먹지 않았다고 합니다. 그 이유는 무엇일까요?

48 아래 재료들로 자석의 성질을 이용한 움직이는 장난감을 설계하고 그 원리를 설명해 보세요.

막대자석, 고리자석, 동전자석, 스카치테이프, 색종이, 하드보드지, 시침핀, 가위, 칼, 풀, 수수깡, 나무젓가락, 색연필, 종이컵, 스티로폼, 고무찰흙, 고무줄, 실

3 토론형 면접 유형

01 무인도에 가게 되었을 때 다음 12개 도구 중 꼭 필요한 순서대로 5개를 고르고, 그 이유를 말해 보세요.

나침반, 우비, 우산, 담요, 플라스틱 물병, 라이터, 필름 카메라, 망치, 숯, 서바이벌 칼, 두꺼운 책, 냄비

02 책을 읽을 때 디지털책과 종이책에 중 어느 책이 좋은지 의견을 쓰고 그 이유를 서술하시오.

03 벼농사를 짓기 위해서는 많은 양의 물이 필요합니다. 농사를 짓기 위해 강에 댐을 쌓아 물을 모아 두었더니 녹조가 일어나 물이 더러워지고 물 속 생물들이 많이 죽어버렸습니다. 댐을 유지하는 것이 좋을지 포기하는 것이 좋을지 자신의 의견을 말해 보세요.

04 바둑 AI 알파고와 같이 점점 사람보다 똑똑해지는 AI는 미래에 어떤 영향을 줄까요? 긍정적인 예상과 부정적인 예상 중 하나를 골라 근거와 함께 설명해 보세요.

05 고자질은 나쁜가요? 아니면 나쁘지 않은가요? 자신의 생각을 근거를 들어 설명해 보세요.

06 친구들의 별명을 불러주는 것이 친구와 친하게 지내는 데 도움이 될까요? 자신의 생각을 말해 보세요.

정답 및 해설
예시 답안

나의 문제 해결력이 맞는지 체크하고
창의력 점수를 매겨보자.

II
영재성
검사

01 일반 창의성

1. 문제의 배점은 5점이며, 각 평가표에 점수 기준이 있습니다. / 각 단원 말미에서 성취도 등급을 확인하세요.
2. 학생들 샘플 답안은 서울시 서초구 소재의 한 초등학교 학생들이 직접 푼 것입니다.

문제 01 p22

문항 분석 및 평가표

◆ 문항 분석 : 일반 창의성에 자주 등장하는 대표적인 유형으로, 주어진 시간 내에 적절한 아이디어를 얼마나 많이 산출하였는지의 유창성과, 그 아이디어들이 얼마나 다양한 관점에서 제시되었는지의 융통성을 평가하는 문항이다.

◆ 평가표

1 ~ 2개	3 ~ 5개	6개 이상
1점	3점	5점

출제자 예시 답안

① 표지판 ② 트라이앵글 ③ 꼬깔모자 ④ 키세스 초콜릿 ⑤ 아이스크림 콘

학생들 샘플 답안

① 삼각김밥 ② 화분 ③ 나초 과자 ④ 바늘 ⑤ 화이트 지우개 ⑥ 블록
⑦ 지붕 ⑧ 연필심 ⑨ 삼각지대 ⑩ 스피커 ⑪ 삼각자 ⑫ 우유곽 위쪽
⑬ 색종이 ⑭ 상어 이빨 ⑮ 표지판

문제 02 p23

◆ 평가표

1 ~ 2개	3 ~ 5개	6개 이상
1점	3점	5점

출제자 예시 답안

① 먹을 수 있다. ② 생물이다. ③ 물을 필요로 한다. ④ 전기가 통한다.
⑤ 표면이 우둘투둘하다. ⑥ 집 밖에서 키운다. ⑦ 맛있다. ⑧ 이름이 한 글자이다.
⑧ 이름에 ㄹ과 ㄱ이 들어간다. ⑨ 암수가 만나서 번식한다.
⑩ 크기가 다양하다. ⑪ 병에 걸릴 수 있다. ⑫ 어릴 때와 다 자랐을 때 색깔이 다르다.

학생들 샘플 답안

① 먹을 수 있다. ② 먹을 수 없는 부분이 있다. ③ 맛있다. ④ 처음 모습이 동그랗다.
⑤ 껍질이 있다. ⑥ 나도 지금 먹고싶다. ⑦ 자라는 것이다. ⑧ 부위가 있다.
⑨ 안이 부드럽다. ⑩ 둘 다 처음에는 작았다.

문제 03 p24

문항 분석 및 평가표

◆ 문항 분석 : 주어진 표지판에서 나타내고자 하는 주제를 정확하게 파악하는 융통성과 파악한 주제를 완성된 문장으로 만들어내는 정교성을 평가하는 문항이다.

◆ 평가표

표지판이 나타내는 내용을 서술했을 때	3점
표지판이 나타내는 내용을 적절하게 서술했을 때	5점

출제자 **예시 답안**

	고슴도치가 길을 건너는 곳이에요. 운전할 때 길을 잘 살펴봐 주세요.
	마녀가 자주 지나다니는 구역입니다. 공중에서 부딪치지 않도록 조심하세요.
	외계인 납치가 자주 일어나는 곳입니다! 조심하세요!
	컴퓨터를 할 때 허리를 굽히면 좋지 않습니다. 게임을 너무 오래 하지 마세요.

학생들 **샘플 답안**

	고슴도치가 있을 때는 치이지 않게 조심하세요! 동물이 건널 수 있어요!
	달 위에 마녀의 빗자루에 마녀와 고양이가 습격할 수 있어요! 마녀 출몰 지역입니다! 이곳은 밤에 무척 위험해요!
	외계인이 생체 실험을 해요! 조심하세요! UFO가 당신을 데려가요! 마녀가 해리포터 여친 잡아간 지역
	열심히 공부해야지 똑똑한 인물이 될 수 있어요! 컴퓨터를 보세요. 여기에 컴퓨터를 하고 있는 사람이 있으니 조심하세요. 장시간 게임을 하지 말아요.

문제 04 p25

문항 분석 및 **평가표**

◆ 문항 분석 : 주어진 상황 내에서 다른 사람이 생각하기 어려운 새로운 인사법을 만드는 독창성과 이름과 설명을 세밀하게 설정하는 정교성을 평가한다.

◆ 평가표

그림과 인사법의 설명, 이름을 썼을 때	1점
새로운 인사법에 관한 설명을 상세하게 잘 적었을 때	3점
새로운 인사법을 독창적으로 고안하고, 그 이유를 잘 설명했을 때	5점

출제자 **예시 답안**

그림과 설명	 양손의 셋째 손가락과 넷째 손가락을 접고 친구 앞에서 흔들면서 '쫀 하루!(좋은 하루)'라고 말한다. 미국에서 '나는 당신을 사랑합니다'라는 의미로 쓰이는 손모양이다.
인사법의 이름	쫀 하루!
이러한 이름을 붙인 이유	손모양이 멋져 보이기도 하고, 좋은 하루를 보냈으면 하는 마음으로 친구에게 인사했으면 좋겠다고 생각해서.

학생들 **샘플 답안**

그림과 설명	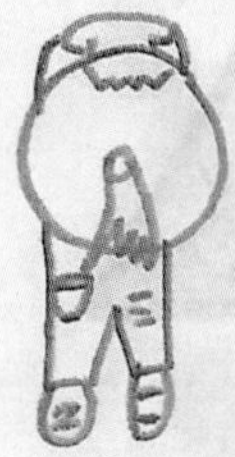 고개를 숙이고 선생님께 "노력하는 새래 어린이가 되겠습니다."라고 말한다.
인사법의 이름	노력하는 새래 어린이가 되겠습니다.
이러한 이름을 붙인 이유	노력하면 뭐든지 할 수 있으니까 열심히 노력하자는 의미에서

그림과 설명	 ① 박수하면서 인사를 하면 재미있을것 같아서 ② 박수를 하면 더 친해질것 같아서
인사법의 이름	박수 인사
이러한 이름을 붙인 이유	박수를 하면서 인사를 하기 때문

문제 05 p26

문항 분석 및 평가표

◆ 문항 분석 : 주어진 아이들의 표정과 동작을 보고 이러한 상황이 만들어진 이유를 다양한 관점에서 고민하는 융통성, 고정관념을 벗어난 아이디어를 내는 독창성을 평가하는 문항이다.

◆ 평가표

상황을 설명했을 때	3점
상황에 맞게 자신의 생각을 명확히 말했을 때	5점

출제자 예시 답안

· 게임을 해서 진 아이는 앉아 울고 이긴 아이는 서서 웃었다.
· 아이가 친구에게 장난을 치고 도망치다가 넘어져서 울고, 다른 아이는 그 모습을 보고 고소해서 웃었다.
· 한 아이가 오줌을 싸서 울고 다른 아이는 놀리고 있다.

학생들 샘플 답안

· 누가 더 센지 시합을 하자고 했는데 이긴 사람이 왕이 된다고 해서 모자를 쓴 아이가 달려들었는데 꼬불머리 아이가 자기가 왕이라고 자랑하니까 진 것도 서러운데 그렇게 웃으니까 울음이 터져 버렸다.
· 빵이 하나 있었는데 웃고 있는 아이가 빵을 먹어서.
· 서 있는 아이가 앉아 있는 아이에게 복수하려고 밀었는데 성공해서.
· 웃는 아이는 시험을 다 맞았고 앉아 있는 아이는 많이 틀려서.
· 웃는 아이는 놀고, 앉아 있는 아이는 놀지 못해서.
· 놀다가 넘어져서 울고 그 모습이 웃겨서 웃고 있다.

문제 06 p27

문항 분석 및 평가표

◆ 문항 분석 : 주어진 상상이의 표정과 동작을 보고 이러한 상황이 만들어진 이유를 다양한 관점에서 고민하는 융통성, 고정관념을 벗어난 아이디어를 내는 독창성을 평가하는 문항이다.

◆ 평가표

상황을 설명할 수 있을 때	3점
상황에 맞게 자신의 생각을 명확히 말했을 때	5점

출제자 예시 답안

· 귀신을 봤다.
· 친구가 놀라게 했다.
· 엄마 몰래 게임하고 있었는데 엄마가 보고 있었다.
· 창문에 괴물 모형이 매달려 있었다.
· 창문 밖에서 폭탄이 터졌다.
· 좋아하는 연예인이 지나가고 있었다.
· 창문이 깨졌다.
· 연기 연습 중이었다.
· 창문 밖에 물이 가득 차 있었다.
· 황사 때문에 밖이 보이지 않았다.

학생들 샘플 답안

· 경찰차 소리가 나서 상상이가 잠에서 깼는데 어머니, 아버지께서 경찰아저씨와 같이 계셨는데 갑자기 경찰차의 경찰 아저씨들이 상상이의 부모님을 데려가서
· 외계인이 나타나서 사람을 잡아가서.
· 7층인데 사람이 걸어가고 있다.
· 맑던 날씨에 우박이 떨어져서 사람들이 모두 젖었다.
· 작은 나무가 순식간에 커져서.
· 미세먼지가 너무 많아져서.
· 밖에 불이 나서.
· 소풍을 가는데 비가 와서.
· 밖에 외계인이 있어서.
· 오늘 비가 안 오는 줄 알고 우산을 안 가져왔는데 수업이 끝나고 창문을 보니 비가 내려서.

문제 07 p28

문항 분석 및 평가표

◆ 문항 분석 : 어떻게 하면 무한이에게 양보를 받을 수 있을지 다양한 경우를 떠올려 보는 융통성과 평범하지 않게 독특하고 재미있는 말을 떠올리는 독창성을 평가한다.

◆ 평가표

상황에 맞는 답을 썼을 때	3점
상황에 맞는 재미있는 답을 썼을 때	5점

출제자 예시 답안

· 자리 맡아줘서 고마워. 늦어서 미안해.
· 번호 순서대로니까 내가 먼저 먹는 거야.
· 급식 빨리 먹게 해주면 숙제 도와줄게.
· 나 오늘 당번이라 먼저 먹어야해.

학생들 샘플 답안

· 1분단이 먼저 받아야 한다고 말해서.
· 출석순으로 서라는데?
· 너무 배가 고픈데 먼저 좀 서도 되니?
· 봉사 활동이 있어서 밥을 빨리 먹어야 해!
· 몸이 아픈 친구를 도와주어야 해서.
· 무한이에게 있었던 창피한 일을 친구들에게 퍼트린다고 협박을 해서.
· 키순으로 선생님이 서라고 하셨어.
· 전학을 와서 잘 모르겠는데 어디 서야 할까?
· 생일이어서 나 먼저 빨리 가야 해.
· 밥을 빨리 못 먹어서.
· 곧 시험을 봐서.

문제 08 p29

문항 분석 및 평가표

◆ 문항 분석 : 주어진 상황이 일어난 이유를 다양한 관점에서 고민하는 융통성, 다양한 관점에서 여러 아이디어를 빠른 시간 내에 찾아내는 유창성을 평가하는 문항이다.

◆ 평가표

1 ~ 2개	3 ~ 4개	5개 이상
2점	4점	5점

출제자 예시 답안

① 딸기우유가 날짜가 지났다. ② 거스름돈을 안 줬다. ③ 준 돈이 모자랐다.
④ 두고간 게 있었다. ⑤ 아는 사람이었다.

학생들 샘플 답안

① 1+1이어서. ② 돈을 내지 않아서. ③ 뛰어다녀서. ④ 돈을 너무 많이 내고 가서.
⑤ 팬이라서. ⑥ 첫 손님께는 할인이라서. ⑦ 취직할 마음 없냐고 물어보려고.
⑧ 카드를 두고 가서. ⑨ 딸기우유의 유통기한이 지나서.
⑩ 딸기우유에 안 좋은 성분이 들어있어서. ⑪ 엄마의 치마가 찢어져서.
⑫ 딸기우유 1개를 가져가지 않아서. ⑬ 장바구니가 편의점 가게 바구니여서.
⑭ 엄마가 샌드위치를 하나 더 가져가서. ⑮ 경품에 당첨되어서.

문제 09 p30

◆ 평가표

1 ~ 2개	3 ~ 4개	5개 이상
2점	4점	5점

출제자 예시 답안

① 창문으로 햇빛이 들어와서 눈이 부셨다. ② 엄마가 사진을 찍으려고 씌워주었다.
③ 외출 준비를 하고 있다.

학생들 샘플 답안

① 친구와 절교했다. ② 강도가 괴롭혔다. ③ 엄마한테 혼났다. ④ 햇빛 때문에.
⑤ 친구가 놀리거나 때려서. ⑥ 아무도 바라봐주지 않아서. ⑦ 속상한 일이 있어서.
⑧ 이발소에서 이상하게 머리카락을 잘라줘서. ⑨ 자기 얼굴을 보이기 싫어서.
⑩ 연예인인데 사인 해달랄까봐. ⑪ 모자를 쓰고 있는 걸 다른 아이가 장난으로 팍 눌렀다.

문제 10 p31

◆ 평가표

1 ~ 2개	3 ~ 4개	5개 이상
2점	4점	5점

출제자 예시 답안

① 친구와 더 놀고 싶은데 집에 가야한다. ② 한 대 맞았다. ③ 말하다가 혀를 씹었다.
④ 두고간 게 있었다. ⑤ 낮에 없어졌던 간식을 친구가 먹었었다는 것을 알게 되었다.

학생들 샘플 답안

① 친구가 키가 너무 작다고 말해서. ② 친구가 때려서. ③ 공부를 잘 못한다고 해서.
④ 남자 같다고 해서. ⑤ 나쁜 말을 해서. ⑥ 친구가 무서운 이야기를 해서.
⑦ 얘기를 하다가 실수로 발을 밟아서. ⑧ 자기의 정체를 알리기 싫어서.
⑨ 유치원에 오지 말라 해서.

문제 11 p32

문항 분석 및 평가표

◆ 문항 분석 : 주어진 동물들 중 자신과 비슷한 점을 다양한 시각에서 찾아낼 수 있는 융통성을 평가하는 문항이다.

◆ 평가표

나와 비슷하다고 생각하는 동물을 골랐을 때	3점
나와 비슷한 동물과의 공통점을 잘 이야기했을 때	5점

출제자 예시 답안

· 말 : 우리 반에서 내가 달리기가 가장 빠르다.
· 고양이 : 고양이처럼 하루종일 누워서 잠만 잔다.
· 강아지 : 밖에서 뛰어노는 걸 좋아한다.

학생들 샘플 답안

· 강아지 : 냄새를 잘 맡는다. 귀엽다. 사람과 잘 어울린다. 놀고 사고를 친다.
· 고양이 : 털이 부드럽다. 눈이 크다. 누워있는 것을 좋아한다. 깔끔하다.
· 백조 : 물을 좋아한다. · 모두 : 새끼를 낳을 수 있으니까.
· 고릴라 : 힘이 세다. · 사자 : 화가 나면 무섭다. · 백조, 말 : 우아하다.

문제 12 p33

문항 분석 및 평가표

◆ 문항 분석 : 서로 관련 없어 보이는 두 활동의 공통점을 다양한 시각에서 찾아보는 융통성과 많이 찾아내는 유창성을 평가한다.

◆ 평가표

1 ~ 3개	4개	5개 이상
3점	4점	5점

출제자 예시 답안

① 혼자서 할 수 있다. ② 끝이 있다(정상 오르기, 완결까지 보기)

학생들 샘플 답안

① 재미있다. ② 마음이 차분해 진다. ③ 얼마든지 할 수 있다.
④ 새로운 걸 알게 된다. ⑤ 스트레스가 풀린다.

문제 13 p34

문항 분석 및 평가표

◆ 문항 분석 : 미래의 사람들이 현재의 학생들의 모습을 잘 알기 위해서는 학생들의 생활을 잘 나타낼 수 있는 물건들을 넣어주는 것이 중요하다. 따라서 어떤 물건이 학생들의 생활을 가장 잘 대표하는지에 대한 정교성과 좀 더 새롭고 창의적인 아이디어를 낼 수 있는 독창성을 평가하는 문항이다.

◆ 평가표

현재의 학생들의 모습을 잘 나타낼 수 있는 물건을 1 ~ 2가지 골랐을 때	1점
현재의 학생들의 모습을 잘 나타낼 수 있는 물건을 3가지 골랐을 때	3점
현재의 학생들의 모습을 잘 나타낼 수 있는 물건을 고르고 그 이유를 잘 설명했을 때	5점

출제자 예시 답안

① 교과서 : 학생들이 공부한 내용을 알 수 있다.
② 휴대폰 : 영상, 사진, 게임 등 다양한 정보가 있다.
③ 학교 앨범 : 학생들이 학교에서 보냈던 일상과 행사에서의 모습을 볼 수 있다.

학생들 샘플 답안

① 상상이의 사진 : 미래의 사람들이 타임캡슐을 만든 사람이 어떤 사람인지 알 수 있게 하려고.
② 연필 : 미래에는 컴퓨터로 공부해서 연필이 없을 수도 있으니까.
③ 일기장 : 상상이가 어릴 때 어떻게 생활했는지 미래의 사람들이 알 수 있다.
④ 안경 : 보이지 않으면 살 수 없기 때문에.

문제 14 p35

◆ 평가표

1 ~ 2개	3 ~ 4개	5개 이상
2점	4점	5점

출제자 예시 답안

◆ 좋은 점
① 커서 많은 학생들이 볼 수 있다. ② 지웠다 쓰면서 계속 사용할 수 있다.
③ 자석을 이용해서 종이를 붙여둘 수 있다.
④ 쓰다가 틀리면 틀린 부분만 살짝 지우고 다시 쓸 수 있다.
◆ 나쁜 점
① 가루가 날린다. ② 일일이 손으로 지우기 힘들다. ③ 쓰던 부분에 손이 닿으면 지워져 버린다.

학생들 샘플 답안

◆ 좋은 점
① 자석이 잘 붙는다. ② 잘 그려진다. ③ 그림 그리기가 쉽다.
④ 색깔이 다양하다. ⑤ 지우기도 편리하다.
◆ 나쁜 점
① 분필이 많이 닳는다. ② 가루가 많이 날린다. ③ 끽끽 소리가 난다.
④ 많이 그리면 손이 아프다. ⑤ 손에 가루가 묻는다. ⑥ 글씨를 쓰기가 어렵다.

문제 15 p36

◆ 평가표

1 ~ 2개	3 ~ 4개	5개 이상
2점	4점	5점

출제자 예시 답안

① 봉제인형 ② 강아지 ③ 고양이 ④ 밀가루 반죽 ⑤ 젤리 ⑥ 도토리묵

학생들 샘플 답안

① 액체괴물 ② 솜털 ③ 비누 ④ 깃털 ⑤ 털 ⑥ 가죽
⑦ 목도리 ⑧ 장갑 ⑨ 클레이 ⑩ 푸딩 ⑪ 애벌레
⑫ 상어의 지느러미 ⑬ 튜브 ⑭ 문어

문제 16 p37

◆ 평가표

1 ~ 2개	3 ~ 4개	5개 이상
2점	4점	5점

출제자 예시 답안

① 플라스틱 물통 ② 야구공 ③ 축구공 ④ 두루마리 휴지 ⑤ 태엽 인형
⑥ 동그란 인형 ⑦ 알루미늄 호일 ⑧ 연필 ⑨ 지우개(동그란 모양)

학생들 샘플 답안

① 공 ② 쥐 ③ 실뭉치 ④ 구슬 ⑤ 달걀
⑥ 풀 ⑦ 구슬사탕 ⑧ 테이프 심 ⑨ 탱탱볼

문제 17 p38

문항 분석 및 평가표

◆ 문항 분석 : 단어의 의미 뿐만 아니라 글자의 모양까지 염두에 두고 조건에 알맞은 단어를 찾는 융통성과 해당하는 단어를 최대한 많이 생각해 내는 유창성을 평가하는 문항이다.

◆ 평가표

1 ~ 2개	3 ~ 4개	5개 이상
2점	4점	5점

출제자 예시 답안

① 더디다 ② 애매 ③ 태아 ④ 듣다 ⑤ 대응 ⑥ 예매
⑦ 타다 ⑧ 응대 ⑨ 파이 ⑩ 마패 ⑪ 피폐 ⑫ 매미
⑬ 타이 ⑭ 아이디어 ⑮ 여미다

학생들 샘플 답안

① 이마 ② 이미 ③ 미아 ④ 타다 ⑤ 파마

문제 18 p39

문항 분석 및 평가표

◆ 문항 분석 : 돈으로 살 수 있는 물건과 돈으로 살 수 없는 개념 혹은 행위를 관련지어 연결시킬 수 있는 정교성과, 사람들이 쉽게 생각할 수 없는 개념을 가져오는 독창성을 평가하는 문항이다.

◆ 평가표

돈으로 살 수 있는 물건과 살 수 없는 개념을 잘 연결시킨 문장을 1 ~ 2개 만들었을 때	2점
돈으로 살 수 있는 물건과 살 수 없는 개념을 잘 연결시킨 문장을 3개 모두 만들었을 때	4점
창의적인 새로운 문장을 완성시켰을 때 추가점수	+1점

출제자 예시 답안

① 돈으로 시계는 살 수 있지만, 시간은 살 수 없다.
② 돈으로 약은 살 수 있지만, 건강은 살 수 없다.
③ 돈으로 피는 살 수 있지만, 생명은 살 수 없다.
④ 돈으로 집은 살 수 있지만, 가족은 살 수 없다.
⑤ 돈으로 책은 살 수 있지만, 점수는 살 수 없다.

학생들 샘플 답안

① 돈으로 옷은 살 수 있지만, 나는 살 수 없다.
② 돈으로 차는 살 수 있지만, 시동은 살 수 없다.
③ 돈으로 꿈은 살 수 있지만, 벌집은 살 수 없다.
④ 돈으로 담배는 살 수 있지만, 연기는 살 수 없다.
⑤ 돈으로 머리띠는 살 수 있지만, 머리카락은 살 수 없다.
⑥ 돈으로 책은 살 수 있지만, 지식은 살 수 없다.
⑦ 돈으로 종이는 살 수 있지만, 지능은 살 수 없다.
⑧ 돈으로 운동장은 살 수 있지만, 실력은 살 수 없다.
⑨ 돈으로 물은 살 수 있지만, 바다는 살 수 없다.

문제 19 p40

문항 분석 및 평가표

◆ 문항 분석 : 수학 계산을 단순한 공부가 아니라 생활에 접목시킬 수 있는 융통성과, 그러한 예시를 다양하게 생각해낼 수 있는 유창성을 평가하는 문항이다.

◆ 평가표

1 ~ 2개의 문제에서 생활 속에 접목시킨 문장을 나타냈을 때	2점
모든 문제에서 생활 속에 접목시킨 문장을 나타냈을 때	4점
한 문제에서 짧은 문장을 2개 이상 썼을 때 추가점수	+1점

출제자 예시 답안

(1) 사과 6개 중 5개를 친구들에게 나눠주고 나니 내 몫의 사과 1개만 남았다.
(2) 운동장에 있던 8명의 아이들이 친구 3명을 더 불러 축구팀 11명을 채웠다.
(3) 동그란 오렌지 8개를 네모난 박스에 담아 선물용으로 포장했다.

학생들 샘플 답안

(1) 사탕 6개를 가지고 있었는데 친구에게 5개를 주어서 1개가 되었다.
(2) 나는 만두 8개가 있었는데 3개를 더 받아서 11개가 되었다.
(3) 나는 게임에서 ○이었는데 악당을 물리쳐서 8×가 떴다. 그래서 난 □가 되었다.

문제 20 p41

◆ 평가표

상어의 특성에 맞추어서 생활을 묘사했을 때	3점
상어의 특성과 자신의 상상력을 가지고 독창적인 생활을 묘사했을 때	5점

출제자 예시 답안

· 부레가 없어 둥둥 떠다닐 수 없기 때문에 계속해서 헤엄쳐야 할 것이다.
· 주위 물고기들이 나를 무서워해서 혼자 돌아다녀야 하니 외로울 것이다.
· 사람들이 버린 쓰레기를 피해다니느라 깊숙한 물 안에서만 지낼 것이다.
· 여름에 바닷가에 찾아가서 사람들을 깜짝 놀라게 해줄 것이다.

학생들 샘플 답안

· 물고기를 먹어야 한다.
· 사람과 논다.
· 바다에 학교를 만든다.
· 겁을 준다.
· 작은 물고기와 논다.
· 물고기를 도운다.
· 물고기 케이크를 만들어서 친구 집에 놀러간다.
· 내가 좋아하는 고기만 먹을 것이다.

· 바다에 있는 쓰레기를 물어 바다 밖으로 던져버릴 것이다.
· 빠르게 헤엄쳐서 물고기를 잡아먹고, 냄새도 잘 맡고 나보다 센 애들도 잘 피해 다닐 거고 숨어 있는 애들도 잡아먹을 것이다.

문제 21 p42

◆ 평가표

1 ~ 2개	3 ~ 5개	6개 이상
2점	4점	5점

출제자 예시 답안

① 달 ② 태양 ③ 별 ④ 다른 행성 ⑤ 외계인 ⑥ 우주 쓰레기
⑦ 달에 있는 최초 우주인의 발자국 ⑧ 인공위성 ⑨ 은하수 ⑩ 소행성
⑪ 우주정거장 ⑫ 태극기 ⑬ 만화캐릭터

학생들 샘플 답안

① 달나라에 방아 찧는 토끼 ② 우주선을 타고 있는 어벤져스와 타노스 ③ 하느님
④ 피터팬 ⑤ 해적선 ⑥ 황금과 은 ⑦ 외계인 ⑧ 높이 날다가 추락한 제트기
⑨ 행성 ⑩ 태양 ⑪ 인공위성 ⑫ 달 ⑬ 별 ⑭ 우주쓰레기
⑮ 소행성

문제 22 p43

◆ 평가표

TV가 없을 때의 생활을 잘 묘사했을 때	3점
TV가 없을 때의 생활을 다양한 관점에서 독창적인 상상을 했을 때	5점

출제자 예시 답안

· 가족들이 서로 이야기하는 시간이 많아질 것이다.
· 올림픽 경기를 실시간으로 보기 어려워질 것이다.
· 시력이 떨어지지 않아 안경을 쓰지 않을 것이다.
· 숙제를 더 빨리 끝마칠 수 있다.
· 눈의 피로가 줄어들 것이다.
· 컴퓨터로 영상을 찾아보게 될 것이다.

학생들 샘플 답안

· 무한이는 방에 틀어박혀서 게임을 하고 잠만 잘 것 같다.
· 무한이네 엄마는 친구들과 여행을 가거나 집에서 쉬고, 무한이네 아빠는 핸드폰으로 문자만 보낼 것 같다.
· TV가 없어진다면 공부도 열심히 하고 엄마, 아빠도 자기 일을 더 열심히 할 것이다.
· TV가 사라지면 컴퓨터로 TV방송을 보면 되니까 똑같을 것이다.
· TV가 없어진다면 재미로 책, 만화책, 소설 같은 것들을 봐서 다들 똑똑해지고 머리가 좋아져서 다들 아이큐가 너무 높아 뉴스에 나오면서 부자가 되고 행복해질 것이다.

문제 23 p44

◆ 평가표

특별한 능력을 설정하고 그 능력을 잘 활용할 때	3점
특별한 능력을 설정하고 그 능력을 창의적으로 활용할 때	5점

출제자 예시 답안

순간 이동을 할 수 있다면, 아침에 늦게까지 자다가도 일어나서 씻기만 하고 바로 학교에 가서 지각하지 않을 수 있다. 점심 시간에 집에 가서 밥먹고 올 수 있다. 비가 올 때 우산이 없어도 젖지 않고 집에 바로 돌아갈 수 있다.

학생들 샘플 답안

· 순간이동 : 늦게 일어나도 순간이동을 한다면 지각은 아닐 것이다. 특히 시간 약속을 지킬 때 필요하다.
· 투명인간 : 부모님 몰래 무엇을 하거나 친구들과 장난칠 때 도움이 될 것이다.
· 하늘을 나는 능력 : 하늘을 날아다니며 하늘 위에서 사람들의 생활 모습을 구경하고 하루종일 친구들과 놀러다니고 싶다.
· 미래를 바꿀 수 있는 능력 : 저의 세상이 펼쳐지고 너무 못되게 구는 아이들도 혼내주고 당당해져서 말싸움에서도 이기고 못되게 구는 아이들 자존심 상하게 하고 학원을 안가도 머리가 좋아져서 어려운 문제집을 다 맞아서 영재가 될 수 있고 아빠가 회사를 안가도 돈을 많이 벌 수 있다.
· 자기부상능력 : 점심시간에 식판이 저절로 움직여서 대신 배식을 받게 할 것이다.

문제 24 p45

◆ 평가표

구름으로 할 수 있는 다양한 상황을 썼을 때	3점
구름의 특성을 잘 활용하여 할 수 있는 다양한 상황을 썼을 때	5점

출제자 예시 답안

· 가뭄 때문에 살기 어려운 나라에 가서 비를 내려준다.
· 친구들이 노는 운동장에 가서 비를 뿌리는 장난을 친다.

학생들 샘플 답안

· 바람과 친구가 되어 재미있게 술래잡기를 할 것이다. 그리고 내가 용처럼 날씨를 마음대로 조절해 왕같은 기분이 들 것이고 하늘에서 떠다니는 듯이 기분이 좋아지고 활발해질 것이다. 그리고 과학도 많이 배울 수 있을 것이다. 왜냐하면 물이 수증기로 변하고 수증기는 구름으로 변하고 구름은 다시 물로 변하는 현상을 볼 수 있기 때문이다. 그러면 구름으로 변신한 나도 언젠가는 인어공주처럼 물거품이 될지도 모른다.
· 하늘을 마음껏 날아다닐 것이다. 하늘 위에서 떨어지지 않으니까 하늘에 누워서 편하게 쉬고 싶다. 하지만 바람이 많이 부는 날에는 내 몸이 이리저리 흩어져서 다시 되찾을 수 없으니까 조심해서 다녀야겠다.
· 구름이 되었다가 빗방울이 되었다가 물이 되었다가 하는 과정이 계속 반복되어서 멀미가 날 정도일 것이다.
· 하늘로 올라가 다른 구름들과 어울려 하늘을 날고 새와 어울려 놀며 작별 인사를 하고 비행기가 날아가는 것을 바라보면서 밤이 되면 땅으로 내려가 안개를 만들고 미세먼지가 없어지라고 먹구름으로 변해 비를 내립니다. 새벽이 되면 하늘의 중심에서 휴식을 취하며 잠이 듭니다.

문제 25 p46

◆ 평가표

1 ~ 2개	3 ~ 4개	5개 이상
2점	4점	5점

출제자 예시 답안

① 리모콘을 쓴다. ② 발을 쓴다. ③ 다른 사람에게 부탁한다. ④ 팔꿈치를 쓴다.
⑤ 물건을 던져서 버튼을 맞춘다. ⑥ 애완동물을 훈련시킨다. ⑦ 초능력을 쓴다.
⑧ 연필, 펜 등으로 누른다. ⑨ 음성인식 TV를 사용한다.
⑩ 핸드폰 리모컨 기능을 쓴다. ⑪ 비닐장갑을 끼고 만진다.
⑫ 적외선 인식 기능으로 닿지 않고 버튼이 눌리게 한다.

학생들 샘플 답안

① 탱탱볼을 튕겨서 TV켜는 버튼을 누른다.
② TV를 뚫어지게 바라보면 TV가 켜지는 초능력을 갖는다.

③ 리모콘을 떨어뜨려서 누른다. ④ 머리, 발, 방귀, 볼펜, 핀으로 버튼을 누른다.
⑤ 다른 사람들이 채널을 돌려준다. ⑥ 말하면 저절로 채널이 바뀌는 TV를 산다.
⑦ 내가 미래에 발명가가 되어서 TV에 버튼이 있어 막대기로 버튼을 누르면 채널, 알람, 소리 등을 맞추어 쓸 수 있게 만들고, 소파를 TV 앞에 놓고 소파에 반동을 주면 켜지는 TV를 만들면 된다.

문제 26 p47

◆ 평가표

1 ~ 2개	3 ~ 4개	5개 이상
2점	4점	5점

출제자 예시 답안

① 먹을 것으로 유인한다. ② 마취총을 쏜다. ③ 먹이에 수면제를 타서 놓아둔다.
④ 술을 뿌려 취하게 한 후 잡는다. ⑤ 다른 성별을 가진 기린을 데려와 유혹시킨다.
⑥ 아기 기린을 데려와서 돌보러 오게 한다.

학생들 샘플 답안

① 만약 기린이 엄마, 아빠면 아기를 데려와서 동물원으로 데려간다.
② 기린이 나를 보고 있을 때 옆 사람들이 기린을 마취해서 데려간다.
③ 기린보다 더 빠른 동물을 사람이 타고 가서 잡는다.
④ 위치추적기로 기린이 있는 곳을 알아내고 기린이 좋아하는 것을 미끼로 둔 후, 기린이 먹는 동안 큰 우리에 가둔다.
⑤ 동물원 사육사가 기린으로 변장하고 동물원을 숲으로 색칠한 다음 기린을 유인해 동물원으로 데려간다.
⑥ 먹이 100개를 기린 앞에 놓은 다음 나무에 투명한 사육 상자를 묶어 기린이 먹이를 먹을 때 떨어뜨려 잡는다.

문제 27 p48

◆ 평가표

1 ~ 2개	3 ~ 4개	5개 이상
2점	4점	5점

출제자 예시 답안

① 던져서 앞뒤 내기를 할 수 있다. ② 동전을 던져 맞추는 놀이를 할 수 있다.
③ 종이에 대고 작은 원을 그린다. ④ 다른 나라의 동전과 함께 수집한다.
⑤ 구리로 만들어졌으므로 냄새 제거와 살균을 할 수 있다.

학생들 샘플 답안

① 동전을 녹여서 공예품을 만든다. ② 친구들과 알까기를 한다. ③ 딱지치기 용으로 쓴다.
④ 동전 쌓기 용으로 쓴다. ⑤ 박물관에 기증한다. ⑥ 복권을 긁을 때 쓴다.
⑦ 외국에 가서 쓴다. ⑧ 은행에 가서 우리나라 동전으로 바꾼다.
⑨ 1센트짜리 동전으로 만든다. ⑩ 외국 돈을 모으는 사람에게 교환한다.
⑪ 친구들에게 외국돈을 가지고 있다고 자랑한다.
⑫ 동전에 구멍을 뚫어 목걸이로 쓴다.
⑬ 땅속에 타임캡슐로 묻어두었다가 10년 후에 꺼내본다.
⑭ 1센트짜리 동전이 필요한 불우이웃에게 나눠준다.
⑮ 잠글 수 있는 상자의 열쇠를 넣고 돌리는 부분을 만든다.

문제 28 p49

◆ 평가표

1 ~ 2개	3 ~ 4개	5개 이상
2점	4점	5점

출제자 예시 답안

① 닭 꼬치로 끼워서 사용한다.
② 맛살, 야채를 끼워 산적꼬치를 만든다.
③ 샌드위치에 꽂아 내용물이 흘러나오지 않게 한다.
④ 잘라낸 수박에서 씨를 뺀다.
⑤ 운동화 밑창의 좁은 틈에 낀 때를 뺀다.

학생들 샘플 답안

① 뜨개질할 때 뜨개바늘로 쓴다.
② 이쑤시개로 길이를 잰다.
③ 허수아비 팔로 만든다.
④ 화살로 만든다.
⑤ 도형을 만든다.
⑥ 배가 아플 때 이쑤시개로 손톱을 딴다.
⑦ 지워지지 않는 잉크를 이쑤시개에 묻힌 다음 문신을 하거나 타투를 한다.
⑧ 스티로폼과 같은 물품에는 못을 꽂을 수 없기 때문에 이쑤시개를 못과 같은 용도로 사용한다.

문제 29 p50

◆ 평가표

새들을 다른 곳으로 보낼 수 있는 방법을 설명했을 때	2점
새들을 다른 곳으로 보낼 수 있는 효과적인 방법을 설명했을 때	4점
새들을 다른 곳으로 보낼 수 있는 창의적인 방법을 설명했을 때	+1점

출제자 예시 답안

· 폭죽을 터트리는 것 같은 큰 소리를 내서 도망치게 한다.
· 새들이 무서워하는 천적의 울음소리를 녹음해서 틀어둔다.
· 새들이 앉으려는 곳에 약한 전기를 통하게 해서 앉지 못하게 한다.
· 활주로에 새들의 먹이가 될 것을 모두 치우고, 다른 곳에 먹이를 듬뿍 놓아 유인한다.

학생들 샘플 답안

· 여우로 새들을 쫓아낸다.
· 새가 싫어하는 소리를 낸다.
· 새들이 건널 수 있는 길을 만들어 준다.
· 모터 소리를 크게 내서 도망가게 한다.
· 활주로 바깥쪽에 새들이 좋아하는 먹이를 뿌려놓는다.
· 새들이 싫어하는 냄새의 약을 활주로에 바른다.
· 새들만을 위한 공간을 만들거나 비행기를 만들어 다른 곳으로 보낸다.
· 새들이 우리말을 알아들을 수 있도록 한 다음 새들의 우두머리와 상의한다.

문제 30 p51

◆ 평가표

친구를 찾을 수 있는 방법을 설명했을 때	2점
친구를 찾을 수 있는 효과적인 방법을 설명했을 때	4점
친구를 찾을 수 있는 창의적인 방법을 설명했을 때	+1점

출제자 예시 답안

· 나무 막대로 돌을 두드려 소리를 낸다.
· 다른 사람들이 모르는 친구의 별명을 외친다.
· 높은 화단 등에 올라가 위에서 친구를 찾는다.
· 친구가 좋아하는 음식을 사서 냄새를 풍긴다.

학생들 샘플 답안

· 친구를 찾기 위한 전단지를 만들어 사람들에게 나눠준다.
· 경찰에 신고해 실종되었다고 말한다.
· 산에 가기 전에 위치 추적기같은 것을 만든다.
· 제자리에서 기다리거나 주변에 있는 어른들에게 도움을 청해 같이 찾아본다.

문제 31 p52

문항 분석 및 평가표

◆ 문항 분석 : 시각 장애인에게 남녀 화장실을 구분할 수 있게 하는 어려운 과제를 해결하는 방법을 찾는 융통성과 다양한 시각에서 해결 방안을 찾을 수 있는 유창성을 평가하는 문항이다.

◆ 평가표

시각 장애인이 구별하기 어려워하는 이유를 이해하고 있을 때	1점
시각 장애인이 남녀 화장실을 구별할 수 있는 방법을 말했을 때	3점
시각 장애인이 남녀 화장실을 구별할 수 있는 독창적이고 효과적인 방법을 말했을 때	5점

출제자 예시 답안

· 화장실 손잡이에 점자를 놓아 구별한다.
· 사람이 접근했을 때 인식하여 자동 안내가 나오도록 한다.
· 화장실 문 앞 바닥에 튀어나온 모양을 다르게 하여 구별한다.

학생들 샘플 답안

· 향기가 나는 물건을 각각 다르게 입구에 둬서 구별한다.
· 점자를 이용한 표지판을 만들고, 항상 오른쪽은 남자 화장실, 왼쪽은 여자 화장실을 만든다.
· 시각 장애인이 따라가는 노란색 바닥 타일에 남녀 화장실에 따라 다른 무늬로 표시한다.

문제 32 p53

◆ 평가표

1 ~ 2개	3 ~ 4개	5개 이상
2점	4점	5점

출제자 예시 답안

① 일회용 교통카드 발급 기계로 데려가서 직접 보여준다.
② 지갑을 보여달라 해서 교통카드가 있는지 확인하고 알려준다.
③ 외국인의 지하철 이용 안내 책자를 찾아 보여준다.
④ 손짓, 발짓으로 방법을 설명한다.
⑤ 휴대폰 번역 어플로 번역해서 보여준다.
⑥ 외국인에게 한국말을 가르치고, 지하철을 타는 방법을 알려준다.
⑦ 영어 학원 선생님한테 도움을 청한다.

학생들 샘플 답안

① 핸드폰의 번역기로 번역해서 알려준다.
② 행동으로 표현하거나 그림을 그려서 보여준다.
③ 한국어도 잘하고 외국어도 잘하는 사람이 옆에서 번역해주면 좋을 것 같다.
④ '도라에몽'이라는 만화에 나오는 언어 번역기를 이용하여 먹고 다시 설명한다.

문제 33 p54

◆ 평가표

1 ~ 2개	3 ~ 4개	5개 이상
2점	4점	5점

출제자 예시 답안

① 친구에게 물통을 빌려 마신다. ② 손가락으로 구멍을 막고 물을 받아 마신다.
③ 물통을 비스듬히 기울여서 구멍으로 물이 새지 않는 만큼만 받아서 마신다.
④ 구멍을 테이프로 막고 물을 받아 마신다. ⑤ 손을 깨끗이 씻고 손에 받아 마신다.
⑥ 빨대를 흐르는 정수기 물에 대고 빨아 마신다.

학생들 샘플 답안

① 종이컵을 사서 마신다. ② 물을 받을 때 손으로 구멍을 막고 받아서 마신다.
③ 컵을 물통에 끼워넣고 안 빠지게 본드로 붙인다.
④ 구멍에 딱 맞는 딱딱한 플라스틱을 끼워넣고 본드로 붙인다.
⑤ 친구에게 물통을 빌린다. ⑥ 새로 물통을 사서 마신다.
⑦ 생수를 사서 마시고 남은 생수병을 새 물통으로 쓴다.

문제 34 p55

문항 분석 및 평가표

◆ 문항 분석 : 미완성된 그림을 보고 다양한 물건들을 떠올려 반응하는 융통성과 유창성을 평가하는 것으로, 토렌스 창의력 검사인 TTCT의 유형과 유사한 문항이다.

◆ 평가표

1 ~ 2개	3 ~ 4개	5개 이상
2점	4점	5점

출제자 예시 답안

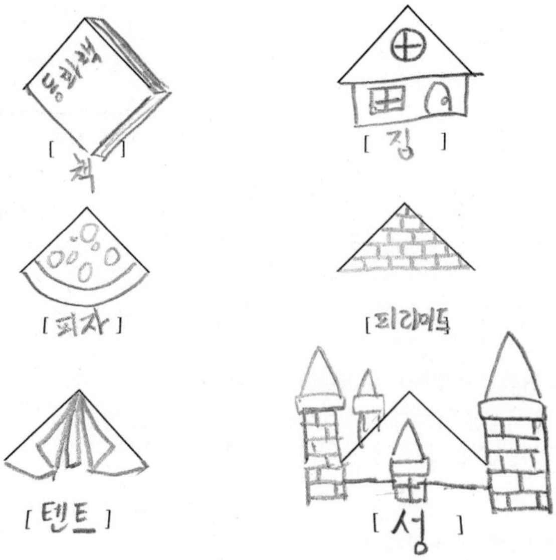

학생들 **샘플 답안**

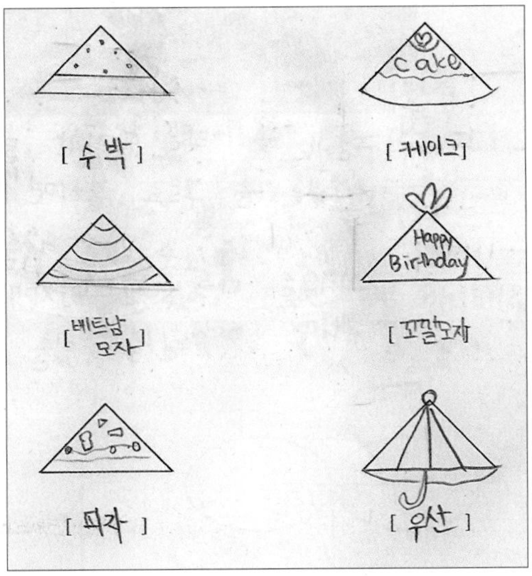

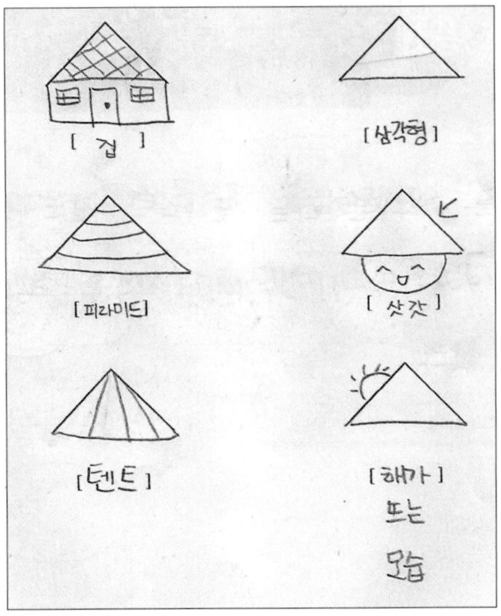

문제 35 p56

◆ 평가표

주어진 도형을 모두 이용하여 그림을 그렸을 때	2점
주어진 도형을 모두 이용하여 주제를 잘 나타낸 그림을 그렸을 때	4점
주어진 도형을 이용하여 독창적인 주제를 나타냈을 때 추가점수	+1점

출제자 **예시 답안**

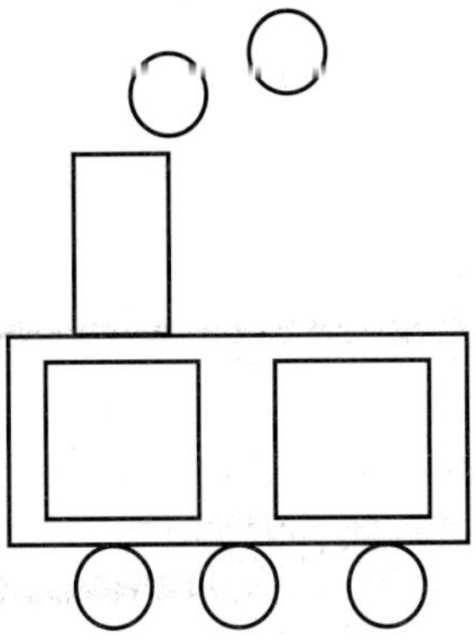

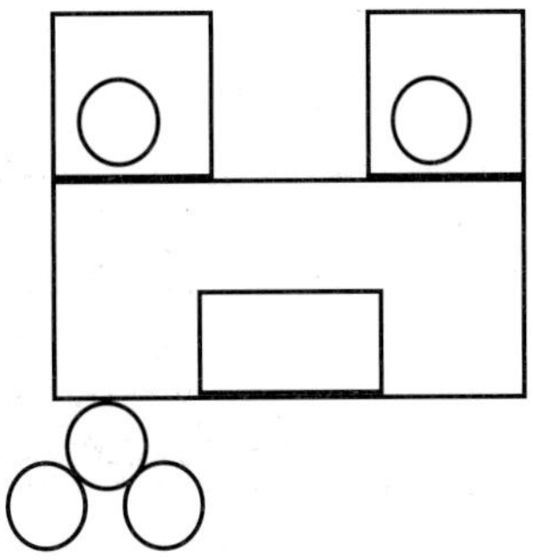

학생들 **샘플 답안**

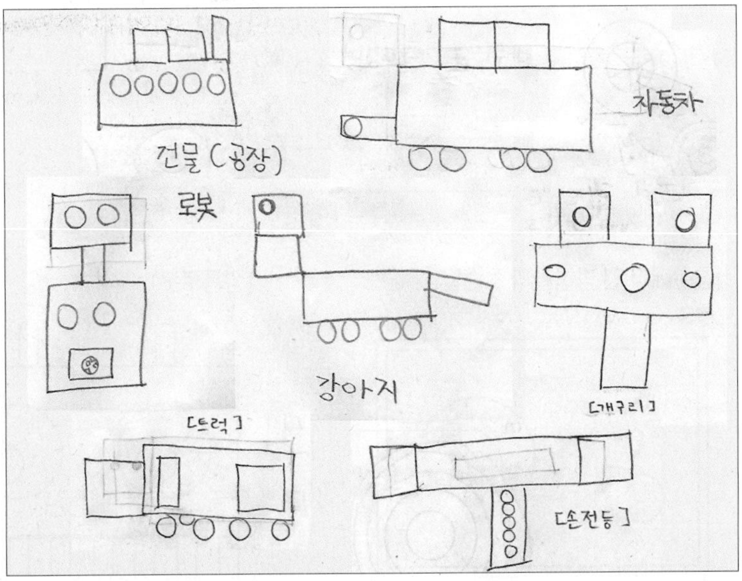

문제 36 p57

◆ 평가표

주어진 그림을 일부 완성했을 경우	2점
주어진 그림을 모두 완성했을 경우	4점
주어진 그림에서 독창적인 그림을 완성했을 경우 추가점수	+1점

출제자 예시 답안

(1) [책상 스탠드]

[새싹]

[구두]

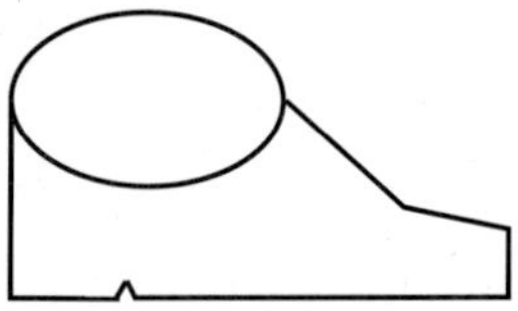

(2) [피자]

[곰]

[위에서 내려다본 모자]

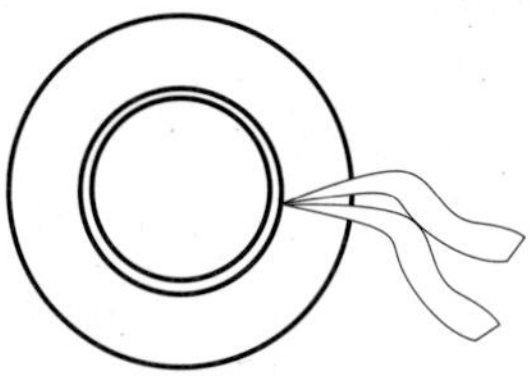

학생들 샘플 답안

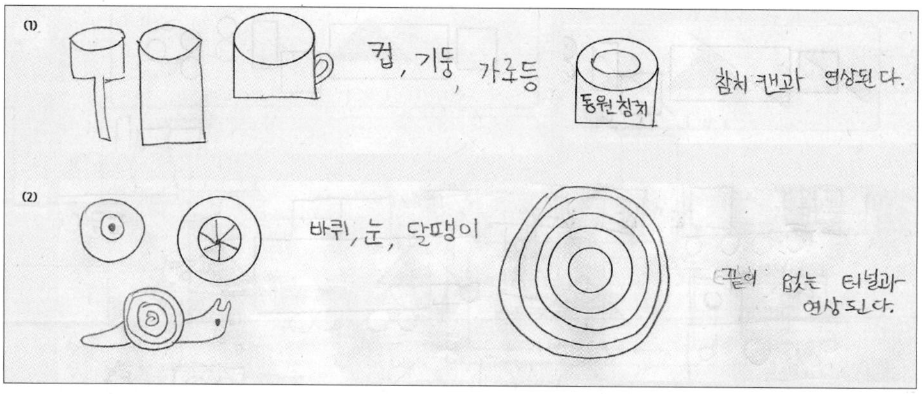

문제 37 p58

◆ 평가표

주어진 그림을 완성했을 경우	3점
주제에 맞게 정교한 그림을 완성했을 경우	5점

출제자 예시 답안

[창문에 비친 밤하늘의 초승달]

[깡통로봇]

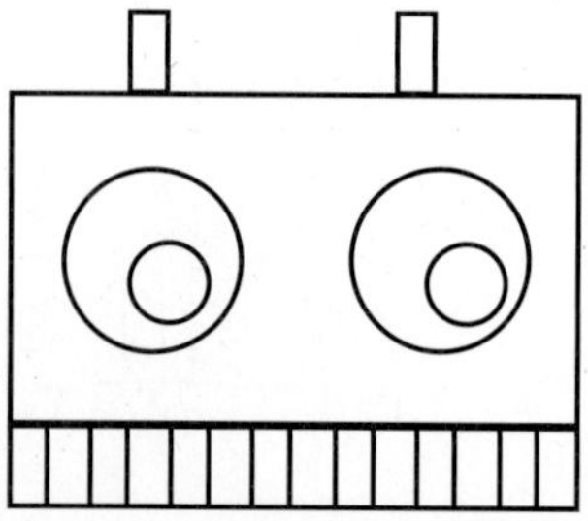

학생들 **샘플 답안**

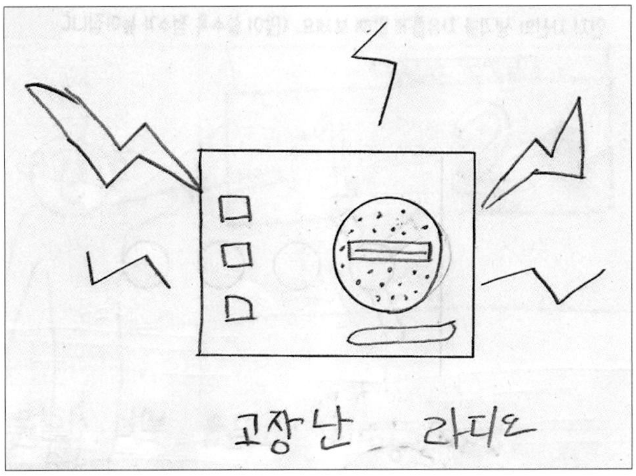

문제 38 p59

◆ 평가표

1 ~ 2개	3 ~ 4개	5개 이상
2점	4점	5점

출제자 **예시 답안**

① 화단 안에서 나란히 심겨 있는 나무
② 말뚝박기로 놀고 있는 아이들
③ 일정한 간격으로 떨어져 있는 가로등
④ 표를 사기 위해 매표소 앞에 줄 선 사람들

학생들 **샘플 답안**

① 꽃밭
② 눈사람
③ 고양이 4마리
④ 100원짜리 동전 4개
⑤ 사람들이 줄 서 있는 모습
⑥ 63빌딩의 풍차를 그리다 만 것
⑦ 실에 구슬을 꿰어 막대에 매단 모습
⑧ 차들이 서로 박치기를 해서 생긴 연기와 벽

문제 39 p60

문항 분석 및 **평가표**

◆ 문항 분석 : 주어진 숫자를 가지고 어떻게 여러 표현을 할 수 있는지의 융통성과 다른 사람이 생각하기 어려운 그림을 생각하는 독창성, 얼마나 세밀하게 그리는지의 정교성을 평가하는 문항이다.

◆ 평가표

주어진 숫자를 이용해서 그림을 그렸을 때	3점
주어진 숫자의 모양을 응용해서 새로운 그림을 그렸을 때	5점

학생들 **샘플 답안**

숫자의 모양을 어떻게 활용해서 다양한 표현을 할 수 있는지를 평가하는 문제이므로, 오른쪽과 같이 단순 수학 글씨로 사용하는 것보다는 왼쪽와 같이 다른 물건의 형태로 사용하는 쪽이 더 높은 점수를 받는다.

문제 40 p61

◆ **평가표**

1 ~ 2개	3 ~ 4개	5개 이상
2점	4점	5점

학생들 **샘플 답안**

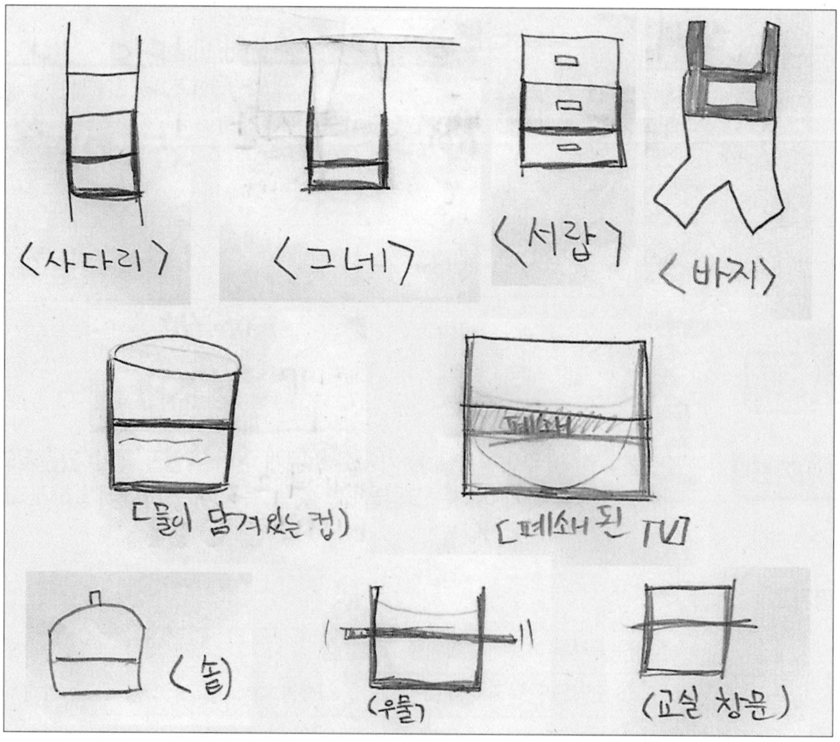

점수 통계

각 문항별 **평균 점수**

문항	1	2	3	4	5	6	7	8	9	10	11	12	13	14	15	16	17	18	19	20
학생들 평균 점수(점)	4.5	4.5	4.3	3	4.9	4.6	4	4.2	4	3.6	4.1	3.8	3.2	4.1	4.6	4.6	2.5	3.8	3.4	4.2

문항	21	22	23	24	25	26	27	28	29	30	31	32	33	34	35	36	37	38	39	40
학생들 평균 점수(점)	4.2	2.5	3.1	2.9	2.9	3	3.2	2.9	2.7	2.9	2.3	3.1	3.2	4	3.4	3.6	3.8	3.1	2.5	4.1

총점 평균 143.3/200점

점수에 따른 **성취도 등급**

등급	1등급	2등급	3등급	4등급	5등급
평가	180 ~ 200	160 ~ 179	130 ~ 159	100 ~ 129	99 이하

02 언어 / 추리 / 논리

1. 문제의 배점은 5점이며, 각 평가표에 점수 기준이 있습니다. / 각 단원 말미에서 성취도 등급을 확인하세요.
2. 학생들 샘플 답안은 서울시 서초구 소재의 한 초등학교 학생들이 직접 푼 것입니다.

문제 01 p62

◆ 평가표

1 ~ 3개	4 ~ 8개	9개 이상
2점	3점	5점

출제자 예시 답안

① 허겁지겁 ② 허둥지둥 ③ 이판사판 ④ 올망졸망 ⑤ 알록달록 ⑥ 엄벙덤벙
⑦ 실쭉샐쭉 ⑧ 아둥바둥 ⑨ 흥청망청 ⑩ 알콩달콩 ⑪ 싱글벙글 ⑫ 오글쪼글
⑬ 티격태격 ⑭ 엎치락뒤치락 ⑮ 붉으락푸르락

학생들 샘플 답안

① 사방팔방 ② 허둥지둥 ③ 알콩달콩 ④ 알록달록 ⑤ 티격태격 ⑥ 삐뚤빼뚤
⑦ 아장아장 ⑧ 파닥파닥 ⑨ 엉금엉금 ⑩ 까불까불 ⑪ 초롱초롱 ⑫ 깡충깡충
⑬ 퍼덕퍼덕 ⑭ 까불까불 ⑮ 오락가락

문제 02 p62

◆ 평가표

1 ~ 3개	4 ~ 8개	9개 이상
2점	3점	5점

출제자 예시 답안

① 누룩 ② 노래 ③ 나팔 ④ 나라 ⑤ 노력 ⑥ 능력
⑦ 나름 ⑧ 논리 ⑨ 널리 ⑩ 난리 ⑪ 노루 ⑫ 논란
⑬ 내륙 ⑭ 내력 ⑮ 뇌리

학생들 샘플 답안

① 노루 ② 노름 ③ 나리 ④ 노력 ⑤ 나래 ⑥ 노랑
⑦ 난리 ⑧ 놀람 ⑨ 논리 ⑩ 누리 ⑪ 노론 ⑫ 노래

문제 03 p63

◆ 평가표

1 ~ 3개	4 ~ 6개	7개
2점	3점	5점

정답 및 해설

답 ① 오늘 밤 나 방 그린다. ② 오늘 밤 나방 그린다. ③ 오늘 밤나방 그린다.
④ 오 늘 밤나방 그린다. ⑤ 오 늘 밤 나방 그린다.

해설 ① 오늘 밤에 내가 방을 그린다. ② 오늘 밤에 나방을 그린다. 오늘 밤(먹는 밤)과 나방을 그린다.
③ 오늘 밤나방을 그린다. ④ 오! 늘(항상) 밤나방을 그린다
⑤ 오! 늘(항상) 밤에 나방을 그린다. 오! 늘(항상) 밤(먹는 밤)과 나방을 그린다.

문제 04 p63

◆ 평가표

1 ~ 3개	4 ~ 8개	9개 이상
2점	3점	5점

출제자 예시 답안

① 가치 ② 가위 ③ 가사 ④ 이사 ⑤ 요구 ⑥ 치사
⑦ 구위 ⑧ 구리 ⑨ 사리 ⑩ 사다리 ⑪ 사치 ⑫ 사위
⑬ 사이 ⑭ 이리 ⑮ 이치

학생들 샘플 답안

① 가요 ② 요가 ③ 사다리 ④ 위치 ⑤ 다리 ⑥ 가구
⑦ 가위 ⑧ 요리 ⑨ 사위 ⑩ 요구 ⑪ 구이 ⑫ 가치
⑬ 가사 ⑭ 이사

문제 05 p64

◆ 평가표

1문제 맞췄을 때	모두 맞췄을 때
3점	5점

출제자 예시 답안

(1) 축구공을 차다. 물잔이 차다. (2) 머리를 감다. 눈을 감다

학생들 샘플 답안

(1) 물이 차다. 공을 차다. (2) 눈을 감다. 휴지를 감다. 머리를 감다.

문제 06 p65

◆ 평가표

1 ~ 2개	3 ~ 7개	8개 이상
2점	3점	5점

정답 및 해설

답 호랑이, 아이, 종이, 사이, 고양이, 넥타이, 놀이, 길이, 높이, 깊이, 송이 등

해설 나온 단어의 맨 앞 글자가 마지막에 오는 단어를 이어 말하는 게임이다. 따라서 이발사 다음에는 이로 끝나는 단어를 찾으면 된다.

문제 07 p65

정답 및 해설 답 고기 - 기간 - 간장 - 장수 - 수영장 - 장구

해설 맨 먼저 무한이가 '고기'라는 단어를 사용했으므로, 상상이는 '기'로 시작하는 '기□'를 사용했을 것이다. 또한 무한이가 사용한 단어 중 '수영장'의 다음에는 상상이가 '장'으로 시작하는 '장수'를 사용하거나, 반대로 상상이의 '장수' 다음으로 무한이의 '수영장'이 들어갈 수 있다. 무한이가 사용한 단어 중 '구'로 시작하는 단어가 없으므로 상상이의 단어 중 '□구'가 가장 마지막에 사용되었을 것이다. 상상이의 남은 단어인 '장수'를 네번째에 넣고 사용 어휘를 순서대로 나열하면 다음과 같다.

무한	상상	무한	상상	무한	상상
고기	기□	간□	장수	수영장	□구

따라서 둘의 끝말잇기에 나온 단어는 순서대로 고기 – 기간 – 간장 – 장수 – 수영장 – 장구이다.

문제 08 p66

◆ 평가표

한 문제에서 5개 이상의 단어 기차를 썼을 때	3점
두 문제 모두 5개 이상의 단어 기차를 썼을 때	5점

출제자 예시 답안
(1) 연필 - 쓴다 - 글씨 - 지운다 - 지우개 - 말랑해 - 고무 - 늘어나 -...
(2) 얼음 - 차가워 - 겨울 - 포근해 - 코코아 - 맛있어 - 붕어빵 - ...

해설 단어 기차는 명사 단어와, 그 명사 단어에서 떠오르는 성질을 나타내는 형용사가 반복되는 형태로 이루어져 있다.

학생들 샘플 답안
(1) ① 연필 – 부드러워 – 강아지 – 귀여워 – 동생 – 말썽꾸러기...
② 연필 – 뾰족한 – 도쿄 타워 – 일본 초밥 – 맛있어 – 바나나 – 달아 – 사탕
③ 연필 – 뾰족해 – 남산 타워 – 동그래 – 체리 – 작아 – 햄스터 – 부드러워 – 솜 – 하얘 – 구름 – 떠있어 – 해 – 빨개 – 사과
(2) ① 얼음 – 차가워 – 아이스크림 – 맛있어 – 사탕
② 얼음 – 차가워 – 냉장고 – 음식 – 맛있어 – 사탕 – 달아 – 솜사탕
③ 얼음 – 차가워 – 아이스크림 – 달아 – 꿀 – 노래 – 유채꽃 – 작아 – 잔디 – 초록색 – 풀밭 – 폭신해 – 쿠션

문제 09 p66

◆ 평가표

1문제 맞췄을 때	2문제 맞췄을 때	모두 맞췄을 때
2점	3점	5점

출제자 예시 답안 약, 유리, 사탕

해설 감기와 통 사이에는 감기를 낫게 해주면서, 동시에 통에 담길 수 있는 '약'이 들어갈 수 있다. 통과 막대 사이에는 통째로 크게 사용할 수 있으면서, 동시에 휘젓는 막대를 만들 수 있는 '유리'가 들어갈 수 있다. 마지막으로는 막대로 이루어질 수 있으면서 동시에 식물 수수의 일종인 사탕수수를 생각하여 '사탕'을 넣을 수 있다.

문제 10 p67

◆ 평가표

1문제 맞췄을 때	2문제 맞췄을 때	모두 맞췄을 때
2점	3점	5점

정답 및 해설

답 (1) 사삽 (2) 쿵 (3) 짜자잔

해설 각 문제의 규칙은 처음 한 글자에서는 쌍자음과 받침을 모두 가지고 있다가, 두 글자로 나뉘면 앞 글자에서는 쌍자음만 가지고 뒷 글자에서는 받침만 가지는 것이다. 그리고 그 첫 글자는 받침을 가지지 않으며, 두 번째 글자는 쌍자음의 단자음을 자음으로 하고 받침을 가진다. 마지막 세 글자에서는 첫 글자가 쌍자음을 가지고 마지막 글자가 받침을 가지며, 중간의 두 번째 글자는 단자음을 자음으로 가지고 받침도 가지지 않는다.

문제 11 p67

◆ 평가표

답을 맞췄을 때	5점

정답 및 해설

답 필통

해설 연필과 주머니를 넣을 수 있는 주머니는 학용품 중에 필통이다.

문제 12 p68

◆ 평가표

1문제 맞췄을 때	2문제 맞췄을 때	모두 맞췄을 때
2점	3점	5점

정답 및 해설

답 (1) 칼, 가위 (2) 풀, 테이프, 본드 (3) 산, 계단, 오르막길

해설 (1) 자르는 용도로 쓰이는 물품의 단어. (2) 붙이는 용도로 쓰이는 물품의 단어.
(3) 위로 올라가는 사물의 단어.

문제 13 p68

◆ 평가표

1문제 맞췄을 때	2문제 맞췄을 때	모두 맞췄을 때
2점	3점	5점

출제자 **예시 답안**

(1) 변기 뚜껑 (2) 연필, 볼펜 (3) 국자, 숟가락

학생들 **샘플 답안** (1) 변기구멍, 팬티 (2) 연필 (3) 숟가락, 콩깍지, 갈고리

문제 14 p69

◆ 평가표

(1) 문제를 맞추었을 때	2점
(2) 문제에 알맞은 단어 8개를 썼을 때 추가점수	+3점

정답

답 (1) 휴대폰

(2)

에어컨	장마	수영
수박	여름	얼음
해바라기	티셔츠	피서

문제 15 p70

◆ 평가표

답을 맞췄을 때	5점

정답 및 해설

답 미영, 무한, 상상

해설 무한이가 상상이보다 빠르고, 미영이가 무한이보다 빠르므로 미영, 무한, 상상의 순으로 빠르다.

문제 16 p71

◆ 평가표

답을 맞췄을 때	5점

정답 및 해설

답 1층

해설 4층 상상, 3층 영재, 2층 민아, 1층 무한이가 살고 있다.

영재는 민아의 바로 위층에 살고 상상이는 영재의 바로 위층에 산다. 따라서 상상, 영재, 민아는 순서대로 나란히 살고 있어야 한다. 상상이는 3층 또는 4층에 살고 있는데, 상상이가 만약 3층에 살게 된다면 3층 상상, 2층 영재, 1층 민아가 살게 되어 1층 또는 3층에 살아야 할 무한이가 살 곳이 없어진다. 따라서 상상이 4층에서 살고 무한이 1층에서 살아야 <보기>의 조건에 맞게 살 수 있다.

문제 17 p72

◆ 평가표

답을 맞췄을 때	5점

정답 및 해설 답 B 상자가 항상 금이다.

해설 [해설 1] A ~ C 상자에서 금과 흙이 들어갈 경우의 수를 모두 적고(총 8가지) <보기>의 조건에 맞지 않는 경우를 빼면 3가지 경우가 남는다. 이때 B상자가 항상 금인 것을 확인할 수 있다.

[해설 2] ㄷ, ㄴ, ㄱ 조건의 순서로 확인했을 때, B 상자에 흙이 있다면 C 상자에 금이 있고(ㄷ), C 상자에 금이 있다면 A 상자에 흙이 있다(ㄴ). 그런데 A 상자에 흙이 있다면 B상자에 금이 있어야 하므로(ㄱ) 처음 B 상자에 흙이 있다고 가정했을 때와 모순된다. 따라서 B 상자에는 흙이 있을 수 없고, 항상 금만 들어 있음을 알 수 있다.

A 상자	B 상자	C 상자
~~금~~	~~금~~	~~금~~
금	금	흙
~~금~~	~~흙~~	~~금~~
~~금~~	~~흙~~	~~흙~~
흙	금	금
흙	금	흙
~~흙~~	~~흙~~	~~금~~
~~흙~~	~~흙~~	~~흙~~

문제 18 p73

◆ 평가표

답을 맞췄을 때	5점

정답 및 해설 답 A - 영재 - 서울 B - 무한 - 대전 C - 상상 - 부산

해설 상상이는 부산에 살고, A가 아니다(ㄹ). B는 대전에 살기 때문에 상상이가 아니고, 영재도 아니므로(ㄷ) 무한이다.(B-무한-대전)

A는 상상이가 아니므로 영재이고, 따라서 C가 상상이가 된다.(C-상상-부산)
무한이가 대전에 살고 상상이가 부산에 살기 때문에 남은 영재가 A이고, 서울에 산다는 것을 알 수 있다.(A-영재-서울)

문제 19 p74

◆ 평가표

답을 맞췄을 때	5점

정답 및 해설 답 상상이가 아이를 달래주었고, 무한이가 거짓말을 했다.

해설 무한이의 말이 참이라고 가정하면, 영재가 거짓말을 한 것이 되고, 또 본인이 했다고 말하는 상상이도 거짓말을 한 것이 되어 한 명이 거짓말을 했다는 조건에 맞지 않는다.

무한이가 거짓말을 했다고 가정했을 때 상상이와 영재의 말이 둘 다 참이 되고, 상상이가 넘어진 아이를 일으켜 주었다는 것을 알 수 있다.

문제 20 p75

◆ 평가표

답을 맞췄을 때	5점

정답 및 해설

답 위에서부터 초록-주황-노랑-빨강 순이다.

해설 노란색은 아래에서 두번째 서랍에 있으므로(ㄴ) C-노란색이고, 노란색은 빨간색 위에 있으므로(ㄷ) D-빨간색이다. 주황색은 노란색과 초록색 사이에 있는데(ㄹ), 노란색의 아래에는 빨간색이 있으므로 노란색의 윗칸인 B-주황색이고 맨 위 A-초록색이 된다.

문제 21 p76

◆ 평가표

답을 맞췄을 때	5점

정답 및 해설

답 B-A-C-D의 순서이고 A의 추측이 틀렸다.

해설 A의 추측이 맞았다고 가정하면 점수가 높은 사람 순서대로 줄을 세웠을 때 ABCD, ACBD 등이 나오는데 이때는 추측이 틀린 사람이 아무도 없다. A가 맞으면서 B나 C가 틀렸다고 가정하면 둘 중 하나가 꼴찌가 되어야 하는데, 그러면 D의 추측도 틀리게 되므로 두 명 이상의 추측이 틀리게 된다. 따라서 A의 추측이 틀려야 한 명만 추측이 틀리면서 순서를 정할 수 있다.

A의 추측이 틀렸다고 가정하면 D는 꼴찌이고, A는 1등이 아니므로 2 ~ 3등이 되는데 C가 A보다 못하기 때문에 A가 2등, B가 3등이 된다. 따라서 B가 1등이 되어 순서대로 B-A-C-D가 된다.

문제 22 p77

◆ 평가표

답을 맞췄을 때	5점

정답 및 해설

답 (1) 틀렸다. 다른 영재 초등학교 학생이 피아노 학원에 다닌다고 해서 무한이도 반드시 피아노 학원에 다닌다고 할 수 없다.
(2) 맞다. 강아지는 동물이고, 동물은 생물이므로 강아지는 생물이다.

해설 (1) 영재 초등학교에 다니는 학생 몇 명만 다닌다고 했지 무한이가 무조건 다닌다고 말하지 않았다. 몇몇 학생이 피아노 학원에 다닌다고 무한이도 꼭 학원에 다닌다고 할 수 없다.

(2) 강아지는 동물에 포함되고, 동물은 생물에 포함된다. 따라서 강아지는 생물이라고 할 수 있다.

문제 23 p78

◆ 평가표

자기 생각만 말했을 때	3점
자기 생각과 그 근거를 명확히 했을 때	5점

출제자 예시 답안

① 앞서 달리던 친구들과 부딪쳐서 다칠 수 있기 때문이다.
② 섞이면 순서를 가르기 힘들다.

학생들 샘플 답안

① 앞선 친구들과 이제 뛰는 친구들이 같이 뛰면 복잡하고 같이 뛰어서 다칠 수도 있다.
② 만약 앞선 친구들이 느리다면 우리가 먼저 출발하다가 부딪칠 수 있다.
③ 만약 앞선 친구가 빠르다면 나도 모르게 승부욕이 생겨 돌덩이 같은 것을 던질 수 있으므로 만들어진 규칙이다.
④ 앞선 친구들이 빨라도 뒤에 애들이 격추를 해서 넘어질 수 있다.

문제 24 p78

◆ 평가표

바자회에 물건을 내놓았을 때	3점
바자회에 물건을 내놓고 그 이유를 잘 설명했을 때	5점

출제자 예시 답안

① 예뻐서 샀지만 안 써본 색연필, 수첩, 볼펜 등의 학용품(필요한 친구들이 사가서 쓸 수 있다)
② 새로 샀지만 사이즈가 맞지 않아 한번도 입지 못한 옷(깨끗하기 때문에 나 말고 사이즈가 맞는 친구가 잘 입을 수 있을 것이다)

학생들 샘플 답안

① 딱지 : 남자 아이에게 인기가 있을 거다.
② 여아용 가방 : 여동생이 있는 애한테 필요할 거다.
③ 액체 괴물 : 촉감이 좋아서 애들한테 인기가 있을 거다.
④ 신발, 옷, 음식, 장난감 등 : 왜냐하면 집에서 필요하고 재미있게 놀 수 있기 때문이다.
⑤ 학용품과 옷, 고무딱지, 놀이 카드나 다른 장난감들이 좋을 것이다. 특히 매우 싸게 팔고 세일을 하면 좋을 것이다.

문제 25 p79

◆ 평가표

자기 생각만 말했을 때	3점
자기 생각과 그 근거를 명확히 했을 때	5점

출제자 예시 답안

친구는 라이벌과 같다.
공부나 운동 등 여러 가지로 누가 더 잘 하는지 겨루기 때문이다.

학생들 샘플 답안

① 친구는 부모와 같다. 왜냐하면 부모처럼 서로를 이해해주기 때문입니다.
② 친구는 나(자신)와(과) 같다. 왜냐하면 같은 사람이므로 친구를 나와 같이 생각해야 하기 때문이다.
③ 친구는 희망과 같다. 왜냐하면 옆에서 친구가 꿈을 이룰 수 있게 도와주기 때문이다. 친구들이 웃겨 주고, 자기의 부족한 점을 보충해 줄 수 있다. 친구가 없다면 우리는 멋지게 성장할 수 없을 것이고, 자기가 꿈꾸던 좋은 직업이 아닌 쉬운 일자리를 돈을 조금이라도 벌기 위해 구할 것이다.

문제 26 p80

◆ 평가표

자기 생각만 말했을 때	3점
자기 생각과 그 근거를 명확히 했을 때	5점

출제자 예시 답안

· 바르다. 어머니의 지갑에는 돈이 많고 영재는 돈이 없다. 더 필요한 영재에게 돈을 주어야 한다.
· 바르지 않다. 어머니께 솔직히 말하고 도움을 요청했어야 한다. 어머니의 돈을 말없이 몰래 가져가는 것은 잘못된 행동이다.

학생들 샘플 답안

· 맞는 행동이다. 솔직히 말하자면, 나도 바닥에서 주운 돈을 불우이웃을 위해 기부했다. 만일 엄마에게 혼나더라도 뿌듯할 것이다. 내 머릿속에서 내가 기부한 돈을 가지고 미소를 짓는 가난한 친구를 지울 수 없다.
· 바른 행동이 아니다. 왜냐하면 영재를 도와주려는 생각은 좋지만 어머니께 말씀을 드리고 허락을 하셔야 한다. 몰래 돈을 꺼내면 어머니께서 놀라시고 또 무한이의 양심이 찔린다.
· 바른 행동이다. 어차피 그 돈 무한이 용돈인데...

문제 27 p81

◆ 평가표

한 문제의 속담을 현대적으로 잘 바꾸었을 때	3점
모든 문제의 속담을 현대적으로 잘 바꾸었을 때	5점

출제자 예시 답안

(1) 스탠드 뒤가 어둡다.
(2) 노래방 개 삼 년이면 탬버린을 친다.

학생들 샘플 답안

(1) 전등 밑이 어둡네. 침대 밑이 어둡다. 책상 밑이 컴컴하다. 전등 위가 어둡다. LED 밑이 어둡다.
(2) 교회 다니면 귀신 쫓는다. 학교 개가 삼년이면 한글과 수학을 읊는다. 학교 개 삼년이면 구구단을 외운다.

문제 28 p81

◆ 평가표

1 ~ 2개	3 ~ 7개	8개 이상
2점	3점	5점

출제자 예시 답안

① 서당 개 삼 년이면 풍월을 읊는다.
② 까마귀 날자 배 떨어진다.
③ 하룻강아지 범 무서운 줄 모른다.
④ 가재는 게 편이다.
⑤ 지렁이도 밟으면 꿈틀한다.
⑥ 개구리 올챙이 적 생각 못한다.
⑦ 고래 싸움에 새우 등 터진다.
⑧ 낮말은 새가 듣고 밤말은 쥐가 듣는다.
⑨ 원숭이도 나무에서 떨어진다.
⑩ 참새가 방앗간을 지나치랴.
⑪ 고양이한테 생선 가게 맡긴다.
⑫ 닭 쫓던 개가 지붕 쳐다본다.
⑬ 똥 묻은 개가 겨 묻은 개 나무란다.
⑭ 호랑이도 제 말 하면 온다.

문제 29 p82

◆ 평가표

답을 맞췄을 때	5점

정답 및 해설

답 종로에서 뺨 맞고 한강에서 화풀이 한다.

해설 무한이가 상상이에게 상처받고 영재에게 화풀이했다. 영재는 잘못을 하지 않았음에도 무한이와 상상이의 다툼 때문에 큰 소리를 들었으므로 '종로에서 뺨 맞고 한강에서 화풀이 한다.'는 속담이 가장 잘 맞는다.

문제 30 p83

◆ 평가표

답을 맞췄을 때	5점

정답 및 해설

답 ⑥-⑤-①-④-③-②

해설 소와 사자가 서로 사랑하다가, 서로에게 준 선물이 맞지 않아 헤어지는 이야기이다. 소가 보답으로 사자에게 풀을 주었다고 했으므로 사자가 선물을 준 것이 먼저이다. 이 이야기의 교훈은 서로를 사랑한다 해도 상대의 입장을 생각하지 않고 자신이 좋아하는 것만 생각해서는 안된다는 것이다.

문제 31 p84

◆ 평가표

답을 맞췄을 때	5점

정답 및 해설

답 먼저 양을 데리고 강을 건넌다. 양을 건너편에 두고 혼자 돌아와서 늑대 혹은 양배추를 가지고 강을 건넌다. 늑대 혹은 양배추를 강 건너편에 두고, 양을 다시 데리고 돌아간다. 양을 원래 자리에 돌려두고, 남은 늑대 혹은 양배추를 가지고 강을 건넌다. 늑대는 양배추를 먹지 않으므로 늑대와 양배추를 강 건너편에 두고 혼자 돌아와서 남은 양을 데리고 강을 건넌다.

해설 먼저 양을 데리고 강을 건넌다.(늑대는 양배추를 먹지 않으므로 무사하다.)
양을 건너편에 두고 혼자 돌아와서 늑대 혹은 양배추를 가지고 강을 건넌다.(늑대 혹은 양배추가 혼자 남으므로 무사하다.)
늑대 혹은 양배추를 강 건너편에 두고, 양을 다시 데리고 돌아간다.(늑대 혹은 양배추가 혼자 강 건너편에 있으므로 무사하다.)
양을 원래 자리에 돌려두고, 남은 늑대 혹은 양배추를 가지고 강을 건넌다.(양이 혼자 남으므로 무사하다.)
늑대와 양배추를 강 건너편에 두고 혼자 돌아와서 남은 양을 데리고 강을 건넌다. (늑대는 양배추를 먹지 않으므로 무사하다.)

문제 32 p84

◆ 평가표

3단어를 모두 쓰지 않았을 때	1점
3단어를 모두 써서 문장을 만들었을 때	3점
3단어를 모두 써서 문맥에 맞는 문장을 만들었을 때	5점

출제자 예시 답안

(1) 아파트 앞 가게에서 딸기우유를 사 먹었다.
(2) 받아쓰기를 하는데 글씨를 잘못 적어서 짝궁에게 지우개를 빌렸다.

학생들 샘플 답안

(1) · 아파트 지하에 있는 가게에서 딸기우유를 샀다.
· 아파트 상가에 가게가 있는데 어제 그 가게에서 딸기우유를 샀다.
· 아파트에 왔는데 가게가 옆에 있었다 주인이 딸기우유다...
(2) · 받아쓰기를 볼 때 지우개가 없어 짝궁에게 빌리려고 했는데 보지 말라며 나를 "탁"하고 쳤다.
· 받아쓰기 날에 짝궁이 지우개가 없어서 빌려주었다.
· 지우개를 짝궁이 받아쓰기에 지우기라고 썼다.

문제 33 p85

◆ 평가표

답을 맞췄을 때	5점

정답 및 해설

답 코끼리보다 작다.
늑대, 코끼리, 햄스터 중에서 제일 작다.

해설 햄스터는 늑대보다 작고(ㄱ), 늑대는 코끼리보다 작다(ㄴ) ㄱ과 ㄴ의 문장을 보고 유추했을 때 햄스터는 코끼리보다 작은 것을 알 수 있다.

문제 34 p85

◆ 평가표

답을 맞췄을 때	5점

정답 및 해설

답 무한이는 상상이와 같은 학교를 다닌다.
무한이도 상상이네 학교를 다닌다.

해설 무한이가 반드시 급식을 먹는다는 결과가 나오려면, 모든 학생들이 급식을 먹는 상상이의 학교에 무한이가 다닌다는 것을 알려주면 된다.

문제 35 p86

◆ 평가표

손가락과 발가락 중 더 행복한 것을 고른다.	2점
고른 손가락이나 발가락이 더 행복한 이유를 잘 설명한다.	4점
개수가 3개 이상일 때 추가점수	+1점

출제자 예시 답안

① 발가락은 무거운 몸을 지탱하기 때문에 손가락이 더 행복하다.
② 발가락은 항상 신발 안에 답답하게 갇혀 있기 때문에 손가락이 더 행복하다.
③ 발가락보다 손가락을 더 자주 씻기 때문에 손가락이 더 행복하다.
④ 발가락보다 손가락이 더 하는 일이 많기 때문에 발가락이 더 행복하다.
⑤ 손가락이 날카로운 물건에 베이거나 다치는 경우가 더 많기 때문에 발가락이 더 행복하다.
⑥ 손가락이 발가락을 더 많이 안마해주므로 발가락이 더 행복하다.

학생들 샘플 답안

① 나의 생각에는 발가락이 더 행복할 것 같다. 왜냐하면 발가락은 양말과 신발에 보호를 받지만 손가락은 장갑을 껴도 1겹만 보호를 받기 때문이다. 또 여름에는 장갑을 안 끼지만 양말과 신발은 신기 때문인 것 같다.
② 나는 학교에서 시간을 많이 쓰는데, 의자에 앉을 때는 발가락을 사용하지 않기 때문에 손가락이 더 행복할 것이다.
③ 걸을 때 손가락이 더 행복하다. 누워서 책을 읽을 때 발가락이 더 행복하다. 손은 쉬고 발은 발차기를 할 때 손가락이 더 행복하다.

문제 36 p87

◆ 평가표

다음에 일어날 수 있는 일을 서술했을 때	1점
다음에 일어날 수 있는 일을 그림의 요소를 이용하여 자세하게 설명했을 때	5점

출제자 예시 답안

선생님은 창가에 서 계셨다. 아직 초여름이지만 교실에는 선풍기가 돌아가고 있다. 선생님은 천천히 교탁으로 걸어가며 칠판에 적혀 있던 문제를 다 풀었는지 물어보고, 한 학생에게 문제의 답을 물었다. 학생이 정답을 말하자 선생님이 칭찬했다.

학생들 샘플 답안

① 예고없이 지진대피 훈련을 시작할 것 같다. 그리고 전기를 너무 많이 사용해 정전이 되어서 모두가 당황할 것 같다.
② 선생님께서 가르치실 때 선풍기를 2대나 틀고, 창문을 열었기 때문에 한 학생이 추워할 것 같다.
③ 선생님 : 쉬는 시간입니다.
④ 아이들은 떠들썩 해질 것이고, 책상에는 학생들이 한 명도 없으며 모두 친구, 또는 혼자 놀고 있을 겁니다. 선생님은 한심하다는 눈빛으로 애들을 지켜볼 겁니다. 그리고 선생님은 책을 읽거나 다른 선생님들과 문자를 할 것입니다.

문제 37 p88

◆ 평가표

광대가 살 수 있는 답변을 했을 경우	3점
광대가 살 수 있는 재치있는 답변을 했을 경우	5점

출제자 예시 답안

· 너무 재미있는 이야기를 들어서 웃겨서 죽게 해주십시오.
· 제가 너무 죽을만큼 행복해서 죽게 해주십시오.
· 늙어서 죽게 해주십시오.
· 사람을 웃기다가 은퇴하여 죽고 싶습니다.

학생들 샘플 답안

· 그럼, 전 죽을 때 까지만 살게요.
· 저는 100년 후에 죽고 싶습니다.
· 저는 (늙어서)저승사자가 오면 죽을게요.
· (사형이 아니라) 심형으로 하겠습니다. 이형으로 하겠습니다.
· 전 제가 죽고싶을 때 죽고 싶어요.
· 저는 태양에 가서 죽고 싶습니다.(우주선이 없어서 태양에 갈 수 없다.)
· 끝까지 살고 나중에 죽겠습니다.

문제 38 p89

◆ 평가표

무한이의 말 중 틀린 부분을 찾았을 때	3점
무한이의 말 중 틀린 부분을 찾고 왜 틀렸는지 설명했을 때	5점

출제자 예시 답안

무한이네 반이 다독상을 받은 것은 무한이가 아닌 반 친구들이 책을 많이 읽었기 때문이다. 옆의 친구들이 책을 많이 읽은 것이 무한이가 책을 읽었다는 이야기는 되지 않는다.

학생들 샘플 답안

· 무한이가 책을 안 읽었는데 반에서 다독상을 받았다는 것은 다른 친구들이 책을 좋아하고 많이 읽어서 받은 거에요. 그러니 무한이는 책을 더 열심히 읽어야 해요.
· 저 잘했죠? 가 틀렸다. 반이 많이 읽어서 다독상을 받은 건데 저 잘했죠? 라고 말했다.

문제 39 p90

◆ 평가표

상상이의 대답을 상상해서 대답했을 때	3점
상상이의 무한이에 대한 감정을 잘 이해하고 대답했을 때	5점

출제자 예시 답안

· 너는 나한테 해주지 않았으면서 왜 나는 너한테 해줘야해?
· 저번에 나한테도 그렇게 생각해줬어야지. 너도 알아서 해.
· 이번만 봐주는 거야. 다음엔 너도 나 챙겨줘야 해.

학생들 샘플 답안

· 그럼 너도 내가 빠질 때 말아줘. 그럼 나도 다음 번에 말아줄께.
· 그래도 빠진 거니까 어쩔 수 없는 거지.
· 에이 농담이야 농담. 앞으로는 나의 것도 남겨줘.
· 싫어. 네가 편의점 가서 간식 사먹어.
· 내가 며칠 전 빠졌을 때는 말아주지 않았는데 내가 왜 그래야 하는데?

문제 40 p91

◆ 평가표

답을 맞췄을 때	5점

정답 및 해설

답 중요하고 값비싼 것이라도 그걸 모르는 사람 앞에서는 쓸모없는 물건일 뿐이다.

해설 닭은 진주가 얼마나 비싸고 귀한 보석인지 모르고, 개 역시 금가루의 가치를 몰라 사냥감을 더 중요하게 생각한다. 창고를 청소하는 아저씨 역시, 아주 중요하고 귀한 옛날 책을 발견했음에도 그 귀중함을 알아채지 못해 그대로 휴지통에 버리고 만다. 이것은 아무리 중요하고 값비싼 물건이라도 그 가치를 모르는 사람에게는 쓸모없다는 이야기로, 속담으로는 '돼지 목에 진주목걸이'를 떠올릴 수 있다.

점수 통계

각 문항별 평균 점수

문항	1	2	3	4	5	6	7	8	9	10	11	12	13	14	15	16	17	18	19	20
학생들 평균 점수(점)	3.9	2.6	1.7	3.8	3.9	1.2	1.8	4.2	2.9	2.6	3.9	4.0	3.8	3.9	4.3	4.0	0.7	2.5	3.0	4.7

문항	21	22	23	24	25	26	27	28	29	30	31	32	33	34	35	36	37	38	39	40
학생들 평균 점수(점)	0	2.8	3.1	2.9	4.6	4.6	1.7	1.7	4	2.2	1	4.2	4	2.5	3.6	2.8	1.9	2.8	3.7	1

총점 평균 114.3/200점

점수에 따른 성취도 등급

등급	1등급	2등급	3등급	4등급	5등급
평가	150 ~ 200	120 ~ 149	90 ~ 119	60 ~ 89	59 이하

II
영재성 검사

03 수리논리

1. 문제의 배점은 5점이며, 각 평가표에 점수 기준이 있습니다. / 각 단원 말미에서 성취도 등급을 확인하세요.
2. 학생들 샘플 답안은 서울시 서초구 소재의 한 초등학교 학생들이 직접 푼 것입니다.

문제 01 p92

정답 및 해설

답 87

해설 주차장의 번호는 진입하는 차의 시점으로 쓰여진다는 사실을 기억하자. 차의 시점에 맞추어 그림을 거꾸로 보면 차례대로 86,□, 88, 89, 90, 91이므로 □ 안에 들어갈 번호는 87이다.

문제 02 p92

정답 및 해설

답

7	4	-	2	1	=	5	3

해설 주어진 식 75-21=43 에서 틀린 계산이 되는 부분은 십의 자리의 계산 7-2가 5가 아닌 4가 되어 1이 적다는 것과 일의 자리의 계산 5-1이 4가 아닌 3이 되어 1이 적다는 것이다. 따라서 둘 모두 옳은 계산으로 고치기 위해서는 5와 4의 카드 자리를 바꾸어 74-21=53이 되도록 하면 된다.

문제 03 p93

정답 및 해설

답 (1) (2) (3) (4)

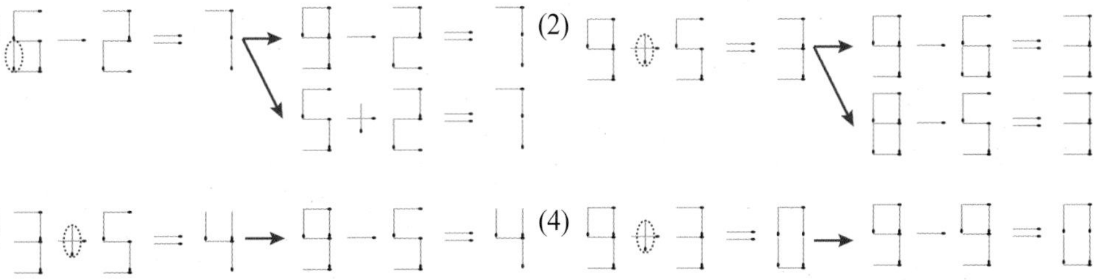

문제 04 p94

정답 및 해설

답 상상이가 가장 많고, 무한이가 가장 적다.

해설 ① 상상이는 무한이보다 3살 많으므로 상상이의 나이가 무한이보다 많다. 영재는 상상이보다 2살 적으므로 상상이의 나이가 영재의 나이보다 많다. 영재는 무한이보다 1살 많으므로 영재의 나이가 무한이보다 많다. 따라서 나이가 많은 순서대로 나열하면 상상이>영재>무한이가 되고, 나이가 가장 많은 것은 상상이, 나이가 가장 적은 것은 무한이가 된다.

② 상상이의 나이를 10살이라고 가정하면, 상상이가 무한이보다 3살 더 많으므로 무한이의 나이는 7살이 되

고 영재는 상상이보다 2살 적으므로 8살이 되어 영재가 무한이보다 1살 더 많게 된다. 따라서 상상이의 나이가 가장 많고, 무한이의 나이가 가장 적다.

문제 05 p94

정답 및 해설

답 세 번째 접시

해설 ① 첫 번째 접시는 세 번째 접시보다 과자가 4개 적으므로 첫 번째 접시보다 세 번째 접시가 첫 번째 접시보다 과자가 더 많고, 세 번째 접시는 두 번째 접시보다 과자가 2개 많으므로 세 번째 접시가 두 번째 접시보다 과자가 더 많다. 따라서 3개의 접시 중에 세 번째 접시의 과자 수가 가장 많다.

② 첫 번째 접시의 과자를 10개라고 가정하면, 첫 번째 접시는 세 번째 접시보다 과자가 4개 적으므로 세 번째 접시의 과자 수는 14개이다. 그리고 세 번째 접시는 두 번째 접시보다 2개 더 많으므로 두 번째 접시의 과자 수는 12개이다. 따라서 세 번째 접시의 과자 수가 가장 많다.

문제 06 p95

정답 및 해설

답 자두 10개

해설 첫 번째 그림에서 포도 한 송이의 무게는 귤 두 개의 무게와 같다. 그리고 두 번째 그림에서 귤 한 개의 무게는 자두 다섯 개의 무게와 같다. 귤 한 개의 무게가 자두 다섯 개 이므로, 귤 두 개의 무게는 자두 열 개의 무게와 같은데, 귤 두 개의 무게는 포도 한 송이의 무게와 같으므로 포도 한 송이는 자두 열 개의 무게와 같다.

문제 07 p95

◆ 평가표

1 ~ 2개	3 ~ 4개	5개 이상
2점	3점	5점

출제자 예시 답안

① 두 자리 수이다. ② 100보다 작다. ③ 같은 수끼리 여러 번 더해서 만들었다.
④ 같은 수끼리 2개를 곱해서 만들었다. ⑤ 일의 자리의 수보다 십의 자리의 수가 더 작다.

학생들 샘플 답안

① 두 자리 수이다. ② 같은 수끼리 더해서 만들었다. ③ 같은 수끼리 곱해서 만들었다.
④ 10, 20, 30처럼 딱 떨어지는 수가 아니다. ⑤ 100의 자리에 수가 없다.
⑥ 일의 자리의 수와 십의 자리의 수의 합이 7이다.

문제 08 p96

정답 및 해설

답 4

해설 나열된 수들을 보면 1부터 시작해서 하나씩 커진다. 처음에는 1개, 다음에는 2개, 3개 등 그 나열되는 숫자의 갯수가 하나씩 많아지고 있다. 이것을 묶어보면 마지막 묶음의 이전 묶음이 6에서 끝나고, 마지막 묶음의 수의 나열이 3에서 끊겨있으므로 다음에 나올 숫자는 4임을 알 수 있다.

1 1 2 1 2 3 1 2 3 4 1 2 3 4 5 1 2 3 4 5 6 1 2 3

문제 09 p96

정답 및 해설

답 3씩 늘어난다.

해설 순서대로 놓여있는 수들의 관계를 살펴보면, 4는 1보다 3이 많고, 7도 4보다 3이 많다. 이와 같이 뒤에 있는 수는 모두 자기 앞에 있는 수보다 3이 더 많으므로, 3씩 늘어나는 규칙에 따라 수가 놓여있다는 것을 알 수 있다.

$$1 \underset{+3}{} 4 \underset{+3}{} 7 \underset{+3}{} 10 \underset{+3}{} 13 \underset{+3}{} 16 \underset{+3}{} 19$$

문제 10 p97

◆ 평가표

1문제 맞췄을 때	2문제 맞췄을 때	모두 맞췄을 때
2점	3점	5점

정답 및 해설

답 (1) 거짓 (2) 참 (3) 거짓

해설 (1) 어제가 화요일이었다면, 어제에서 하루가 지난 오늘은 수요일이다. 그리고 모레는 오늘에서 2일이 더 지나간 날이므로 수요일에서 2일이 지난 금요일이어야 한다. 그런데 문제에서는 토요일이라 하였으므로 문장은 거짓이다.

화	수	목	금	토
어제	오늘	내일	모레	글피

(2) ★ + ★ + ★ = ◇이고 ◇ - ★ = 10이므로, 두 번째 식의 ◇ 대신에 ★ + ★ + ★를 넣어보면 다음과 같다.

(★ + ★ + ★) - ★ = 10

★ + ★ = 10

★ = 5

따라서 문장은 참이다.

(3) 상상이는 원래 10권의 책을 가지고 있었는데, 그 중 2권을 무한이에게 빌려주면 8권의 책이 남게 된다. 이때 두 사람이 가지고 있는 책의 수가 같아졌다고 했으므로 무한이가 가지고 있는 책의 수도 8권이다. 그런데 무한이는 상상이에게 2권의 책을 빌렸다고 했으므로 빌리기 전에 무한이가 가지고 있던 책의 수는 6권이어야 한다. 따라서 문장은 거짓이다.

문제 11 p97

◆ 평가표

1문제 맞췄을 때	2문제 맞췄을 때	모두 맞췄을 때
2점	3점	5점

정답 및 해설

답 (1) 12-5 (2) 7+4 (3) 2+4+8

해설 (1) 연필 한 다스에는 12자루가 들어 있다. 따라서 상상이는 연필 12자루를 가지고 있었는데, 다섯 명의 친구들에게 한 자루씩 나눠주었으므로 5자루를 나눠준 것이 된다. 따라서 이 문제에서 이용된 계산을 <보기>에서 찾으면 12-5가 된다.

(2) 무한이는 처음에 7개의 초콜릿을 가지고 있었는데 여기에서 친구가 4개의 초콜릿을 더 주었으므로, 이 문제에서 이용된 계산을 <보기>에서 찾으면 7+4가 된다.

(3) 무한이는 어제 지우개 2개를 샀고, 오늘 4개를 더 샀으므로 지우개의 수는 2+4이고, 방정리를 하면서 8개의 잃어버린 지우개를 찾았으므로 8개를 더 더해야 가진 지우개의 총 개수를 알 수 있다. 따라서 이 문제에서 이용된 계산을 <보기>에서 찾으면 2+4+8이 된다.

문제 12 p98

정답 및 해설

답 7

해설 첫 번째 질문에서 5보다 큰 수라고 했으므로 1 ~ 10까지의 숫자 카드 중 해당하는 숫자는 6, 7, 8, 9, 10이다. 두 번째 질문에서 짝수가 아니라고 했으므로 답은 홀수이고, 6, 7, 8, 9, 10 중에서 홀수인 숫자 카드는 7

과 9이다. 세 번째 질문에서 1을 더하면 10이 되지 않는다고 하였고, 7에 1을 더하면 8이고 9에 1을 더하면 10이므로 10이 되지 않는 답은 7이다.

문제 13 p99

정답 및 해설

답 3층

해설 상상이가 엘리베이터와 계단을 타고 오르내린 과정을 순서대로 정리해 보면
① 일곱 층을 올라갔다. ② 두 층을 내려왔다. ③ 세 층을 내려왔다. ④ 한 층을 올라갔다. ⑤ 네 층을 내려갔다.
이 과정을 통해 마지막에 2층에 도착했다고 한다. 2층에서부터 시작해서 ⑤에서 ①까지 거꾸로 따라가보면

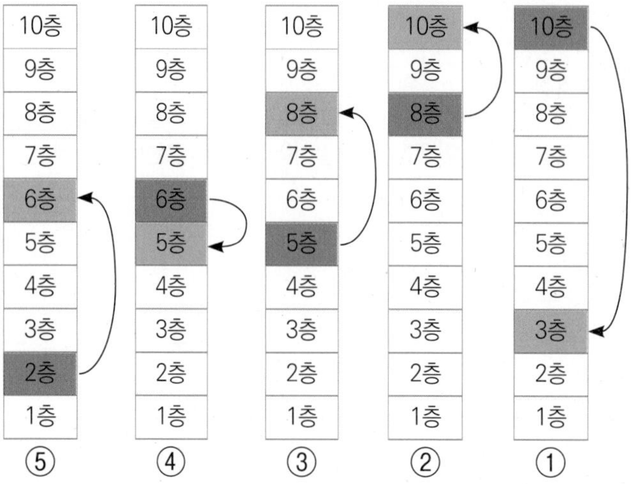

⑤ 2층에서 네 층을 올라간다. → 6층
④ 6층에서 한 층을 내려간다. → 5층
③ 5층에서 세 층을 올라간다. → 8층
② 8층에서 두 층을 올라간다. → 10층
① 10층에서 일곱 층을 내려간다. → 3층

따라서 상상이가 처음 엘리베이터를 탄 층은 3층이다.

문제 14 p99

정답 및 해설

답 71cm

해설 ① 각각 20cm짜리인 종이테이프 4개를 이어붙일 때 겹쳐지는 부분이 3cm이므로, 겹쳐지지 않는 전체 길이를 구하기 위해서는 20cm에서 한 쪽 3cm나 양 쪽 6cm를 빼고 남은 부분이 길이를 구해야 한다.

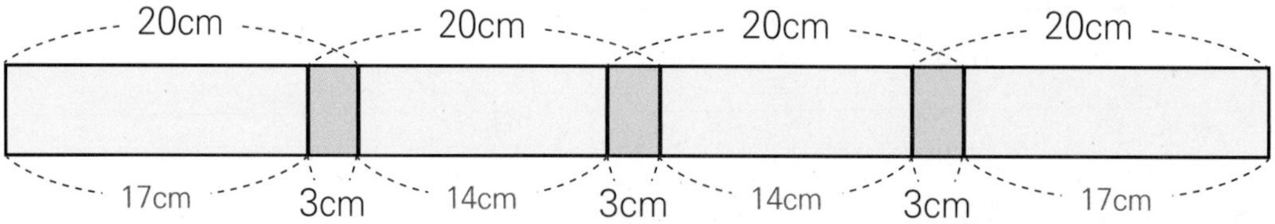

따라서 붙인 종이테이프의 전체 길이는 17+3+14+3+14+3+17이므로 총 71cm이다.

② 종이테이프 4개의 겹쳐지지 않았을 때 전체 길이는 20×4=80cm이다. 여기서 3cm씩 2장이 겹쳐진 부분이 3군데이므로, 붙였을 때의 전체 길이를 구하기 위해서는 3×3=9cm를 빼야 한다. 따라서 80-9=71cm이다.

문제 15 p100

정답 및 해설

답

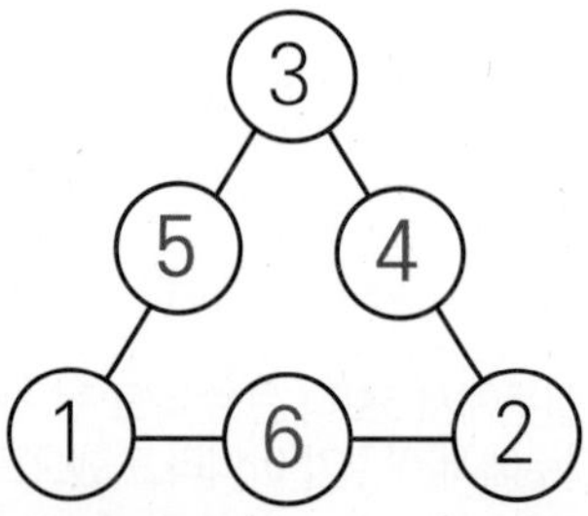

해설 1부터 6까지의 수를 한 번씩만 넣는다고 할때, 1, 2, 3은 이미 들어가 있으므로 남은 4, 5, 6을 넣어 각 변에 있는 세 수의 합에 모두 같게 하면 된다. 각 변에서 있는 두 수의 합은 다음과 같다.

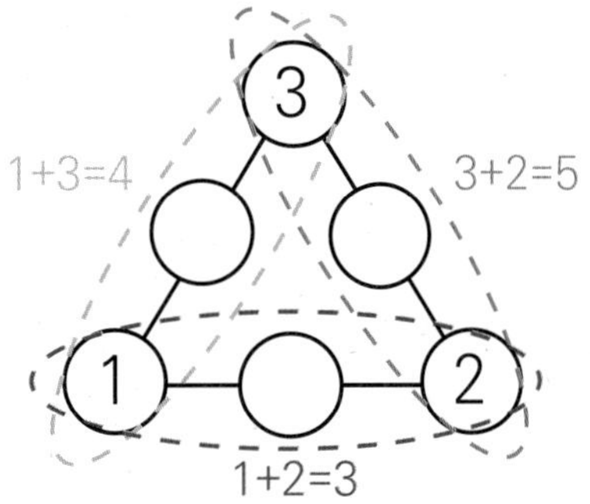

남은 4, 5, 6을 넣어서 각 변의 수의 합이 모두 같게 하려면, 현재의 두 수의 합이 3으로 가장 작은 파란 변의 빈칸에 6을 넣고, 두 수의 합이 5로 가장 큰 주황 변의 빈칸에 4를 넣으면 된다. 그러면 남은 분홍 변의 빈칸에 5를 넣어서 각 변의 수의 합이 1+2+6 = 2+3+4 = 1+3+5 = 9로 모두 같게 만들 수 있다.

문제 16 p100

정답 및 해설

답 A = 4, B = 1

해설 일의 자리 수와 십의 자리 수의 합을 보면 십의 자리에서는 A+B=5, 일의 자리에서는 B+3=A의 식을 만들 수 있다. A와 B가 0부터 5까지의 숫자를 가지므로 일의 자리에서 십의 자리로의 받아올림은 일어나지 않는다. 0, 1, 2, 3, 4, 5 중에서 더했을 때 5가 되고, 하나의 수가 다른 하나의 수보다 3이 더 큰 경우는 1과 4이다. 따라서 A = 4, B = 1이다.

$$\begin{array}{r} 4\ 1 \\ +\ 1\ 3 \\ \hline 5\ 4 \end{array}$$

문제 17 p101

정답 및 해설

답 a = 6, b = 4, c = 3

해설 1에서 7까지의 수를 한 번씩 넣어야 하고 1, 2, 5, 7이 들어가 있으므로, a, b, c에는 각각 3, 4, 6 중에 하나씩을 넣어야 한다. 또한, 각 네모로 이어진 4개 숫자의 합이 모두 같아야 하므로, 네모 안의 수들을 더하면 다음과 같다.

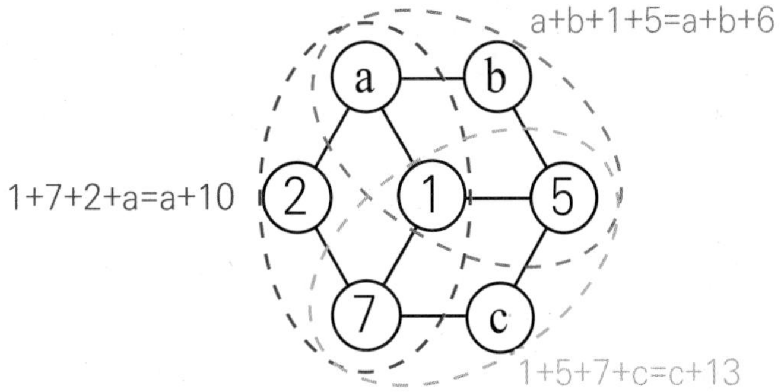

파란색 네모의 a+10과 분홍색 네모의 c+13이 같아야 하므로, a는 c보다 3이 더 크다는 것을 알 수 있다. 3, 4, 6 중에 3만큼 차이가 나는 수들은 3과 6이므로 a = 6, c = 3인 것을 알 수 있으며, 남은 b = 4가 된다. 이렇게 숫자를 넣으면 1+2+6+7 = 1+6+4+5 = 1+7+3+5 = 16으로 합이 모두 같다.

문제 18 p101

정답 및 해설

답

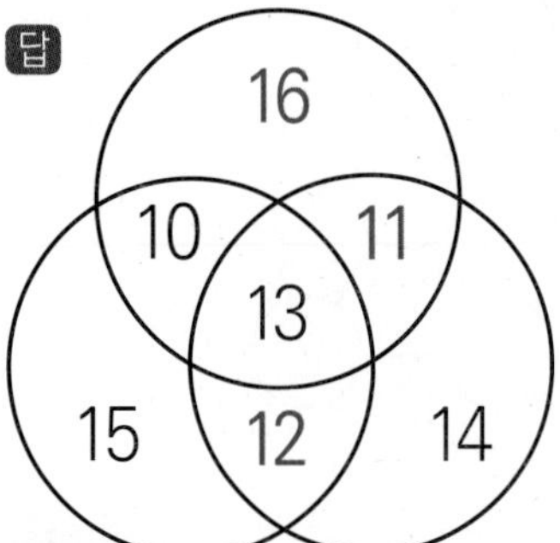

해설 7개의 칸에 10부터 16까지의 수를 하나씩 넣어야 하고, 10, 13, 14, 15가 들어가 있으므로 남은 수는 11, 12, 16 세 개이다. 빈칸에 임시로 a, b, c를 넣으면 다음과 같이 원 안에 있는 수들을 더할 수 있다.

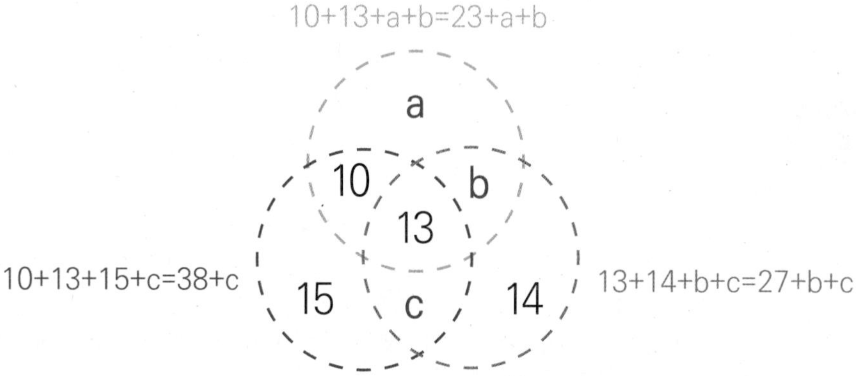

이 수의 합이 모두 같아야 하므로 38+c = 27+b+c = 23+a+b가 되는데, 38+c = 27+b+c에서 b = 11임을 알 수 있다. b 자리에 11을 넣으면 23+a+b = 27+b+c는 34+a = 38+c가 되고, 남은 수는 12, 16이므로 a = 16, c = 12이다.

문제 19 p102

◆ 평가표

1문제 맞췄을 때	2문제 맞췄을 때	모두 맞췄을 때
2점	3점	5점

정답 및 해설

답

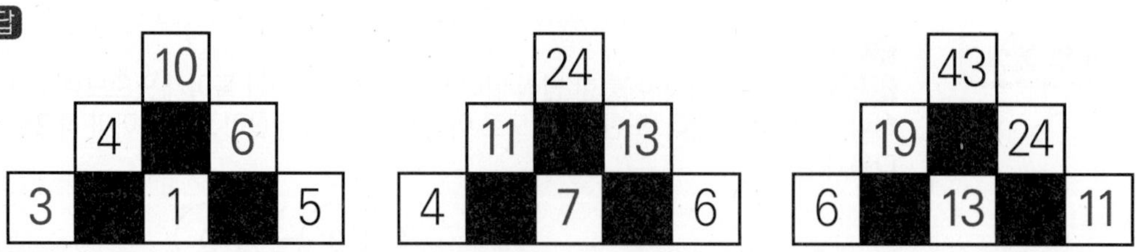

해설 이 숫자 피라미드의 규칙은 검은 네모의 왼쪽과 오른쪽의 수의 합이 검은 네모의 위에 위치하게 되는 것이다.

문제 20 p103

◆ 평가표

1문제 맞췄을 때	모두 맞췄을 때
3점	5점

정답 및 해설

답 A=15, B=7

해설 <보기>의 숫자를 넣은 규칙은 아래쪽 숫자 둘을 더하고 거기에 2를 더하는 것이다. 3+6+2 = 11, 2+5+2 = 9를 통해 규칙을 알 수 있다. 이 규칙에 따라 문제를 풀면 A = 4+9+2 = 15이고, 16 = B+7+2 이므로 B = 7이다.

문제 21 p104

◆ 평가표

1문제 맞췄을 때	모두 맞췄을 때
3점	5점

정답 및 해설

답 (1) 01001 (2) 200301

해설 (1) 다섯 자리의 수 위에서 11이 왼쪽에서부터 오른쪽으로 한 칸씩 옮겨가고, 가장 오른쪽으로 다 옮겨간 후에는 11 사이에 0을 넣어 101이 왼쪽에서부터 오른쪽으로 한 칸씩 옮겨간다. 101이 가장 오른쪽으로 다 옮겨간 후에는 1001이 왼쪽에 배치되어 10010이 되는데, 다음에 나오는 ㉮에 들어갈 수는 1001이 오른쪽으로 한 칸 옮겨간 수이므로 01001인 것을 알 수 있다.

11000, 01100, 00110, 00011, 10100, 01010, 00101, 10010, (㉮)

(2) 여섯 자리의 수를 두 자리씩 끊어보면, 첫째 줄은 가장 오른쪽의 두 자리가 1씩 늘어나고, 둘째 줄은 같은 수에서 중간의 두 자리가 1씩 늘어나며 셋째 줄은 왼쪽의 두 자리가 1씩 늘어나는 것을 확인할 수 있다. 따라서 ㉯의 자리에 들어갈 수는 200301이다.

(180301, 180302, 180303)
(180301, 180401, 180501)
(180301, 190301, ㉯)

문제 22 p104

정답 및 해설

답 가장 큰 수 40, 가장 작은 수 10

해설 주어진 식의 답이 가장 크기 위해서는 덧셈을 하는 앞의 두 □에 큰 수를 넣고, 뺄셈을 하는 뒤의 두 □에 작은 수를 넣으면 된다. 따라서 가장 큰 수는 58+41–33-26 = 40이다.

답이 가장 작기 위해서는 덧셈을 하는 앞의 두 □에 작은 수를 넣고, 뺄셈을 하는 뒤의 두 □에 큰 수를 넣으면 된다. 그런데 그대로 33+26-58–41을 계산하면 결과가 0보다 작게 되므로 답이 될 수 없다. 33+41–58–26도 마찬가지로 0보다 작다. 58+26-33–41 = 10일 때가 0보다 크면서 가장 작은 수가 나오는 계산이다.

문제 23 p105

정답 및 해설

답 8

해설 주사위는 마주 보는 면에 있는 점의 합이 항상 7이기 때문에 이를 이용해서 보이지 않는 면의 점 개수를 예상해볼 수 있다. 점의 수가 3인 면의 마주보는 면에서 점의 수는 4, 점의 수가 1인 면의 마주보는 면에서 점의 수는 6이다. 이를 통해 오른쪽 주사위의 붙은 면의 점의 개수가 3이라는 것을 알 수 있다. 단, 왼쪽 주사위의 경우 1과 6, 3과 4의 면은 알아낼 수 있으나 2와 5중 어느 점이 붙은 면에 있을지는 알 수 없다. 2가 붙은 면에 있을 때는 두 주사위가 붙은 면의 점의 합이 2+3=5이지만, 5가 붙은 면에 있을 때는 두 주사위가 붙은 면의 합이 3+5=9이며, 이는 두 주사위가 붙은 면의 합이 가장 클 때에 해당한다.

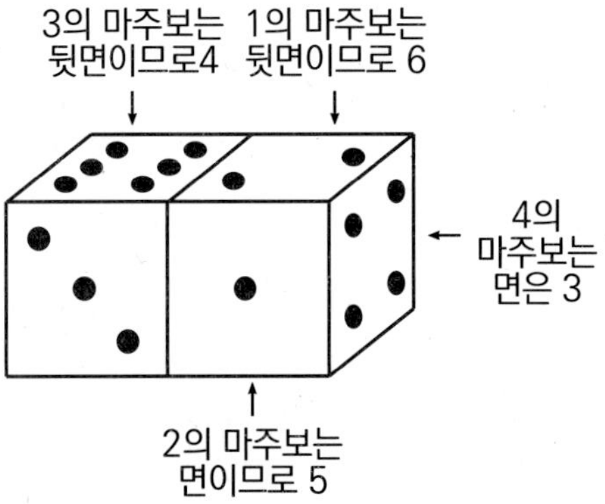

문제 24 p105

정답 및 해설

답 승합차 2대, 승용차 4대

해설 승합차에 탈 수 있는 자리 수가 더 많으므로 승합차에 가장 많이 탔을 때부터 차례대로 가정해 보자.

① 승합차 3대일 경우 : 3×8 = 24명 → 28명 중 24명이 타면 4명이 남으므로 3인승 승용차에 딱 맞게 탈 수 없다.

② 승합차 2대일 경우 : 2×8 = 16명 → 28명 중 16명이 타면 12명이 남으므로 3인승 승용차 4대에 딱 맞게 탈 수 있다.

③ 승합차 1대일 경우 : 1×8 = 8명 → 28명 중 8명이 타면 20명이 남으므로 3인승 승용차에 딱 맞게 탈 수 없다.

따라서 승합차 2대, 승용차 4대일 경우에 상상이네 반 28명 모두가 남는 자리 없이 음악회에 갈 수 있다.

문제 25 p106

◆ 평가표

1개 맞췄을 때	2개 맞췄을 때	모두 맞췄을 때
2점	3점	5점

정답 및 해설

답 사과 2000원, 배 3000원, 수박 7000원

해설 오이 가격이 1000원이므로 이것과 주어진 조건을 이용해서 사과, 배, 수박의 가격을 구해야 한다. 조건 1에서 사과 1개와 오이 1개를 합한 가격이 3000원이라고 했으므로, 사과 1개의 가격은 2000원이다. 조건 2에서 수박 2통의 가격과 사과 7개의 가격이 같다고 했는데, 사과 7개의 가격은 7×2000 = 14000원이므로 수박 1통의 가격은 14000÷2 = 7000원이다. 조건 3에서 오이 1개와 배 2개를 합한 가격이 수박 1통의 가격과 같다고 하였고 오이 1개는 1000원이고 수박 1통의 가격은 7000원이므로 배 2개+1000 = 7000이다. 따라서 배 1개의 가격은 3000원이다.

문제 26 p106

정답 및 해설

답 콜라 1000원, 우유 2000원

해설 콜라 3개와 우유 4개의 총 가격이 11000원인데, 상상이가 우유 1개를 뺐더니 총 가격이 9000원이 나왔으므로 우유 1개의 가격은 11000-9000 = 2000원이다. 우유 4개의 가격이 2000×4 = 8000원이므로 콜라 3개의 가격은 11000-8000 = 3000원이고, 콜라 1개의 가격은 1000원이다.

문제 27 p107

정답 및 해설

답 500원짜리 4개, 100원짜리 3개, 50원짜리 4개

해설 500원, 100원, 50원짜리 동전을 1개 이상 사용해서 총 11개의 동전을 모아 2500원을 만들어야 한다. 1000원을 100원짜리로 만들면 바로 동전 10개가 되어버리므로 11개의 동전으로 2500원을 만들기 어렵기 때문에, 가장 액수가 큰 500원짜리를 가장 많이 사용했을 때부터 시작해서 차례대로 2500원이 만들어지는 경우를 가정해 보자.

① 500원짜리 5개 : 500×5 = 2500원 → 동전의 수 5개 (×)

② 500원짜리 4개, 100원짜리 5개 : 500×4+100×5 = 2500원 → 동전의 수 4+5=9개 (×)

③ 500원짜리 4개, 100원짜리 4개, 50원짜리 2개 : 500×4+100×4+50×2 = 2500원 → 동전의 수 4+4+2 = 10개 (×)

④ 500원짜리 4개, 100원짜리 3개, 50원짜리 4개 : 500×4+100×3+50×4 = 2500원 → 동전의 수 4+3+4 = 11개 (○)

⑤ 500원짜리 4개, 100원짜리 2개, 50원짜리 6개 : 500×4+100×2+50×6 = 2500원 → 동전의 수 4+2+6 = 12개 (×)

문제 28 p108

정답 및 해설

답 11cm

해설 2cm, 3cm, 7cm의 종이테이프를 이용하여 보기의 원기둥의 높이를 정확히 재보면 다음과 같다.

① 1cm = 3cm - 2cm

② 6cm = 7cm - 3cm + 2cm

11cm는 이 종이테이프를 이용하여 높이를 정확히 잴 수 없다.

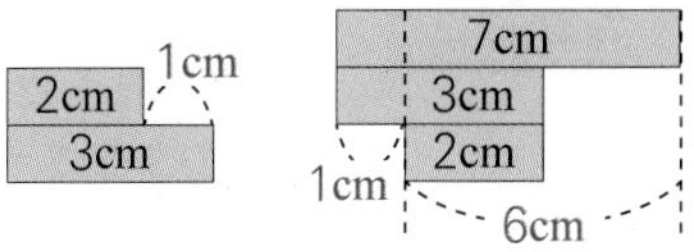

문제 29 p108

◆ 평가표

1 ~ 3가지	4 ~ 7가지	8가지
2점	3점	5점

정답 및 해설

답 총 8가지

① 딸기 케이크 2개, 곰보빵 2개

② 딸기 케이크 1개, 감자칩 4개

③ 딸기 케이크 1개, 감자칩 2개, 곰보빵 3개

④ 딸기 케이크 1개, 곰보빵 6개

⑤ 감자칩 6개, 곰보빵 1개

⑥ 감자칩 4개, 곰보빵 4개

⑦ 감자칩 2개, 곰보빵 7개

⑧ 곰보빵 10개

해설 가장 가격이 높은 딸기 케이크를 가장 많이 사는 경우부터 시작해서 가격이 낮은 간식들로 바꿔가며 금액을 맞춰가면 여러 가짓수를 찾을 수 있다.

문제 30 p109

◆ 평가표

1 ~ 2가지	3가지	4가지
2점	3점	5점

정답 및 해설

답 4가지

해설 1부터 8까지의 수를 모두 더하면 1+2+3+4+5+6+7+8 = 36이므로, 8장의 숫자 카드를 4장씩 나누었을 때 각각의 숫자 카드의 합이 36의 절반인 18이 되어야 한다.

① 1,4,5,8 / 2,3,6,7　　② 1,3,6,8 / 2,4,5,7

③ 1,2,7,8 / 3,4,5,6　　④ 2,3,5,8 / 1,4,6,7

총 4가지의 경우를 찾을 수 있다.

문제 31 p110

◆ 평가표

1 ~ 4개	5 ~ 9개	10개 이상
2점	3점	5점

출제자 예시 답안

① 1+1+1+1+1+1+1+1+1+1+1+1=12
② 2+2+2+2+2+2 = 12
③ 3+3+3+3 = 12
④ 4+4+4 = 12
⑤ 5+5+2 = 12
⑥ 6+6 = 12
⑦ 1+2+2+3+4 = 12
⑧ 6+4+2 = 12
⑨ 5+4+3 = 12
⑩ 6+5+1 = 12
⑪ 6+3+3 = 12
⑫ 4+3+3+2 = 12
⑬ 6+5+4-3 = 12
⑭ 6+4+3-1 = 12
⑮ 5+5+5-3 = 12

학생들 샘플 답안

① 6+5+4-3 = 12
② 6+6+6-6 = 12
③ 6+6 = 12
④ 1+5+6 = 12
⑤ 6+5+3-2 = 12
⑥ 4+6+5-3 = 12
⑦ 2+3+5+2 = 12
⑧ 5+4+3 = 12
⑨ 1+2+3+6 = 12
⑩ 2+6+4 = 12

문제 32 p110

◆ 평가표

1개	2개	3개
2점	3점	5점

정답 및 해설

답 ① 1+1+1+1+1=5(1을 5개 사용한 경우)
② 2+1+1+1=5(1을 3개, 2를 1개 사용한 경우)
③ 2+2+1=5(1을 1개, 2를 2개 사용한 경우)

해설 1과 2를 여러 번 더해서 5를 만드는 방법은 총 3가지이다.

문제 33 p111

◆ 평가표

1 ~ 3개	4 ~ 9개	10개
2점	3점	5점

정답 및 해설

답 39+1, 38+2, 36+4, 34+6, 32+8, 31+9, 27+13, 26+14, 24+16, 23+17

해설 덧셈을 한 번만 사용해서 40이 나와야 하므로 더하는 수들은 숫자를 붙여 두 자릿수로 만들어야 한다. 한 수가 가장 클 때의 식을 먼저 만들고, 점점 그 수를 작게 줄이면서 숫자들이 중복되지 않는 식을 찾아가면 모두 찾을 수 있다.

문제 34 p111

정답 및 해설

답 6개

해설 큰 숫자부터 정한 후 합이 13보다 커지는 작은 숫자를 찾는다.
① 큰 수가 9인 경우 : 9+5 = 14, 9+6 = 15, 9+7 = 16, 9+8 = 17
② 큰 수가 8인 경우 : 8+6 = 14, 8+7 = 15
이후로는 수의 합이 13보다 크지 않으므로 총 개수는 6개이다.

문제 35 p112

정답 및 해설

답 12장

해설 가능한 한 많은 쪽지를 만들기 위해서는 잘라내고 남는 종이를 최소화하는 것이 중요하다. 따라서 다음 그림과 같이 돌려서 잘라내면 남는 종이 없이 더 많은 쪽지를 잘라낼 수 있다.

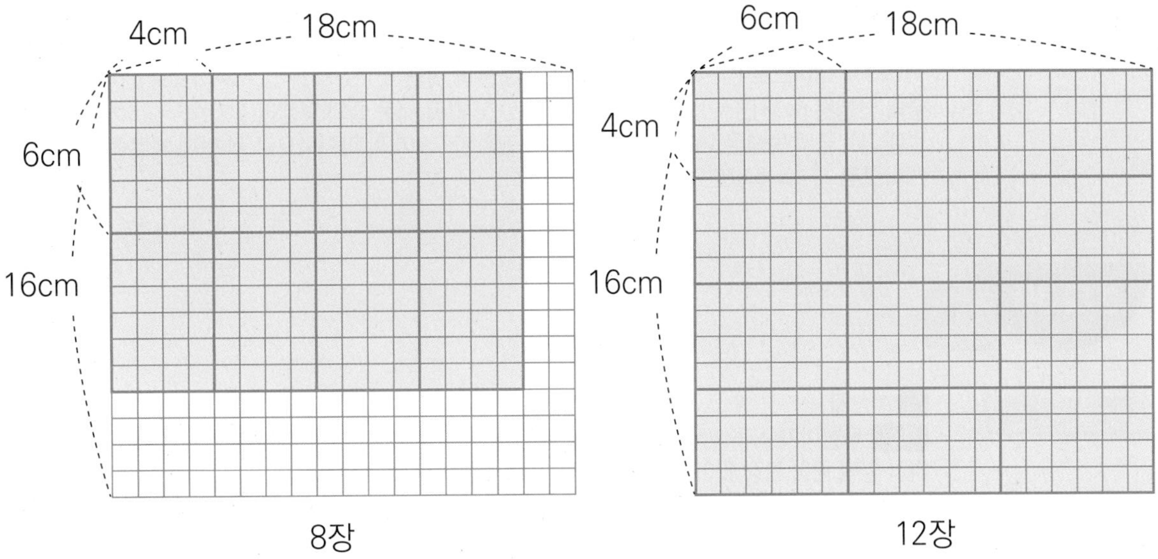

문제 36 p113

정답 및 해설

답 3

해설 가로, 세로, 대각선에 있는 세 수의 합이 모두 같아야 하는데, 오른쪽 세로 줄에 있는 분홍색의 세 수를 더하면 2+7+6 = 15이므로 세 수의 합은 모두 15가 되어야 한다. 다음으로 대각선의 초록색 세 수를 더하면 4+□+6 = 15가 되어야 하므로 가운데에 있는 칸에 들어갈 수는 5이다. 마지막으로 가운데 가로 줄에 있는 세 수를 더하면 A+5+7 = 15가 되어야 하므로, A에 들어갈 숫자는 3이라는 것을 알 수 있다.

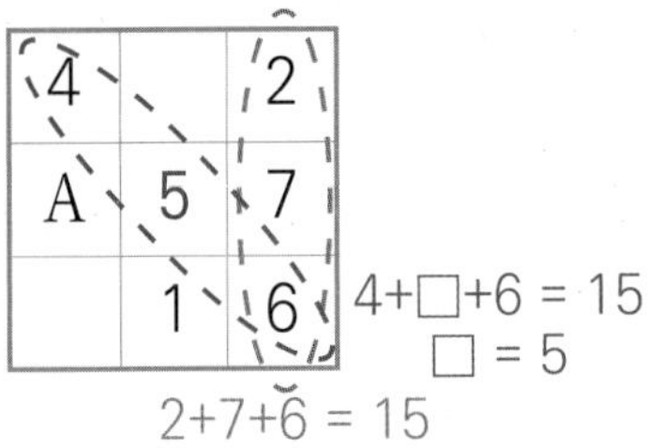

문제 37 p113

정답 및 해설

답

1	4	5	6
9	10	11	12
2	3	7	8

해설 1부터 12까지의 숫자 카드 중 1, 3, 6, 8, 11의 카드는 이미 놓여 있으므로 남은 카드는 2, 4, 5, 7, 9, 10, 12이다. 왼쪽에서 오른쪽으로 갈수록 숫자가 커지도록 놓아야 하는데, 두 번째 줄의 네 번째 빈 칸은 11보다 큰 수가 12밖에 없으므로 12를 놓아야 하고, 세 번째 줄의 첫 번째 빈 칸은 3보다 작은 수가 2밖에 없으므로 2를 놓아야 한다. 남은 카드 4, 5, 7, 9, 10에서 9와 10은 6보다도 크고 8보다도 크기 때문에 첫 번째 줄과 두 번째 줄에 들어갈 수 없다. 따라서 두 번째 줄의 11 앞 두 칸에 놓아야 한다. 남은 4, 5, 7에서 7 역시 6보다 크므로 첫 번째 줄에 놓을 수 없어 세 번째 줄의 8 앞에 놓고, 남은 4와 5가 첫 번째 줄의 1과 6 사이에 차례대로 놓으면 된다.

문제 38 p114

정답 및 해설

답

+	→			=
1	5	12	6	24
10	11	7	3	31
8	2	4	9	23
19	18	23	18	

해설 칸 안에 1부터 12까지의 수를 한 번씩 넣어야 하는데, 이미 들어가 있는 1, 2, 3, 8, 11 ,12를 제외하면 4, 5, 6, 7, 9, 10이 남는다. 한 칸씩만 비워져 있는 줄부터 차례대로 채워넣으면, 두 번째 세로 줄의 덧셈은 □+11+2 = 18이므로 □ = 5이고, 첫 번째 가로 줄의 덧셈이 1+5+12+□ = 24이므로 □ = 6이다. 네 번째 세로 줄의 덧셈은 6+3+□ = 18이므로 □ = 9이고, 첫 번째 세로 줄의 덧셈이 1+□+8 = 19이므로 □ = 10이며, 두 번째 가로줄의 덧셈은 10+11+□+3 = 31이므로 □ = 7이다. 마지막으로 세 번째 세로줄의 덧셈이 12+7+□ = 23이므로 □ = 4를 넣으면 된다.

문제 39 p114

정답 및 해설

답 A 상자

해설 무한이가 공을 꺼낼 때, 상자 안에 들어 있는 흰색 공이 많을수록 흰색 공을 많이 꺼낼 확률이 높다. 따라서 흰색 공이 가장 많이 들어 있는 A 상자에서 흰색 공이 가장 많이 나온다.

문제 40 p115

정답 및 해설

답 두 번

해설 상상이의 필통 안에는 총 4자루의 색연필이 있고, 이 중 3자루는 빨간색이고 한 자루는 초록색이다. 상상이가 처음 색연필을 한 자루 꺼낼 때 빨간색 색연필이 나오거나 초록색 색연필이 나올 것이다. 한 번에 바로 빨간색 색연필이 나오면 끝이 나지만 초록색 색연필이 나오면 한 번 더 꺼내야 하는데, 이때 한 자루 있던 초록색 색연필을 이미 꺼낸 후이므로 필통 안에 남은 세 자루 색연필은 모두 빨간색이다. 따라서 두 번째 상상이가 꺼내는 색연필은 반드시 빨간색이 되므로, 상상이가 꼭 빨간색 색연필을 꺼내려면 두 번 꺼내면 된다.

점수 통계

각 문항별 **평균 점수**

문항	1	2	3	4	5	6	7	8	9	10	11	12	13	14	15	16	17	18	19	20
학생들 평균 점수(점)	4.5	3.1	4.7	3.5	4.2	3.8	2	3.5	5	4.8	4	4.7	1.5	1.5	3.8	4.7	1	2.5	3.9	4.4

문항	21	22	23	24	25	26	27	28	29	30	31	32	33	34	35	36	37	38	39	40
학생들 평균 점수(점)	3.0	2.7	0.3	3.2	3.2	4.2	2.1	2.3	2.3	1.9	2.3	2.6	1.6	0.6	2.5	1.4	1.6	2.6	4.4	3.1

총점 평균 67.9/200점

점수에 따른 **성취도 등급**

등급	1등급	2등급	3등급	4등급	5등급
평가	119 ~ 200	90 ~ 120	60 ~ 89	30 ~ 59	29 이하

II 영재성 검사

04 공간 / 도형 / 퍼즐

1. 문제의 배점은 5점이며, 각 평가표에 점수 기준이 있습니다. / 각 단원 말미에서 성취도 등급을 확인하세요.
2. 학생들 샘플 답안은 서울시 서초구 소재의 한 초등학교 학생들이 직접 푼 것입니다.

문제 01 p116

◆ 평가표

1 ~ 2개	3 ~ 4개	5개 이상
3점	4점	5점

출제자 예시 답안

① 자로 선의 길이를 직접 재본다.
② 다른 종이에 선 3개의 길이를 표시하고 비교한다.
③ 다른 종이를 겹쳐 비치는 선을 따라 그린 후 가위로 잘라 서로 겹쳐서 비교한다.
④ 선 길이보다 작은 길이의 물건과 비교하여 각각 몇 개씩 들어가는지 잰다.
⑤ 두께가 일정한 철사를 선과 같은 길이로 자른 후 길이(혹은 무게)를 재어 비교한다.

학생들 샘플 답안

① 자로 잰다. ② 상상해 잰다. ③ 실로 잰다. ④ 뼘으로 잰다.
⑤ 줄로 잰다. ⑥ 빌(빌가락)로 잰다. ⑦ 수성기로 잰다. ⑧ 시로 늘어본다.
⑨ 어림한다. ⑩ 장난감 자동차로 잰다.

문제 02 p116

정답 및 해설

답 ㉣-㉮-㉯-㉰
해설 작은 네모칸을 반으로 자른 작은 삼각형이 각각 몇 개씩 들어가는지를 세어 본다.

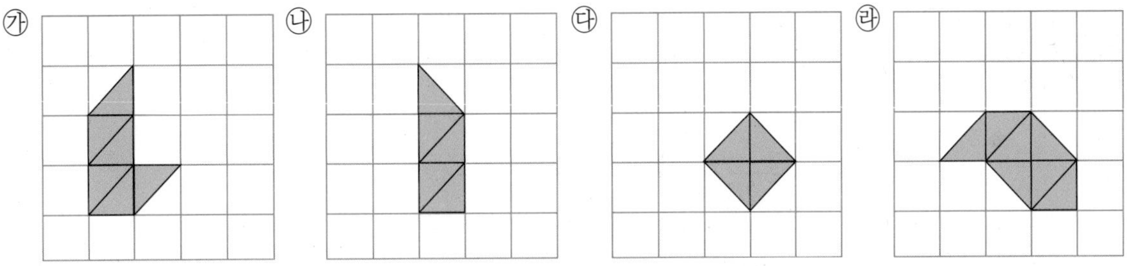

㉮ 6개 ㉯ 5개 ㉰ 4개 ㉣ 7개

색칠한 부분의 넓이가 넓을수록 바둑알을 더 많이 펼쳐놓을 수 있으므로 ㉣-㉮-㉯-㉰의 순으로 바둑알을 많이 놓을 수 있다.

문제 03 p117

◆ 평가표

1개의 길이만 맞췄을 경우	2점
모두 맞췄을 경우	4점
설명이 들어갔을 때 각각 추가 점수	+1점

정답 볼펜 8cm, 연필 5cm

출제자 예시 답안 12cm짜리 자의 눈금이 모눈종이 6칸과 같으므로, 모눈종이 한 칸의 길이가 2cm인 것을 알 수 있다. 볼펜은 모눈 4칸을 차지하고 있으므로 $2 \times 4 = 8$cm이고, 연필은 2칸하고 반 칸을 차지하고 있으므로 $2 \times 2+1 = 5$cm이다.

학생들 샘플 답안

① 볼펜 8cm 왜냐하면 1칸에 2cm이니 2cm씩 세어보면 8cm가 된다.
② 볼펜이 차지하고 있는 칸은 세로로 4칸인데, 그걸 가로 4칸으로 돌리면 8cm이다. 연필은 6~11cm 사이에 있으므로 5cm이다.
③ 자로 쟀을 때 한 칸이 2cm이니까 볼펜은 4칸이니 2×4 = 8(cm)이니 볼펜은 8cm이고 연필은 2칸 반이니까 2×2+1 = 5(cm)이니 연필은 5cm이다.

문제 04 p118

정답 및 해설

답 ㉯
해설 ㉮ ~ ㉱의 도형이 몇 개의 모눈 칸을 차지하는지를 세면 ㉮ 5칸 ㉯ 5칸 ㉰ 6칸 ㉱ 4칸이므로, ㉮와 넓이가 같은 도형은 ㉯이다.

문제 05 p119

◆ 평가표

1개 맞췄을 때	2개 맞췄을 때	모두 맞췄을 때
3점	4점	5점

정답 및 해설

답 ㉮ - ㉲, ㉴ - ㉶, ㉱ - ㉳
해설 크기와 모양이 같은 도형이 조금씩 돌아가 있으므로 이는 같은 도형으로 생각한다.

문제 06 p120

◆ 평가표

1개 맞췄을 때	2개 맞췄을 때	모두 맞췄을 때
3점	4점	5점

정답 및 해설

답 (1) ② (2) ④ (3) ③
해설 (1) ①, ③, ④, ⑤는 원 안에 다른 도형이 들어 있는데, ②는 도형 안에 원이 들어 있다.
(2) ①, ②, ③, ⑤는 두 도형이 겹쳐진 부분이 있는데, ④는 두 도형이 겹쳐져 있지 않다.
(3) ①, ②, ④, ⑤는 붙어있는 두 선 위를 다른 선이 모두 지나가는데, ③은 한쪽 선 위만 지나간다.

문제 07 p121

정답 및 해설

답 ③

해설 ① 정사각형을 대각선으로 2개의 삼각형으로 나누어 그 중 한 개를 칠했으므로 $\frac{1}{2}$이다.

② 정사각형을 2개의 가로로 긴 직사각형으로 나누어 그 중 한 개를 칠했으므로 $\frac{1}{2}$이다.

③ 정사각형을 9개의 정사각형으로 나누어 그 중 5개를 칠했으므로 $\frac{5}{9}$이다.

④ 정사각형을 4개의 정사각형으로 나누어 그 중 2개를 칠했으므로 $\frac{2}{4}=\frac{1}{2}$이다.

⑤ 정사각형을 9개의 정사각형으로 나눈 것 같아 보이지만 실제로 칠한 부분은 정사각형을 8개의 삼각형으로 나누어 그 중 4개를 칠한 것이다. 따라서 $\frac{4}{8}=\frac{1}{2}$이다.

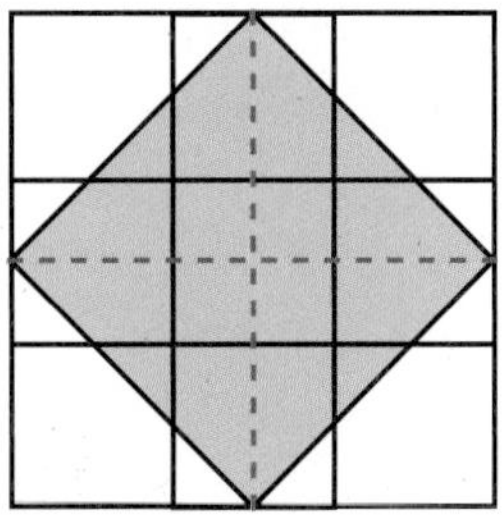

문제 08 p121

정답 및 해설

답 ③

해설 ②는 ①을 시계 방향으로 180° 회전한 후 좌우를 반전시킨 그림이다.
④는 ②를 시계 방향으로 180° 회전시킨 그림이다.
⑤는 ②를 시계 방향으로 90° 회전시킨 그림이다.

문제 09 p122

출제자 예시 답안

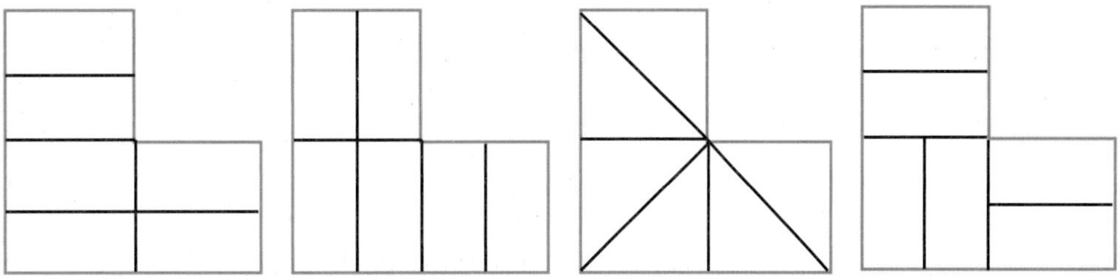

학생들 샘플 답안

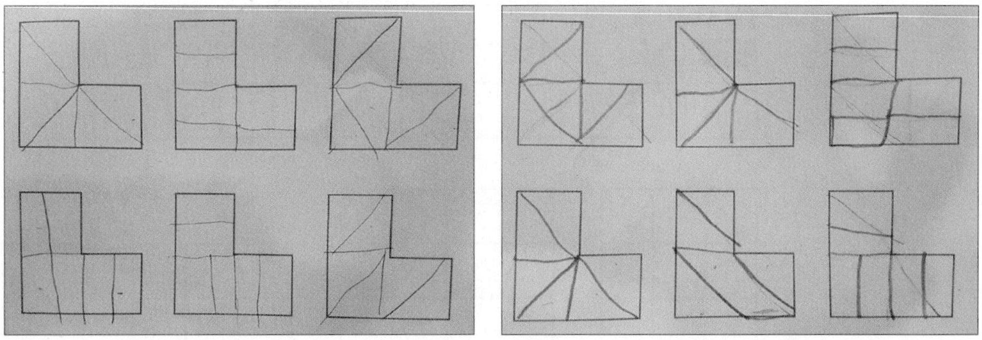

문제 10 p123

정답 및 해설

답 ②, ⑤

해설 조각이 들어가 완성된 퍼즐의 모양은 다음과 같다.

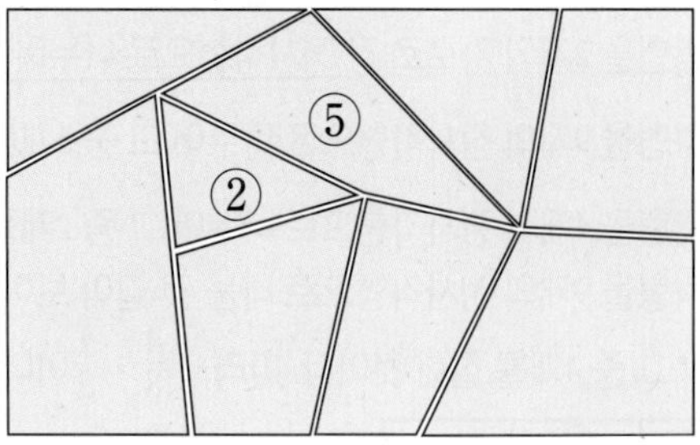

문제 11 p124

정답 및 해설

답 ①

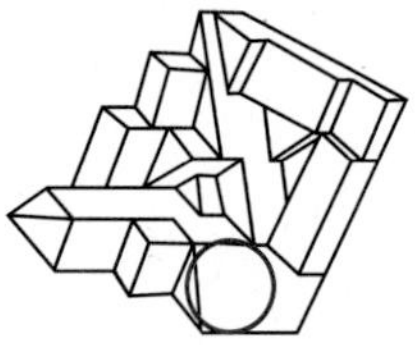

②

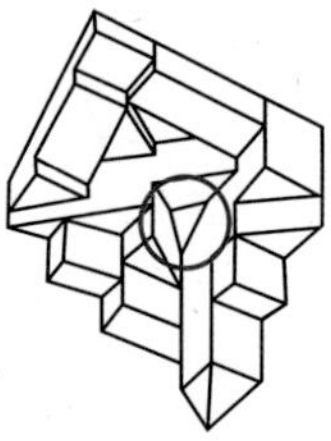

③

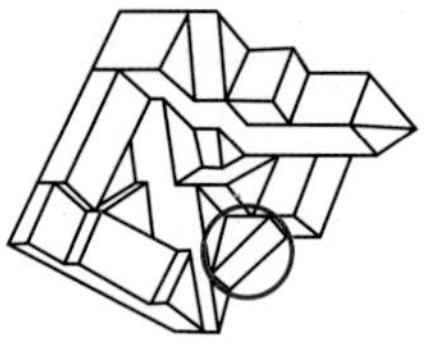

④

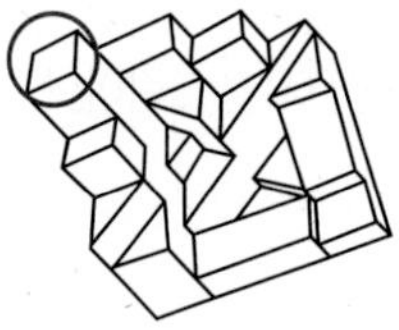

⑤

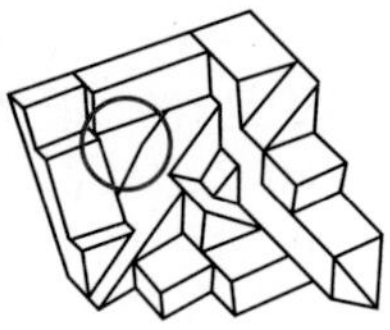

문제 12 p125

문항 분석 및 평가표

◆ 문항 분석 : 사각형에는 정사각형과 직사각형이 있으므로, 주어진 그림 안에서 다양한 크기와 모양의 사각형을 찾음으로써 유창성과 정교성을 평가하는 문제입니다.

◆ 평가표

1 ~ 6가지	7 ~ 9가지
3점	5점

정답 및 해설

답 9가지

해설 주어진 그림에서 찾을 수 있는 크기가 다른 사각형의 종류는 다음과 같다.

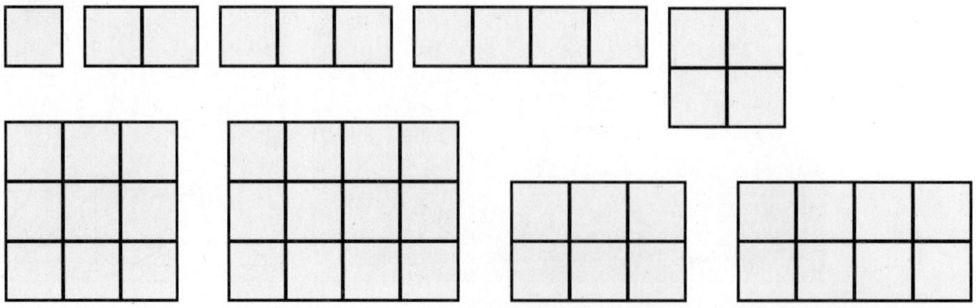

문제 13 p125

◆ 평가표

1 ~ 2개	3 ~ 5개	6개
2점	3점	5점

정답 및 해설

답

☆	●	☆	♥

☆	♥	☆	●

●	☆	♥	☆

♥	☆	●	☆

☆	●	♥	☆

☆	♥	●	☆

해설 나란히 놓지 못하는 ☆카드부터 위치를 잡은 후 나머지 카드를 배치한다.

문제 14 p126

정답 및 해설

답 상상이가 먼저 공기돌을 가져와야 하고, 처음에 1개의 공기돌을 가지고 간 후에 상대방이 1개의 공기돌을 가지고 가면 2개, 상대방이 2개의 공기돌을 가지고 가면 1개를 가지고 가면 반드시 이길 수 있다.

해설 마지막 공기돌을 가지고 가는 사람이 이기는 게임인데, 상대가 1개를 가져가면 내가 1개를, 상대가 2개를 가져가면 내가 1개를 가져가는 방식으로 항상 둘이서 3개의 공기돌을 가져가도록 만들 수 있다. 게임에서의 7개의 공기돌은 3개씩 2묶음이 나오고 1개의 공기돌이 남으므로 상상이가 먼저 남는 1개의 공기돌을 가져간 후 무한이가 1개를 가져가면 2개, 무한이가 2개를 가져가면 1개를 가져가면 마지막 공기돌은 반드시 상상이가 가져갈 수 있다.

문제 15 p126

정답 및 해설

답 7개

해설 가장 적은 수의 바둑알을 옮기려면 (가)의 바둑알 배치와 (나)의 바둑알 배치가 최대로 겹쳐지는 부분을 찾아내야 한다. 오른쪽 그림의 까만 부분이 가장 많이 겹쳐졌을 때의 바둑알 배치이고, (가)에서 남는 회색 바둑알만 파란색 바둑알의 위치로 옮기면 (나)의 모양을 만들 수 있다.

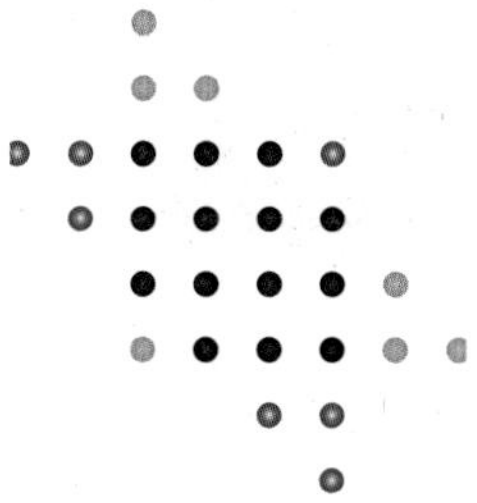

문제 16 p127

정답 및 해설

답

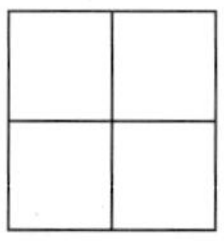

해설 주어진 도형을 보면 각 줄의 첫 번째와 두 번째 도형이 겹쳐진 모양이 세 번째 도형이라는 것을 알 수 있다. 따라서 점선 안에 들어갈 도형은 세 번째 줄의 첫 번째와 두 번째 도형이 겹쳐진 모양이다.

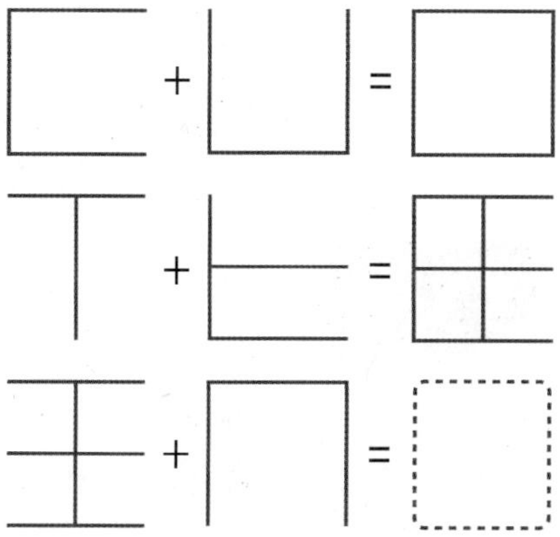

문제 17 p127

정답 및 해설

답

해설 주어진 그림을 보면 첫째 줄에 있는 도형들이 아래로 갈수록 같은 모양, 작은 크기의 도형이 더해진다는 것을 알 수 있다. 따라서 둘째 줄에는 같은 모양의 도형이 2개씩, 셋째 줄에는 같은 모양의 도형이 3개씩 들어가므로, 가운데 빈칸에 들어갈 도형의 모양은 원이 2개가 겹쳐진 모양이다.

문제 18 p128

◆ 평가표

1개 맞췄을 때	모두 맞췄을 때
3점	5점

정답 및 해설

답
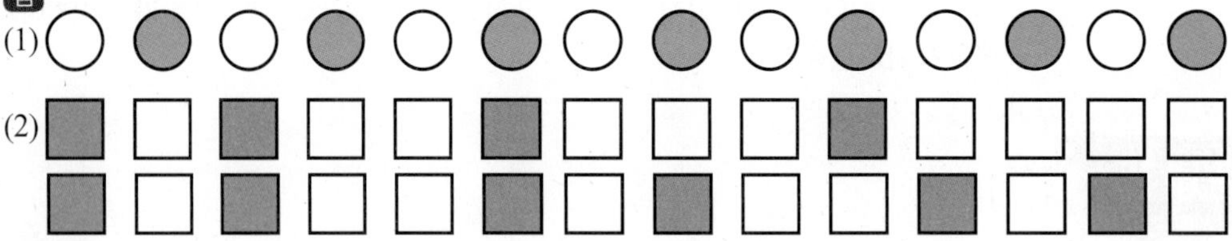

해설 주어진 그림에서 어떻게 규칙을 찾느냐에 따라 다른 답이 나올 수 있다.

문제 19 p128

◆ 평가표

1가지 찾았을 때	모두 찾았을 때
3점	5점

정답 및 해설

답
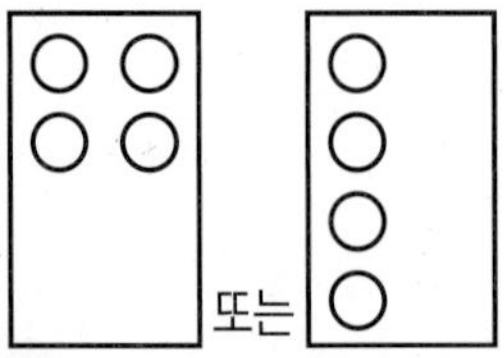

해설 왼쪽 위에서부터 2개씩 동그라미가 늘어나는 규칙을 찾을 수 있는데, B에서 2개의 동그라미가 오른쪽을 먼저 채울지 아래쪽을 먼저 채울지에 따라 두 가지 경우의 답을 찾을 수 있다.

문제 20 p129

정답 및 해설

답 검은 돌 10개, 흰 돌 15개

해설 각 단계로 만들 때마다 추가되는 돌의 색깔과 갯수를 적어보면 1단계는 흰 돌 1개, 2단계는 검은 돌 3

개, 3단계는 흰 돌 5개가 추가로 쓰였다. 따라서 홀수 번째에는 흰 돌을, 짝수 번째에는 검은 돌을 추가하고, 순서가 늘어날수록 사용하는 돌의 수가 2개씩 늘어난다. 4단계는 검은 돌 7개, 5단계는 흰 돌 9개가 쓰이므로 5단계 모양 안에는 흰 돌 1+5+9=15개, 검은 돌 3+7=10개가 쓰인다.

문제 21 p130

정답 및 해설

답 8층

해설 쌓기블럭을 첫 계단에 1개, 2번째 계단에 2개, 3번째 계단에 3개의 순으로 쌓아 올라가야 한다. 따라서
1+2+3+4+5+6+7+8=36개이므로 8층까지 쌓을 수 있다.

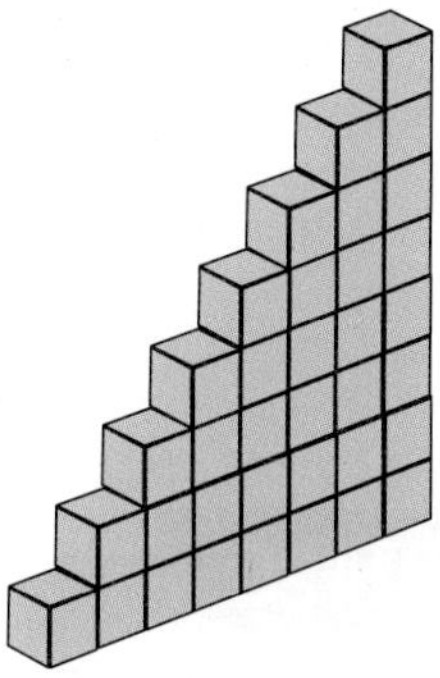

문제 22 p130

정답 및 해설

답

◇	☆	○	◇	☆	○	◇	☆	○
☆	○	◇	☆	○	◇	☆	○	◇
○	◇	☆	○	◇	☆	○	◇	☆
◇	☆	○	◇	☆	○	◇	☆	○
☆	○	◇	☆	○	◇	☆	○	◇
○	◇	☆	○	◇	☆	○	◇	☆
◇	☆	○	◇	☆	○	◇	☆	○
☆	○	◇	☆	○	◇	☆	○	◇
○	◇	☆	○	◇	☆	○	◇	☆

해설 그림의 도형들이 놓인 규칙은 ◇, ☆, ○ 세 도형이 차례대로 오른쪽 위에서 왼쪽 아래로 내려오는 대각선으로 배열되는 것으로, 다르게는 가로나 세로로 ◇, ☆, ○의 순서가 반복된다고 말할 수도 있다.

문제 23 p131

정답 및 해설

답 위 : ① 앞 : ⑦ 옆 : ④

해설 어느 위치에서 보았을 때의 평면 모습을 고르는 것은 그 위치에서 보일 면들을 하나씩 이어나가는 방법으로 알아낼 수 있다.

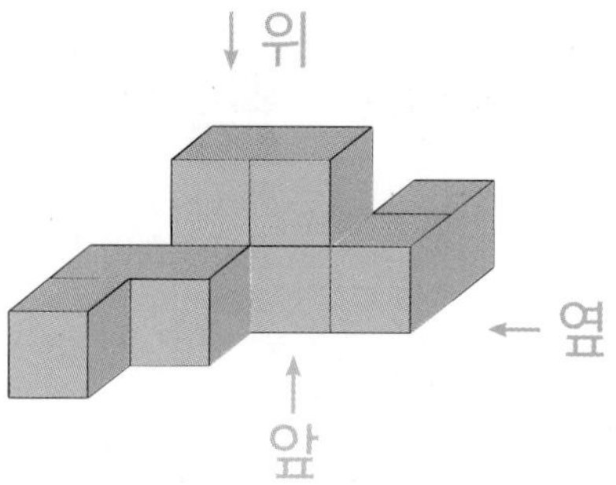

문제 24 p132

◆ 평가표

1개 맞췄을 때	모두 맞췄을 때
3점	5점

정답 및 해설

답 (1) 7개 (2) 7개

해설 쌓기블럭의 모양을 각각 그려보면 다음과 같다.

(1)

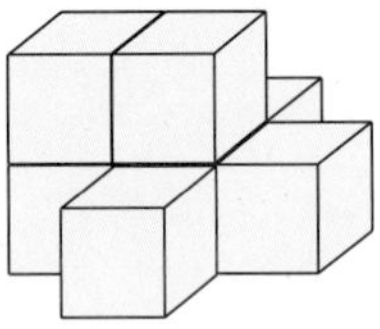

(2)

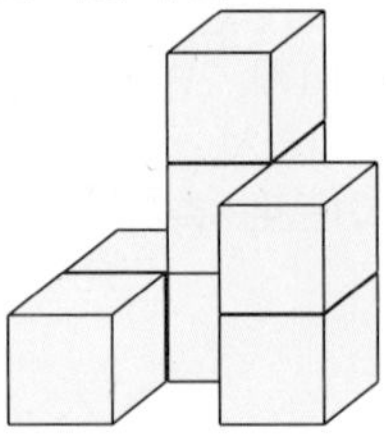

문제 25 p133

◆ 평가표

1개 맞췄을 때	모두 맞췄을 때
3점	5점

정답 및 해설

답 (1)

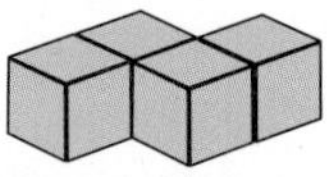

(2)

해설 전체 쌓기블럭의 개수를 먼저 세고, 그 모양을 똑같은 두 조각으로 나누는 것이므로 그 절반으로 이루어진 모양을 찾는다.

문제 26 p134

◆ 평가표

1개 맞췄을 때	2개 맞췄을 때	모두 맞췄을 때
3점	4점	5점

정답 및 해설

답 (1) 11개 (2) 9개 (3) 12개

해설 윗층에 나무블럭이 놓여 있다면 보이지 않는 아래 부분에도 나무블럭이 있어야 한다는 점을 주의해서 세어 보자.

문제 27 p134

정답 및 해설

답 5개

해설 주사위는 마주 보는 면에 있는 점의 합이 항상 7이므로 1의 마주 보는 면의 점은 6이고, 2의 마주 보는 면의 점은 5이며, 3의 마주 보는 면의 점은 4이다. 이를 이용하여 길을 따라 주사위를 굴렸을 때 바닥에 오는 면을 그려보면 오른쪽과 같다.

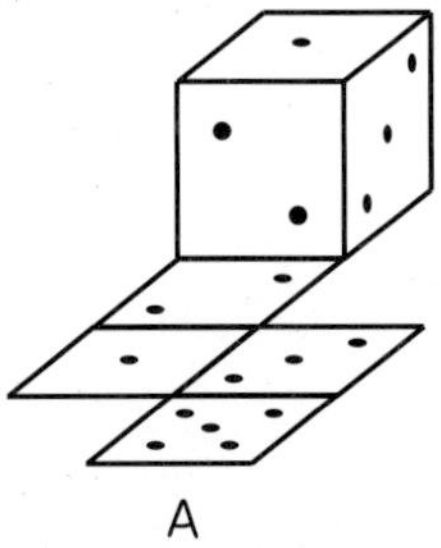

문제 28 p135

정답 및 해설

답

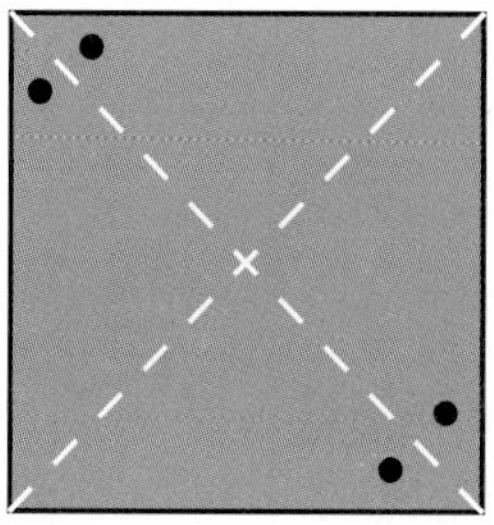

해설 접은 색종이에 구멍을 뚫은 위치를 보고 거꾸로 거슬러 올라가 보자.

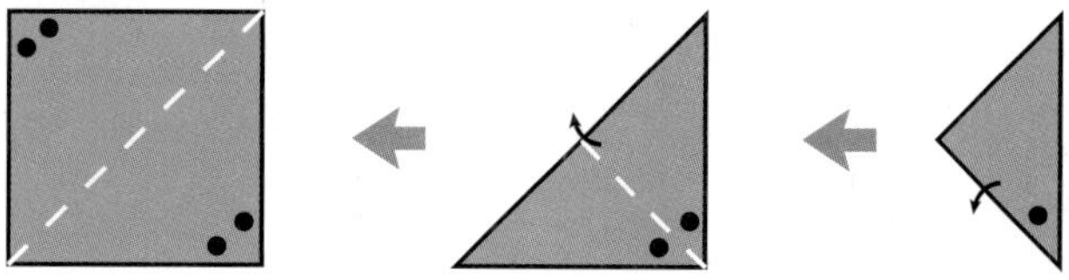

문제 29 p136

정답 및 해설

답 ㉠

해설 크기가 같은 색종이이므로 맨 위에 있는 색종이 ②부터 한 장씩 빼면서 겹쳐진 부분을 생각해 본다.

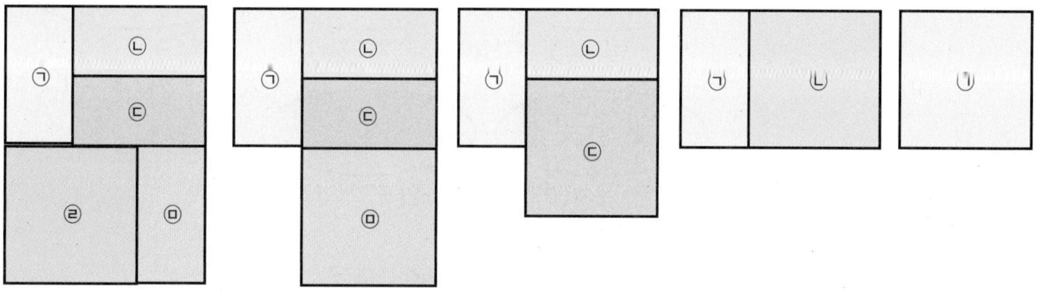

문제 30 p137

정답 및 해설

답

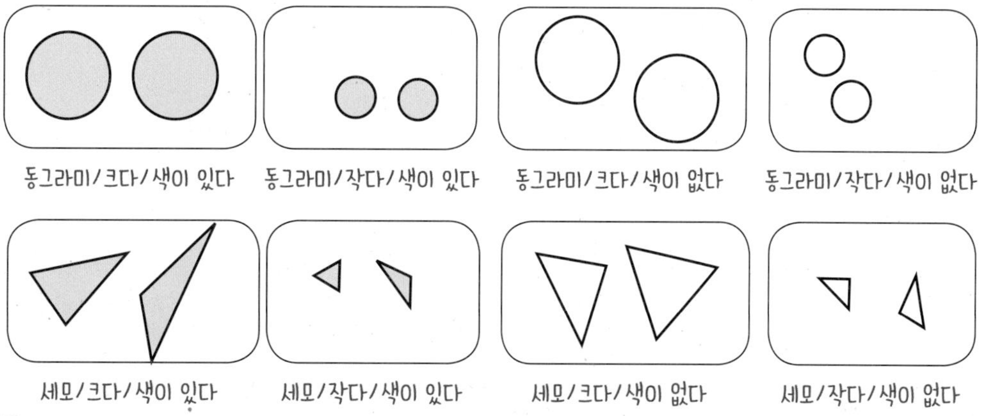

해설 분류의 기준은 동그라미/세모, 크기가 크고/작고, 그리고 색이 있고/없고의 세 가지이다. 분류 순서는 상관없다.

문제 31 p138

◆ 평가표

1개 맞췄을 때	2개 맞췄을 때	모두 맞췄을 때
3점	4점	5점

정답 및 해설

답 (1) 배추 (2) 자동차 (3) 곰인형

해설 (1) 사과, 배, 바나나, 포도는 모두 과일이지만 배추는 채소이다.
(2) 사탕, 우유, 식빵, 케이크는 모두 음식이지만 자동차는 음식이 아니다.
(3) 연필, 삼각자, 연필깎이, 지우개는 모두 학용품이지만 곰인형은 학용품이 아니다.

문제 32 p139

문항 분석 및 평가표

◆ 문항 분석 : 주어진 그림에서 다른 개체들과 다르게 나타나는 특징들을 찾아내고 그에 맞춰 분류하는 정교성과, 다양한 요소들을 이용하여 분류하는 유창성을 평가하는 문제입니다.

◆ 평가표

1개 맞췄을 때	2개 맞췄을 때	모두 맞췄을 때
3점	4점	5점

출제자 예시 답안

(①④⑤⑥) (②③)
기준 : 눈사람의 손가락이 2개인가 3개인가

(①②⑥) (③④⑤)
기준 : 눈사람의 눈꼬리가 올라가있나 내려가있나

(①④⑤) (②③⑥)
기준 : 눈사람의 단추가 2개인가 3개인가

학생들 샘플 답안

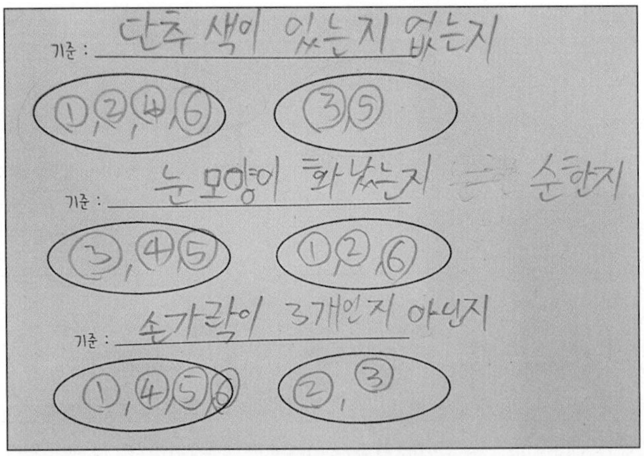

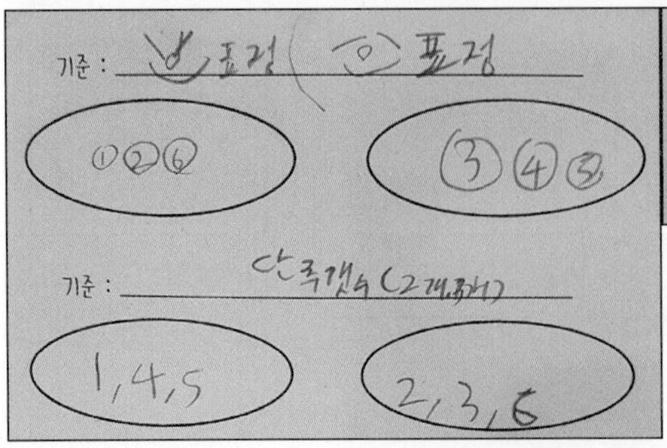

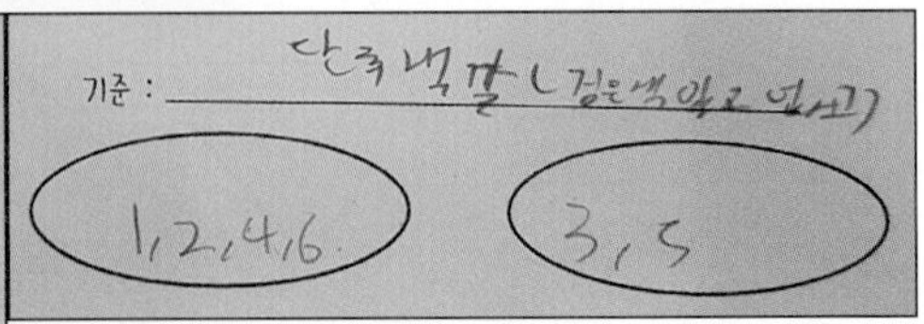

문제 33 p140

정답 및 해설

답

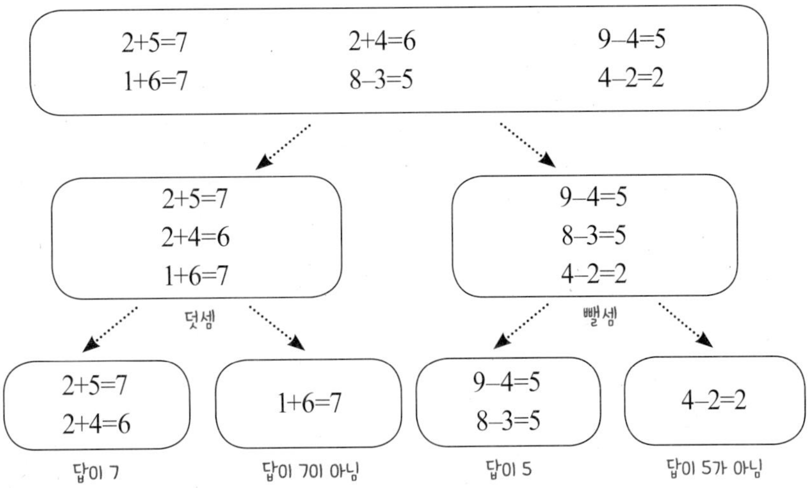

해설 덧셈과 뺄셈으로 분류한 후, 덧셈 중에서 답이 7인 것과 7이 아닌 것, 뺄셈 중에서 답이 5인 것과 5가 아닌 것으로 분류한다.

문제 34 p141

정답 및 해설

답 (1)-②, (2)-①, (3)-③

해설 (1) 연필과 공책 - ⑤ 화이트보드와 보드마카 : 글을 쓰는 역할을 한다.

(2) 맨손과 장갑 - ① 맨발과 신발 : 몸에 입어 보호하는 역할을 한다.

(3) 소와 외양간 - ③ 금붕어와 어항 : 동물을 가두고 보호하는 역할을 한다.

문제 35 p142

◆ 평가표

1개 맞췄을 때	2개 맞췄을 때	3개 맞췄을 때	모두 맞췄을 때
2점	3점	4점	5점

정답 및 해설

답 (1) ㉯ (2) ㉰ (3) ㉱ (4) ㉮

해설 각 그림은 다음과 같은 도형의 조합으로 만들어졌다.

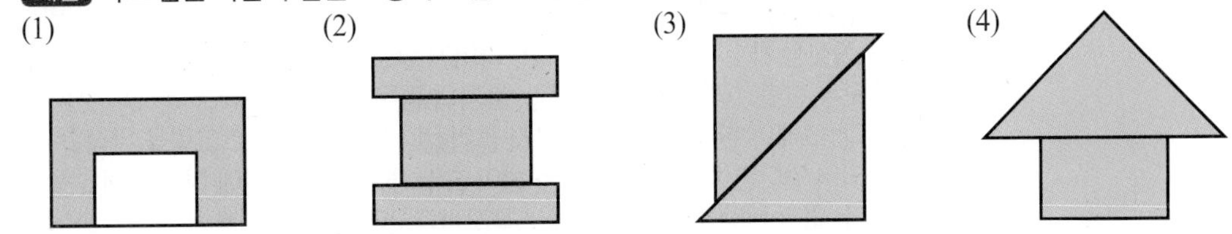

문제 36 p143

문항 분석 및 평가표

◆ 문항 분석 : <보기>의 문장이 설명하는 도형의 모양과 위치를 바르게 이해하는 정교성을 평가하는 문제입니다.

◆ 평가표

1개 맞췄을 때	2개 맞췄을 때	3개 맞췄을 때	모두 맞췄을 때
2점	3점	4점	5점

출제자 예시 답안

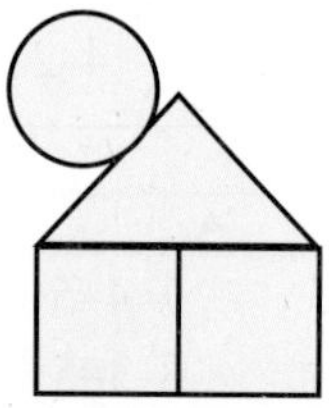

학생들 샘플 답안

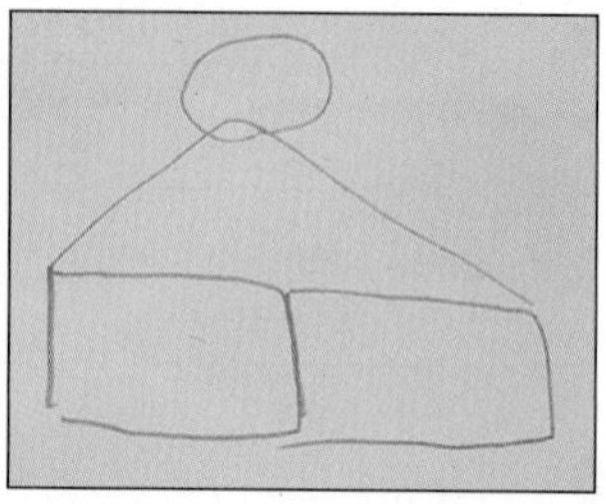

<올바른 예시>

<잘못된 예시>

문제 37

p144

정답 및 해설

답 (1) (2)

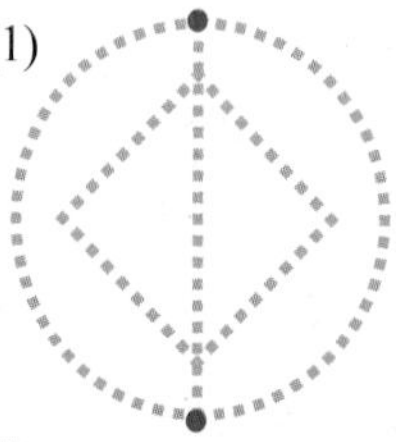

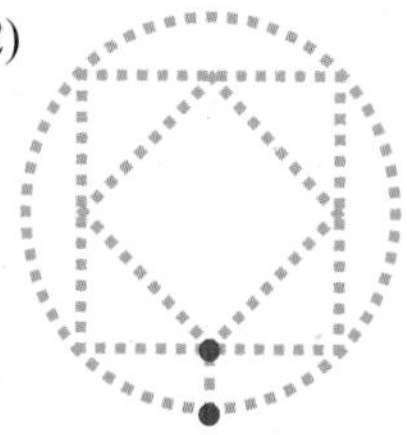

해설 한붓그리기는 한 번 지나간 선으로는 다시 지나가지 않고 모든 선을 이어 그림을 완성하는 것으로, 한붓그리기가 가능한 도형의 조건은 두 경우가 있는데, 하나는 모든 꼭짓점에 연결된 선이 짝수인 경우이고, 다른 하나는 꼭짓점 차수가 2개만 홀수이고, 나머지는 모두 짝수인 경우이다. 전자의 경우에는 어느 꼭짓점에서 출발해도 모두 한붓그리기가 가능하지만, 후자의 경우에는 처음 시작하는 점이 선이 홀수로 연결되어 있는 점이어야 한다. 그래야 한 번 나간 후에 다시 들어갔다 나가는 것으로 그림을 완성할 수 있기 때문이다. 선이 짝수로 연결되어 있다면 처음 나간 후에는 선이 홀수 개가 남기 때문에 다시 들어왔을 때 돌아나갈 수 없어 모든 선을 그릴 수 없게 된다. 문제의 그림에서 꼭짓점과 연결된 선의 수를 세어 짝수와 홀수로 나누면 다음과 같다.

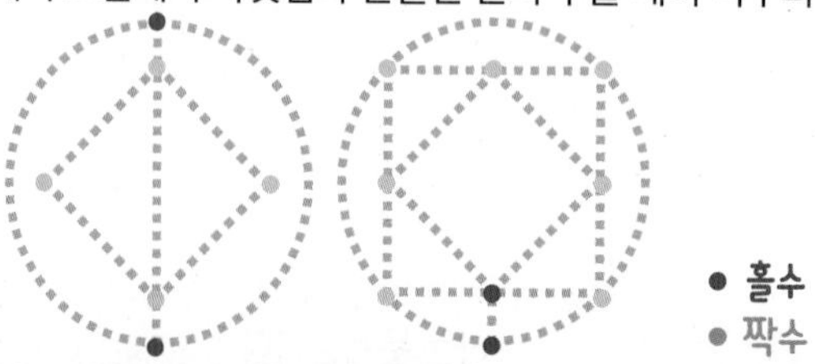

두 문제 모두 2개의 홀수 변으로 연결된 꼭짓점과 나머지 짝수 변으로 연결된 꼭짓점이 존재하므로, 홀수 변으로 연결된 꼭짓점 2개 중 하나에서 그리기를 시작하면 한붓그리기를 할 수 있다.

문제 38 p145

정답 및 해설

답

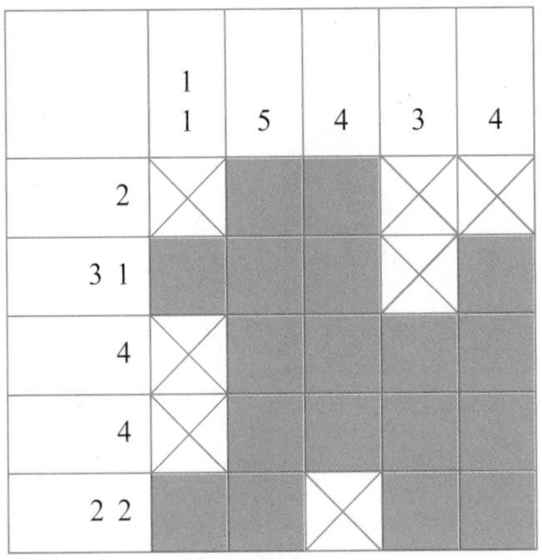

해설 5는 모든 칸을 색칠해야 하는 줄이고, 3이나 4처럼 한쪽 끝에 몰아도 반드시 색칠해야 하는 부분이 있는 곳을 먼저 찾아 색칠한다. 숫자가 두 개인 줄은 항상 1개 이상의 빈 칸을 사이에 두고 있어야 하므로 비어있어야 하는 칸에 × 표시를 하면 쉽게 채울 수 있다.

문제 39 p146

정답 및 해설

답

4	1	6	5	2	3
5	3	2	4	6	1
1	6	5	3	4	2
3	2	4	1	5	6
6	5	1	2	3	4
2	4	3	6	1	5

해설 스도쿠는 가로와 세로, 작은 격자 안에서 겹치지 않게 숫자를 채워 넣는 숫자 퍼즐이다. 같은 줄에는 1에서 6까지의 숫자를 한 번만 넣고, 2×3칸의 작은 격자 또한 1에서 6까지의 숫자가 겹치지 않게 들어가야 한다. 따라서 가장 많은 숫자가 채워져 있는 줄에서부터 하나씩 조건에 맞는 숫자를 채워나가면 된다.

문제 40 p147

문항 분석 및 평가표

◆ 문항 분석 : <보기>의 힌트와 예에서 식을 만들어 내는 규칙을 찾는 정교성과, 찾은 규칙을 응용하여 새로운 문제를 만들어내는 독창성을 평가하는 문제입니다.

◆ 평가표

덧셈이나 뺄셈 문제를 1개 만들었을 때	2점
덧셈과 뺄셈 문제를 각각 1개 이상 만들었을 때	4점
각 문제의 그림이 식과 알맞게 이어졌을 때 추가 점수	+1점

학생들 샘플 답안

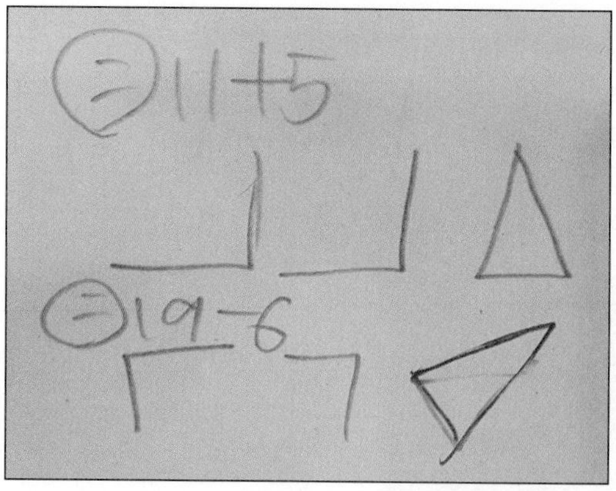

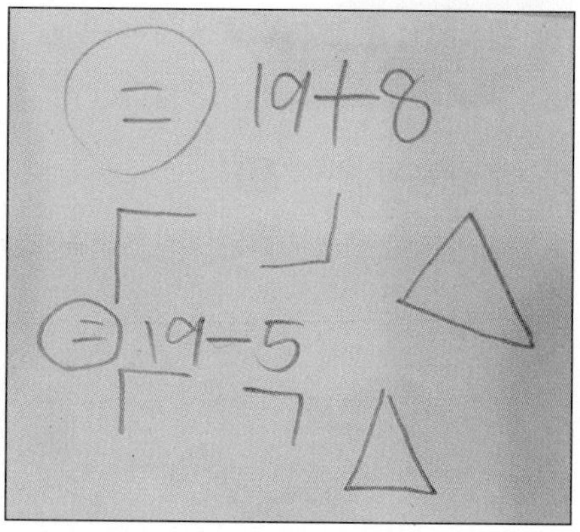

점수 통계

각 문항별 평균 점수

문항	1	2	3	4	5	6	7	8	9	10	11	12	13	14	15	16	17	18	19	20
학생들 평균 점수(점)	3.3	1	2.2	3.4	2.8	3.9	2.4	2.1	3.3	1.4	2.9	2.9	2.8	1.2	0	2.2	5	4.3	2.5	1.9

문항	21	22	23	24	25	26	27	28	29	30	31	32	33	34	35	36	37	38	39	40
학생들 평균 점수(점)	2.1	4.3	3.8	3.3	3.5	3.3	3.3	2.5	2.9	0	4.9	4	2.7	4.3	3.5	3.4	2.9	1.2	2.1	1.9

총점 평균 63.3/200점

점수에 따른 성취도 등급

등급	1등급	2등급	3등급	4등급	5등급
평가	110 ~ 200	80 ~ 109	50 ~ 79	20 ~ 49	19 이하

05 과학 창의성

1. 문제의 배점은 5점이며, 각 평가표에 점수 기준이 있습니다. / 각 단원 말미에서 성취도 등급을 확인하세요.
2. 학생들 샘플 답안은 서울시 서초구 소재의 한 초등학교 학생들이 직접 푼 것입니다.

문제 01 p148

문항 분석 및 평가표

◆ 문항 분석 : 생활 속의 물건에서 어떤 과학적인 원리를 이용하는지의 융통성과 어떤 목적을 위해 이용하는지의 정교성을 평가하는 문제입니다.

◆ 평가표

봉지 안에 공기가 들어있는 이유를 설명했을 때	2점
봉지 안에 공기가 들어있는 이유를 맞게 설명했을 때	4점
봉지 안에 그냥 공기가 들어있는 게 아니라는 것을 알 때 추가점수	+1점

출제자 예시 답안

봉지 안에 과자만 꽉 채우면 과자를 옮기다가 떨어뜨리거나 위에서 눌렀을 때 과자가 모두 부서져 버릴 것이다. 과자가 부서지지 않게 하기 위해 봉지에 공기를 집어넣는다. 안에 들어 있는 공기는 그냥 공기가 아니라 질소만 넣은 것으로, 질소만 넣으면 과자가 잘 상하지 않는다.

학생들 샘플 답안

· 과자를 눅눅하게 하지 않기 위해. 과자가 많아 보이게 하려고.
· 과자를 흔든거나 (봉지 째로) 뒤집었을 때, 과자가 부서지는 것을 막기 위해서 공기가 들어 있는 것이다.
· 과자 안에는 공기의 대부분을 차지하는 "질소"가 들어있는데, 질소는 과자나 다른 음식이 상하지 않게 도와주기 때문이다.
· 그것은 공기가 아니라 질소고 공기를 넣으면 과자의 맛을 변하게 하여 질소라는 것을 넣는데 질소를 과자를 보호해 주어서 질소를 넣는 거다.

문제 02 p149

◆ 평가표

달의 표면에 발자국이 남은 이유를 설명했을 때	2점
달의 표면에 발자국이 남은 이유를 맞게 설명했을 때	4점
공기와 바람이 없는 것이 왜 발자국을 남게 하는지 이유를 설명했을 때 추가점수	+1점

출제자 예시 답안

공기도 없고 물도 없기 때문에 흙을 날릴 바람이 일어나지 않고, 비도 내리지 않는다. 또 공기와 물이 없으니 생물이 살지 않아 또 다른 발자국으로 발자국이 지워지지도 않는다.

학생들 샘플 답안

· 공기가 없어서 · 공기, 물, 바람, 비가 없기 때문
· 달은 조금 물렁한데, 시간이 지나면서 점점 딱딱해져서 굳었기 때문이다.

문제 03 p150

◆ 평가표

박쥐가 잘 날아다닐 수 있는 이유를 설명했을 때	2점
박쥐가 잘 날아다닐 수 있는 이유를 맞게 설명했을 때	4점
박쥐가 잘 날아다닐 수 있는 이유를 여러 가지 측면에서 설명했을 때 추가점수	+1점

출제자 예시 답안

· 어둠 속에서도 보일 만큼 눈이 좋다.(적외선을 볼 수 있다.)
· 동굴에서 들리는 소리를 듣고 피해다닌다.(초음파를 내고 들을 수 있다)

학생들 샘플 답안

· 초음파를 들을 수 있어서. · 박쥐는 눈이 좋아서.
· 물건이 움직이는 소리를 듣고 피해서.
· 박쥐는 야행성인데, 초음파를 감지해서 앞에 무엇이 있는지 알 수 있기 때문이다.
· 박쥐는 음파를 보내 뭐가 어디 있는지 알아서 밤에 먹이를 잡는다.
· 초음파를 쏘아 장애물에 부딪쳐 다시 박쥐에게 돌아와서 무엇이 앞을 막고 있는지 알기 때문

문제 04 p151

◆ 평가표

땅에 귀를 대고 소리를 들은 이유를 설명했을 때	3점
땅에 귀를 대고 소리를 들은 이유를 맞게 설명했을 때	5점

출제자 예시 답안

땅이 공기보다 소리가 더 빨리 잘 전달되어 진동의 빠르기를 명확히 듣고 적의 움직임을 알 수 있었기 때문이다.

학생들 샘플 답안

· 고체도 소리가 전달되어서 들을 수 있을 것 같다.
· 말이 땅에서 달리니까 땅에서 소리가 울릴 거라고 생각했기 때문에
· 땅을 통해서 소리를 들으면 조금 더 멀리서 들려오는 소리도 잘 들을 수 있기 때문이다.
· 공기로 전달되는 건 잘 안 들리고 바닥에 귀를 대면 말발굽 소리와 땅이 울리는 게 느껴져서

문제 05 p152

◆ 평가표

바다의 높이가 높아지지 않는 이유를 설명했을 때	3점
바다의 높이가 높아지지 않는 이유를 맞게 설명했을 때	5점

출제자 예시 답안

강줄기는 처음 산에서부터 시작되는데, 이때 산에서부터 흘러내리는 물은 비가 내려 모인 물이다. 또 비는 공기 중의 수증기가 구름을 만들고 내리는 것인데, 이 수증기가 만들어지기 위해서는 바다나 강에서 물의 증발이 일어나야 한다. 바다에는 강에서 계속 물이 들어가지만 물이 들어오는 만큼 바다에서 공기 중으로 증발이 일어나기 때문에 바다의 높이는 높아지지 않고 유지된다.

학생들 샘플 답안

· 계속 돌고 돌기 때문에 바다의 물의 양은 똑같다.
· 바다에도 바닥이 있다. 거기로 물이 스며들면서 땅에 있는 나무로 간다.
· 바다의 물은 증발해 버리고, 또 증발하면 물의 양이 적어지지만 산의 물줄기 덕분에 물이 없어지지도 않고 많아지지도 않는다.
· (틀린 답안) 바닷물은 끝이 없기 때문에

문제 06 p153

문항 분석 및 평가표

◆ 문항 분석 : 풍력 발전소는 과학적으로 필요한 요소를 채우기 위해서 뿐만 아니라 주위에 사는 사람들의 편의도 고려하여 건설 장소가 결정된다. 따라서 이러한 외부적 요소를 생각할 수 있느냐의 융통성과 정교성이 평가되는 문제이다.

◆ 평가표

과학적 이점에 대해 서술했을 때	3점
소음이나 땅값 등 사람들의 편의에 대해 서술했을 때 추가점수	+2점

출제자 예시 답안

바람이 강하게 불어 전기를 많이 생산할 수 있고, 사람이 많이 살지 않아 소음을 신경 쓸 필요가 없으며, 풍력 발전기의 날개가 부딪치지 않도록 멀리 떨어뜨려서 지어야 하는데 그만큼의 넓은 부지가 있기 때문이다.

학생들 샘플 답안

· 바람이 많이 부니까
· 풍력 발전기는 산 주위에 만들기 때문이다.(왜 산인지 이유가 없어 부분점수)
· 그곳에는 전기가 많이 없어서 풍력 발전소를 이용해 전기를 만들면 모든 지역이 공평하게 전기를 얻을 수 있다.
· 사람들은 풍력 발전소를 싫어한다. 왜냐하면 풍력 발전소가 신기하기는 하지만, 소음이 너무 많이 발생해서 시끄럽기 때문이다. 그렇기 때문에 강원도 대관령, 제주도, 울릉도 등 사람이 적게 사는 곳에만 풍력 발전소가 있는 것이다.

문제 07 p154

◆ 평가표

낙하산 구멍의 용도를 설명했을 때	3점
낙하산 구멍이 어떤 상황에서 사용되는지 설명했을 때	5점

출제자 예시 답안

· 구멍을 열고 닫으면서 낙하산의 방향과 떨어지는 속도를 조절할 수 있다.
· 구멍을 열었다 닫았다 하면서 자신이 원하는 방향과 속도로 낙하산을 움직일 수 있다.
· 바람이 한쪽으로만 불 때 한쪽 구멍을 열어 다른 방향으로 돌아가지 않게 막을 수 있다.
· 아래에서 위로 바람이 불 때 구멍을 열어 낙하산이 다시 올라가는 것을 막을 수 있다.

학생들 샘플 답안

· 바람이 들어와 천천히 떨어지게 하려고
· 구멍이 조금씩 뚫려야지 바람이 통해서 천천히 내려간다.
· 구멍이 없으면 양력(틀림)이 심해 내려오지 못해서
· 구멍이 뚫려있지 않으면 낙하산이 너무 넓어서 찢어질 수 있어서 구멍을 뚫어놓은 것 같다.
· 내려오기 쉬우라고.
· 바람이 통해야 갈수 있기 때문에.
· 구멍이 있으면 조정하기가 쉬워서.
· 예쁘라고.
· 낙하산은 사람들이 하늘에서 천천히 내려올 수 있게 도와주는 도구다. 낙하산에 여러 개의 작은 구멍이 뚫려 있으면 낙하산의 부피와 공기가 잘 통해서 안전하게 떨어질 수 있다.

문제 08 p155

◆ 평가표

어떤 온도계의 온도가 더 높을지 맞췄을 때	3점
어떤 온도계의 온도가 더 높을지 맞추고 이유를 옳게 설명했을 때	5점

출제자 예시 답안

젖은 휴지를 덮어 둔 온도계의 온도가 내려가서 젖은 휴지를 덮어두지 않은 온도계의 온도가 더 높을 것이다. 젖은 휴지에 있는 물은 공기 중으로 증발하게 되는데, 이때 주위의 열을 흡수하여 온도가 내려가게 된다.

학생들 샘플 답안

· 젖은 휴지를 둘러두면 더 시원해지기 때문(젖은 휴지의 물이 열을 뺏어 증발한다는 설명까지 있으면 가산점)
· 젖은 휴지는 주변의 온도를 더 낮춘다. 그러므로 답은 젖은 휴지를 덮어 두지 않은 온도계다.
· 물에 공기가 닿으면 차가워져서 온도가 낮아지니까 휴지를 넣지 않은 쪽의 온도가 더 높을 것이다.
· 젖은 휴지가 따뜻하면 휴지를 댄 온도계가 더 높고, 젖은 휴지가 차가우면 휴지를 안 댄 온도계가 더 높다.

문제 09 p156

◆ 평가표

어떤 화분의 식물이 더 잘 자랐을지 골랐을 때	2점
어떤 화분의 식물이 더 잘 자랐을지 고르고 그 근거를 설명했을 때	5점

출제자 예시 답안

· 화단 : 운동장 모래보다 화단 흙에 식물에게 유용한 영양소가 더 많이 들어 있다. 화단 흙이 운동장 흙보다 물을 더 많이 머금고 있을 수 있다.
· 운동장 : 심은 식물이 사막에서 더 잘 자라는 식물이다.

학생들 샘플 답안

· 화단에는 원래 식물을 기르던 흙이 있어서 영양분이 많다. 그래서 식물이 잘 자랄 수 있는데, 운동장 모래는 너무 가루가 날리고 식물을 키울 수 있는 영양분이 없다. 고로 답은 화단 흙이다.
· 화단 흙이 담긴 화분이다. 왜냐하면 운동장 모래는 사람들이 드러운 신발로 뛰어놀아 드러운 흙이지만 화단에는 아무도 안 들어와 깨끗한 흙이기 때문에 화단 흙이 담긴 화분의 식물이 더 잘 자랐다.

문제 10 p157

정답 및 해설

답 뭉친 종이가 더 빨리 떨어진다.

해설 펼친 종이는 공기와 닿는 면적이 커서 종이가 떨어지는 것을 방해하기 때문에 좌우로 팔랑팔랑 움직이며 천천히 떨어진다. 뭉친 종이는 종이와 닿는 면적이 작아서 일직선으로 뚝 떨어진다. 동그랗게 뭉치면 공기의 저항을 많이 받지 않고, 다른 종이는 펴져 있어 공기의 저항을 많이 받는다.

문제 11 p158

정답 및 해설

답 무한이의 설명은 틀렸다. 비가 많이 오면 흙 속에 물이 가득 차서 지렁이가 숨쉴 수 없기 때문에 숨을 쉬려고 올라오는 것이다.

해설 비가 오는 날에는 비가 땅속으로 스며들어 지렁이굴에 물이 차오르기 때문에, 지렁이가 숨을 쉴 수 없게 되어 밖으로 나온다. 개미는 개미굴에 물이 들어오지 않도록 구멍을 돌로 막는다.

문제 12 p159

정답 및 해설

답 ⑤

해설 연필깎이는 칼날을 손으로 돌려 연필을 깎는 것으로 용수철을 사용하지 않는다.
그 외에도 용수철을 사용하는 도구로는 악력계, 초인종 버튼, 샤프, 체중계, 덫, 태엽 장난감, 자동으로 감기는 줄자, 우산, 시소, 스테이플러, 스카이 콩콩, 트램펄린, 키보드, 자전거 안장, 악력계(운동 기구) 등이 있다.

문제 13 p160

정답 및 해설

답 ④

해설 ④ 두 막대 중 하나는 자석이므로 나무판을 사이에 두어도 붙고, 그것으로는 두 막대를 구분할 수 없다.

① 철가루를 근처에 뿌렸을 때 뿌려진 그대로 제멋대로 흩어져 있으면 쇠막대, 일정한 모양으로 철가루가 선처럼 배열되면 막대 자석이다.
② 주변에 나침반 여러 개를 두었을 때 어디에 두어도 같은 방향을 가리키면 쇠막대, 막대의 끝에 따라 나침반 바늘의 방향이 바뀌면 막대 자석이다.
③ 막대 끝을 클립에 가까이 가져가서 클립이 붙으면 막대 자석이고, 붙지 않으면 쇠막대이다.
⑤ 두 막대를 번갈아 나머지 막대의 중간 부분에 붙여 본다. 중간 부분에도 같은 힘으로 붙으면 막대 자석이지만, 중간 부분에 댔을 때 붙는 힘이 약하면 쇠막대이다.
[그 외] 다른 자석을 갖다댈 때 양쪽 끝 모두에 붙으면 쇠막대이고, 한쪽은 붙고 한쪽은 밀어내면 자석막대이다.
각각의 막대를 두 조각으로 부러뜨렸을 때 두 조각이 저항없이 붙으면 쇠막대이고,밀어내는 힘 때문에 붙지 않으면 막대자석이다.

문제 14 p160

정답 및 해설 답 ②

해설 ② 강낭콩을 뜨거운 물에 삶는 것은 혼합물에서 걸러내는 것에 도움이 되지 않는다.
① 철가루는 자석에 붙는 성질이 있기 때문에 자석을 사용해서 분리한다.
③ 쌀과 강낭콩은 크기가 다르기 때문에 구멍이 쌀 크기보다는 크고, 강낭콩 크기보다는 작은 체에 혼합물을 넣으면 강낭콩이 체에 걸러져 분리할 수 있다.
④ 소금은 물에 녹기 때문에 혼합물에 물을 넣어 소금을 녹인 후, 소금물을 따라내서 물을 증발시키면 분리할 수 있다.

문제 15 p161

정답 및 해설 답 ④

해설 생물이 자신을 보호하기 위해 사용하는 방법은 천적의 눈에 띄지 않도록 하는 보호색, 위협색, 의태 등과 자신이 위험한 생물이라고 경고하기 위해 눈에 띄는 모습을 하는 경계색이 있다. 넙치, 대벌레, 자벌레, 카멜레온은 천적의 눈에 띄지 않도록 하는 반면에 독버섯은 천적이 먹지 못하도록 눈에 띄는 색을 나타내는 다른 방법을 사용한다.

문제 16 p162

정답 및 해설 답 ⑤

해설 ⑤ 기름을 붓는 것은 탈 물질을 더 내어주는 행위이다.
① 소화기는 하얀 분말로 되어있는데, 이 분말이 불에 타는 물체를 덮어서 산소를 차단하여 타지 못하게 한다.
② 담요로 불 위를 덮어 산소를 차단함으로써 불을 끈다.
③ 물을 뿌리면 물이 불의 열을 흡수하여 온도를 낮춤으로써 불을 끈다.
④ 탈 물건을 치우면 기존에 태우고 있던 물질이 다 탔을 때 다른 물질로 옮겨가 탈 수 없어 불이 번지지 않고 꺼지게 된다.

문제 17 p163

정답 및 해설 답 ①

해설 나머지 넷은 표면을 울퉁불퉁하게 만들어 닿는 물건이 잘 미끄러지지 않게 하기 위한 것이고, ①의 수영장 미끄럼틀에 물을 뿌리는 것은 미끄럼틀을 타는 사람들이 더 잘 미끄러져 내려가게 하기 위한 것이다.

문제 18 p163

정답 및 해설 답 ⑤

해설 손 그림자로 연기하는 데에 원 안에서 손만 보이도록 그림자를 만들 수 없다.

문제 19 p164

정답 및 해설 답 식물이 살아가는 데에는 물과 신선한 공기가 필요하다.

해설 D 식물은 집기병으로 덮어 두었고 물도 주지 않았기 때문에 가장 자라지 못하였다. 하지만 C 식물은 집기병으로 덮어 두지 않았고 물도 주었다. 따라서 식물이 살아가기 위해서는 물과 공기가 필요하다.

문제 20 p165

정답 및 해설 답 ②

해설 물이 흐름의 반을 막은 돌을 피해 가느라 물줄기가 돌의 왼쪽으로 돌아가면서 땅을 깎아내고, 돌의 뒤쪽으로는 물줄기가 거세지 않아 흙이 쌓이면서 ②와 같은 모습을 하게 된다.

문제 21 p166

정답 및 해설 답 ②

해설 냉장고에 넣어 두어도 곰팡이가 번식하는 시간을 늦춰주기만 할 뿐 곰팡이가 번식하는 것을 완전히 막을 수는 없다. 하지만 완전히 곰팡이균이 없던 곳에서 곰팡이가 피지는 않는다. 외부에서 곰팡이균이 침입했을 때에 과일에 곰팡이가 핀다.

문제 22 p166

정답 및 해설 답 (다)

해설 (다)에 들어있는 물의 양이 가장 적고, 돌멩이를 넣고 난 후 물 높이가 같아졌으므로 (다)에서 물 높이가 가장 많이 높아졌다. 따라서 (다)에 들어간 돌멩이의 크기가 가장 크다.

문제 23 p167

정답 및 해설 답 천장에 닿아 있는 풍선이 가장 가볍다.

해설 수조에 가라앉은 풍선은 안에 넣은 물건이 물보다 무겁기 때문에 수조 밑바닥에 가라앉은 것이다. 수조의 수면에 뜬 풍선은 물보다는 가볍지만 공기보다는 무겁기 때문에 떠있는 것이며, 천장까지 날아가 있는 풍선은 방 안의 공기보다 가볍기 때문에 천장까지 떠오른 것이다.

문제 24 p167

정답 및 해설 답 S극

해설 노란색 자석의 S극과 떨어져 있으므로 주황색 자석의 아랫면은 S극이다. 따라서 주황색 자석의 윗면은 N극이고, 주황색 자석과 붙어있는 빨간색 자석의 아랫면은 S극이다. 빨간색 자석의 윗면이 N극이고, 초록색 자석이 떨어져 있으므로 초록색 자석의 아랫면은 N극이며, 초록색 자석의 윗면은 S극이다.

문제 25 p168

◆ 평가표

눈이 하나만 있게 되었을 때의 달라진 생활 모습을 3개 이상 말할 때	3점
눈이 하나만 있게 되어 생활에서 불편해진 것을 말할 때 추가점수	+2점

출제자 예시 답안

① 옆을 보기 위해 고개를 더 많이 돌려야 한다.
② 눈에 먼지가 들어갔을 때 아예 앞을 볼 수 없다.
③ 물건이 멀리 있는지 가까이 있는지 알아보기 어려워진다.

학생들 샘플 답안

① 시야가 좁아진다.　② 밖에서 사람들이 이상하게 볼 수 있다.
③ 옆이 잘 안 보이고 괴상하게 생겨 왕따당할 수도 있다.
④ 양쪽 눈이 있어야 거리가 먼지 가까운지 알 수 있기 때문에 거리를 구분하기 어려울 것 같다.
⑤ 시력이 나쁘면 안경을 쓸 수도 없다. 왜냐하면 안경은 눈이 두개여야 쓸 수 있기 때문이다. 그러므로 눈이 한번 나빠지면 끝이므로 나중에는 눈이 아예 보이지 않을 수도 있을 것 같다.

문제 26 p168

정답 및 해설 답 습도를 높이는 방법 : ㉰, ㉱ / 습도를 낮추는 방법 : ㉮, ㉯

해설 ㉮ 제습기는 습기를 제거하는 가전제품이므로 습도를 낮추는 방법이다.
㉯ 숯이나 신문지는 외부의 습기를 잘 흡수하는 성질이 있으므로 습도를 낮추는 방법이다.
㉰ 가습기는 공기 중에 증기를 뿜는 가전제품이므로 습도를 높이는 방법이다.
㉱ 젖은 빨래를 걸어두면 빨래의 수분이 공기 중으로 증발하므로 습도를 높이는 방법이다.

문제 27 p169

◆ 평가표

생물을 나누는 방법을 2개 이하로 나누었을 때	3점
생물을 나누는 방법을 3개 이상으로 나누었을 때	5점

출제자 예시 답안

① 곤충인가 아닌가[물잠자리, 소금쟁이 / 가재, 다슬기, 거머리, 송사리]
② 다리가 있는가 없는가 [물잠자리, 소금쟁이, 가재 / 다슬기, 거머리, 송사리]
③ 단단한 껍질이 있는가 없는가 [가재, 다슬기, / 물잠자리, 거머리, 송사리, 소금쟁이]
④ 날개가 있는가 없는가[물잠자리 / 가재, 다슬기, 거머리, 송사리, 소금쟁이]

문제 28 p170

◆ 평가표

일부의 문제를 맞추었을 때	3점
모든 문제를 맞추었을 때	5점

정답 및 해설

답 (1) 두꺼운 겨울털로 털갈이 (2) 씨앗으로 겨울나기 (3) 따뜻한 곳으로 떠나기 (4) 낙엽 떨어뜨리기

해설 (1) 토끼는 가을이 되면 얇은 봄털이 빠지고 두꺼운 겨울털이 나는 털갈이를 한다.

(2) 강낭콩은 한해살이 식물로, 봄에 싹이 터서 자라고 꽃을 피워 수정을 한 후 가을에 씨를 맺는다. 그리고 씨를 떨어뜨리고 나면 식물은 겨울 추위에 죽고, 씨의 상태로 겨울을 난 강낭콩은 봄이 되면 다시 싹을 틔운다.

(3) 기러기는 철새로, 추위를 피하거나 번식하기에 적절한 장소를 찾기 위해 계절에 따라 먼 거리를 이동하여 겨울을 난다.

(4) 단풍나무는 여러해살이 식물로, 건조한 겨울에 잎이 많으면 수분이 너무 많이 증발하기 때문에 가을이 되면 잎을 붉게 물들여서 낙엽으로 떨어뜨리고 겨울을 난다.

문제 29 p171

◆ 평가표

1 ~ 2개	3 ~ 4개	5개 이상
2점	4점	5점

출제자 예시 답안

① 바람개비를 손에 들고 앞으로 달려간다. ② 높은 곳에서 바람개비를 떨어뜨린다.
③ 입으로 직접 바람을 불어준다. ④ 손으로 직접 잡고 돌려준다.
⑤ 선풍기나 에어컨 등 바람이 나오는 기계 앞에 바람개비를 놓는다.
⑥ 바람개비에 전기 모터를 달아 전원을 연결한다.

학생들 샘플 답안

① 입으로 바람을 분다. ② 부채질을 한다.
③ 최대한 빠르게 바람개비를 가지고 달린다(왜냐하면 달리면서 바람이 일어나기 때문이다.).
④ 실내 안에 들어가서 선풍기(에어컨)를 튼다. ⑤ 가방에서 책(공책 등)을 꺼내 바람을 일으킨다.

문제 30 p172

◆ 평가표

1 ~ 2개	3 ~ 4개	5개 이상
2점	4점	5점

출제자 예시 답안

① 풍력 발전소 ② 풍차 ③ 글라이더 ④ 비행기
⑤ 헬리콥터 ⑥ 선풍기 ⑦ 환풍기 ⑧ 청소기 ⑨ 드론

학생들 샘플 답안

① 바람개비 ② 바다의 파도 ③ 수력 발전기(바람으로 파도가 쳐야 수력 발전기가 작동한다)
④ 낙하산 ⑤ 패러글라이딩

문제 31 p173

◆ 평가표

로켓이 발사되는 이유를 설명했을 때	3점
로켓이 발사되는 원리와 비슷한 생활 속의 모습을 말했을 때	5점

출제자 예시 답안

· 보트에서 노를 저어 물을 뒤로 밀면 보트가 앞으로 나간다.
· 내가 벽을 힘껏 밀면 내가 반대쪽으로 밀려나온다.
· 호스 끝을 잡고 있을 때 물을 세게 틀면 물이 앞으로 발사되면서 내가 뒤로 밀린다.

학생들 샘플 답안

· 물로켓 · 아이언맨이 날아다닐 때
· 풍선을 불고 묶지 않은 상태에서 손을 놓았을 때 · 공기로켓 등을 발사할 때

해설 로켓이 발사될 때는 로켓의 엔진에서 연료를 태우고, 이때 나타나는 거대한 불꽃과 바람을 우주선의 뒤로 뿜어낸다. 그러면 그 불꽃과 바람이 뒤로 밀려나는 힘에 의해 우주선은 앞으로 나아가게 된다.

문제 32 p174

◆ 평가표

1 ~ 2개	3개	4개 이상
2점	4점	5점

출제자 예시 답안

① 사탕을 가루로 부숴서 녹인다. ② 사탕을 넣고 막대로 빠르게 물을 저어준다.
③ 사탕을 녹이는 물을 더 많이 넣어준다. ④ 물을 끓여서 뜨겁게 만든 후 사탕을 녹인다.

해설 사탕을 빠르게 녹게 하기 위한 방법으로는 뜨겁게 열을 가하거나, 잘게 부수어서 녹기 쉽게 만들거나, 녹일 때 물을 많이 넣어주거나, 휘저어 주는 등의 방법이 있다.

문제 33 p175

정답 및 해설

답 풍선이나 비닐 봉지에 숨을 가득 불어넣고, 입구를 막은 후 만져본다. 손으로 바람을 부쳐본다.

해설 공기는 눈에는 보이지 않지만 분명히 존재하며, 질량도 무피도 갖고 있다. 따라서 눈에 보이지 않는 공기는 눈에 보이는 다른 물건 안에 넣어서 확인하거나, 손으로 공중의 공기를 휘저어 바람이 일어나는 것을 통해 확인할 수 있다.

문제 34 p175

◆ 평가표

가득 찬 욕조의 물 양을 알 수 있는 방법을 말했을 때	3점
가득 찬 욕조의 물 양을 알 수 있는 독창적인 방법을 말했을 때	5점

출제자 예시 답안

· 욕조에 물을 채우기 전 수도 계량기의 숫자를 확인한다.
· 수도꼭지에서 5초 동안 나오는 물의 양을 재고 욕조를 다 채우는 시간을 잰다.
·양동이로 퍼서 양을 잰다. · 욕조 크기를 재본다.

해설 일일이 작은 통으로 욕조 안에 물을 퍼담으면서 양을 재는 방법도 있지만, 물이 채워지는 시간을 이용하거나 욕조 자체의 크기를 알아보는 등 간접적인 방법들도 생각할 수 있다.

문제 35 p176

◆ 평가표

1 ~ 2개	3개 이상
3점	5점

출제자 예시 답안

① 자석의 갯수를 늘린다. ② 자석과 자석 사이의 거리를 가깝게 한다.
③ 자석 자동차의 몸체를 좀 더 가벼운 것으로 바꾼다. ④ 더 강한 자석을 사용한다

문제 36 p177

◆ 평가표

무한이와 상상이가 이야기를 나눌 수 있는 방법을 말했을 때	3점
무한이와 상상이가 이야기를 나눌 수 있는 과학적 방법을 말했을 때	5점

출제자 예시 답안

· 우주복 앞의 유리를 맞닿으면 진동이 전해져 이야기를 나눌 수 있다.
· 헬멧을 톡톡 두드리며 모스 부호로 소통
· 손짓발짓 바디랭귀지(수화)
· 입모양 읽기(구화)

해설 소리가 전해지지 않으면 손짓 발짓으로도 대화를 나눌 수는 있지만, 무한이와 상상이가 들어가 있는 우주복 안에는 공기가 있기 때문에 두 우주복이 유리를 사이에 두고 맞닿으면 진동이 전해져 소리를 주고 받을 수 있다.

문제 37 p178

◆ 평가표

4개 이하	5개 이상
3점	5점

정답 및 해설

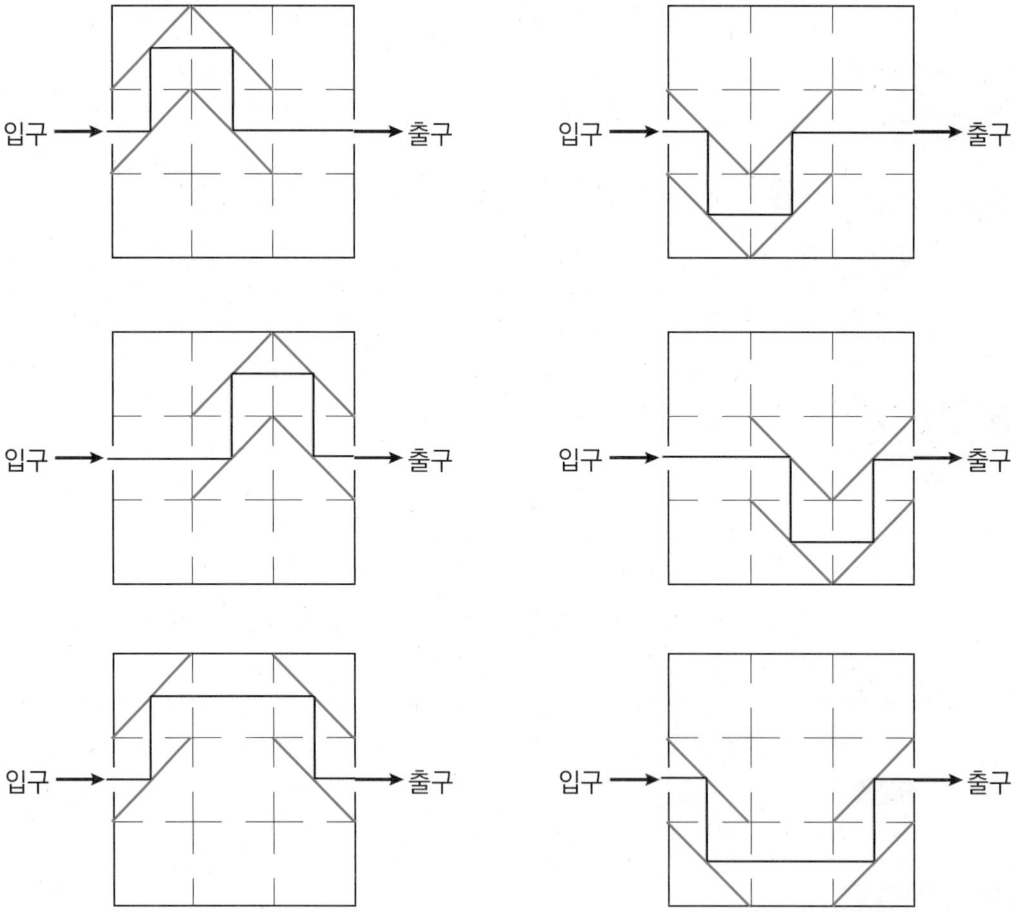

문제 38 p179

◆ 평가표

1 ~ 2개	3 ~ 4개	5개 이상
2점	4점	5점

출제자 예시 답안

① 병을 뜨거운 물에 담근다. ② 끓는 물을 넣고 풍선을 씌운다.
③ 빈 병을 냉동실에 넣었다가 꺼낸 후 풍선을 씌우고 병을 따뜻하게 해준다.
④ 병에 식초와 소다를 넣고 풍선을 씌운다. ⑤ 풍선이 씌워진 병을 진공 펌프에 넣고 공기를 빼낸다.
⑥ 병에 드라이아이스를 넣고 풍선을 씌운다. ⑦ 풍선이 씌워진 페트병을 손으로 힘주어 누른다.

문제 39 p180

정답 및 해설

답 (1) 햇빛을 받지 못하므로 잎과 줄기가 자라지 못하고 뿌리만 길게 자랄 것이다.
(2) 햇빛을 받아 광합성을 통해 영양분을 얻게 되므로 잎과 줄기가 자라 콩나무가 될 것이다.

해설 (1) 콩에는 식물이 처음에 싹을 트고 어느 정도 자랄 수 있을 만큼의 영양분이 들어있다. 그래서 흙 속에 묻혀 햇빛을 보지 못하게 되어도 물이 있으면 그것을 흡수해서 싹을 틔울 수 있는 것이다. 하지만 식물이 더 크게 성장하려면 햇빛을 받아 광합성을 해야 하기 때문에 콩은 계속 뿌리를 자라게 해서 햇빛을 찾아 다니게 된다.
(2) 싹을 틔운 후 검은 천을 열고 햇빛을 주면 콩은 광합성을 할 수 있게 되므로, 영양분을 얻어 잎과 줄기를 만들 수 있게 된다.

문제 40 p181

정답 및 해설

답 (1) 민들레는 햇빛이 있고 없고에 따라 꽃잎이 열렸다 오므라든다.
(2) 튤립은 온도가 충분히 따뜻해지는 시간 동안에만 꽃잎이 열렸다 오므라든다.

해설 (1) 튤립은 해가 뜨고 지는 것과 관계없이 정해진 시간에 꽃잎이 열리고 오므라드는 반면에 민들레는 해가 뜨면 꽃잎이 열리고 해가 지면 꽃잎이 오므라든다. 따라서 햇빛에 따라 꽃잎이 열리고 오므라드는 꽃은 민들레다.
(2) 튤립은 햇빛에 따라 꽃잎이 열리고 오므라들지 않고 정해진 시간이 있는데, 이것은 기온이 올라가고 내려가는 변화에 따라 꽃잎이 움직이는 것이다. 따라서 튤립이 온도에 따라 꽃잎이 열리고 오므라드는 꽃이다.

점수 통계

각 문항별 평균 점수

문항	1	2	3	4	5	6	7	8	9	10	11	12	13	14	15	16	17	18	19	20
학생들 평균 점수(점)	1.7	2.5	3.2	3.8	1.1	2.8	3.2	2.6	3	3.8	1.3	2.7	3	4.8	4.4	4.4	1	0.4	3.1	1.2

문항	21	22	23	24	25	26	27	28	29	30	31	32	33	34	35	36	37	38	39	40
학생들 평균 점수(점)	0.3	3.1	3.9	1.6	2.6	2.1	2.6	3.2	3.7	3.3	2.2	2.8	2.8	3	2.8	2.8	1.8	2.4	1.9	3.3

총점 평균 102/200점

점수에 따른 성취도 등급

등급	1등급	2등급	3등급	4등급	5등급
평가	150 ~ 200	120 ~ 149	90 ~ 119	60 ~ 89	59 이하

II 영재성 검사

모의고사

문제의 배점은 10점이며, 각 평가표에 점수 기준이 있습니다.

제 1 회

문제 01 p182

◆ 평가표

1 ~ 2개	3 ~ 4개	5개 이상
5점	7점	10점

출제자 예시 답안

① 빨대로 빨아서 마신다.
② 컵을 쓰러뜨리고 쏟아진 것을 마신다.
③ 친구에게 먹여달라고 부탁한다.
④ 주사기로 음료수를 담은 후 마신다.
⑤ 발로 잡고 마신다.
⑥ 컵의 고리를 집게로 잡고 마신다.

문제 02 p183

◆ 평가표

1 ~ 2개	3 ~ 4개	5개 이상
5점	7점	10점

출제자 예시 답안

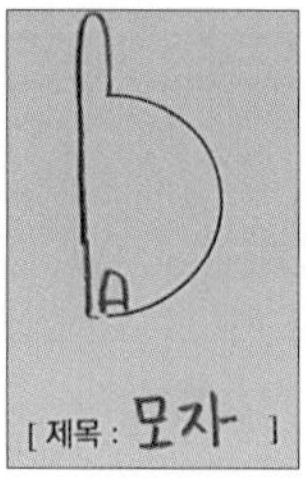

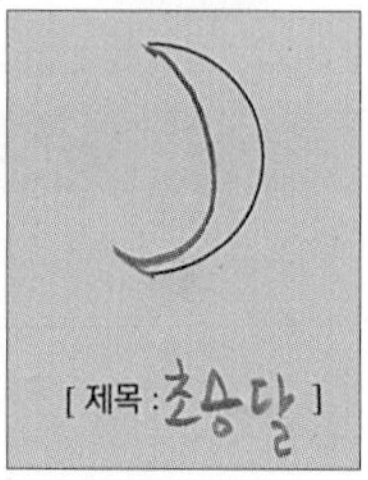

문제 03 p184

◆ 평가표

ㄱ이나 ㄴ 중 하나의 문장에서만 알 수 있는 결론인 경우	7점
ㄱ과 ㄴ의 문장 모두를 이용해서 알 수 있는 결론인 경우	10점

정답 및 해설

답 나무를 많이 베어내면 안된다.

해설 나무를 많이 베어내는 것은 자연을 파괴하는 일인데(ㄴ), 자연을 파괴하면 안 되므로(ㄱ) 나무를 많이 베어내면 안 된다.(ㄷ)

문제 04 p185

◆ 평가표

상상이가 답답해 한다는 사실을 이해했을 때	3점
상상이가 답답해하는 게 무한이 때문이라는 것을 이해했을 때	7점
무한이의 어떤 태도가 상상이를 답답하게 만들었는지를 서술했을 때	10점

정답 및 해설

답 상상이의 질문에 전혀 답해주지 않고 무한이 자신이 하고싶은 말만 하기 때문에

해설 상상이는 선생님의 심부름으로 영재가 어디있는지 알고 싶어하고, 무한이에게 물어 보았다. 그런데 상상이의 질문을 받은 무한이는 상상이의 질문에 답하지 않고 자신의 문제가 풀리지 않는 것만 신경쓰고 있다. 상상이의 질문에는 전혀 신경도 쓰지 않았다는 것이 드러나고 있기 때문에 상상이가 답답해하는 것이다.

문제 05 p186

◆ 평가표

1 ~ 9개	10 ~ 16개	17개
5점	7점	10점

정답 및 해설

답 17개

해설 ① 숫자 카드를 2장 쓸 때 : 10+5, 9+6, 8+7 → 3개
② 숫자 카드를 3장 쓸 때 : 10+4+1, 10+3+2, 9+5+1, 9+4+2, 8+6+1, 8+5+2, 8+4+3, 7+5+3, 6+5+4 → 9개
③ 숫자 카드를 4장 쓸 때 : 9+3+2+1, 8+4+2+1, 7+4+3+1, 7+5+2+1 → 4개
④ 숫자 카드를 5장 쓸 때 : 5+4+3+2+1 → 1개
총 17가지 방법이 있다.

문제 06 p187

◆ 평가표

어미 고양이나 새끼 고양이 중 하나의 몸무게만 구했을 경우	5점
어미 고양이와 새끼 고양이의 몸무게 둘 다 구했을 경우	10점

정답 및 해설

답 어미 고양이 7kg, 새끼 고양이 2kg

해설 어미 고양이 2마리와 새끼 고양이 3마리의 무게가 20kg(A)인데, 어미 고양이 1마리와 새끼 고양이 2마리의 무게가 11kg(B)이므로 A에서 B를 빼면 어미 고양이 1마리와 새끼 고양이 1마리의 무게의 합이 9kg(C)임을 알 수 있다. 또한 B에서 C를 빼면 새끼 고양이 1마리의 무게가 2kg인 것을 알 수 있고, 따라서 어미 고양이 1마리의 무게는 7kg임을 알 수 있다.

문제 07 p188

정답 및 해설

답

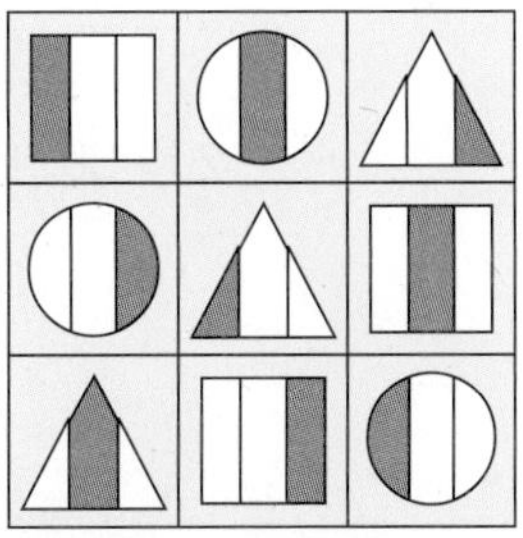

해설 그림의 규칙은 각 줄마다 동그라미, 세모, 네모가 하나씩 있고, 각 도형마다 왼쪽, 가운데, 오른쪽에 한 군데씩 색칠되어 있는 것이다. 따라서 빈칸에 들어갈 도형은 셋째 줄에 없는 도형인 동그라미 모양이고, 동그라미 도형 중에서 색칠되지 않은 왼쪽 칸이 색칠된 모양이다.

문제 08 p189

◆ 평가표

일부만 맞췄을 때	모두 맞췄을 때
5점	10점

정답 및 해설 답 ③, ⑤

해설 각 그림과 똑같은 모양을 만들기 위한 나무블럭의 수는 다음과 같다.
① 13개 ② 14개 ③ 16개 ④ 11개 ⑤ 17개
③, ⑤는 필요한 나무블럭의 수가 15개를 넘어므로 만들 수 없다.

문제 09 p190

◆ 평가표

1 ~ 2개	3 ~ 4개	5개 이상
5점	7점	10점

출제자 **예시 답안**

① 겨울 방학이 매우 길어질 것이다.
② 겨울잠을 자기 위해 사람들이 가을에 엄청 많이 먹어서 살찌울 것이다.
③ 겨울 옷이 안 팔리고, 겨울 과일을 먹을 수 없을 것이다.
④ 겨울잠을 자느라 크리스마스 축제가 없어질 것이다.
⑤ 스키나 스노보드, 스케이트 등 겨울 운동을 할 수 없을 것이다.

문제 10 p191

◆ 평가표

1개	2개	3개 이상
5점	7점	10점

출제자 **예시 답안**

① 구멍에 물을 부어 야구공이 떠오르게 한다.
② 구부러지는 갈고리로 바닥을 긁어낸다.
③ 훈련시킨 쥐를 들여보내 공을 주워오게 한다.

점수에 따른 **성취도 등급**

등급	1등급	2등급	3등급	4등급	5등급
평가	80 ~ 100	60 ~ 79	40 ~ 59	20 ~ 39	19 이하

총점 100점

제 2 회

문제 01 p192

◆ 평가표

1 ~ 2개	3 ~ 4개	5개 이상
5점	7점	10점

출제자 예시 답안

① 길쭉하다. ② 인간이 만든 것이다. ③ 한 번 다 쓰면 다시 쓸 수 없다.
④ 끝 모양이 한쪽은 납작하고 한쪽은 튀어나와 있다.
⑤ 여러 개를 한꺼번에 사용할 수도 있고, 하나만 사용할 수도 있다.

문제 02 p193

◆ 평가표

1 ~ 2개	3 ~ 4개	5개 이상
5점	7점	10점

출제자 예시 답안

① 물을 담아 물총 놀이를 한다. ② 주사기에 물감을 담고 뿌려서 그림을 그린다.
③ 주사기의 바늘로 작은 구멍을 뚫는다. ④ 밀가루 반죽을 주사기에 넣고 눌러서 면을 뽑는다.
⑤ 요리를 할 때 식용유, 식초, 참기름 등의 정확한 양을 잰다.
⑥ 주사기에 공기를 담아 눌러서 작은 물건 사이의 먼지를 털어낸다.

문제 03 p194

정답 및 해설

답 A : 호랑이 B : 말 C : 코끼리 D : 원숭이

해설 코끼리는 원숭이와도 이웃하고 말과도 이웃하므로 "원숭이-코끼리-말" 또는 "말-코끼리-원숭이"의 순서로 우리에 들어있을 것이다. 이 중 말이 호랑이와 이웃하고 있으므로 "원숭이-코끼리-말-호랑이"의 순서 또는 "호랑이-말-코끼리-원숭이"의 순서가 된다. 원숭이는 A 우리에 살고 있지 않다고 했으므로 "호랑이-말-코끼리-원숭이" 순서로 우리에 살고 있다는 것을 알 수 있다.

문제 04 p195

◆ 평가표

영재가 우는 이유를 이야기로 만들었을 때	5점
할머니의 항아리를 이용하여 영재가 우는 이유를 이야기로 잘 만들었을 때	10점

출제자 예시 답안

할머니는 영재가 좋아하는 사탕을 선반 위에 놓인 항아리에 가득 넣어두고 매일 하나씩만 꺼내 주시곤 했습니다. 그런데 며칠 전 할머니께서 실수로 넘어지셔서 병원에 입원하셨고, 그래서 영재는 며칠 동안 할머니의 사탕을 받지 못했습니다. 영재가 원한다면 마음대로 사탕을 꺼내 먹을 수도 있었지만 선반 위의 사탕 항아리를 보면 할머니가 하나씩 주시던 사탕을 맛있게 먹던 기억이 떠올라, 영재는 그만 울음이 나고 말았습니다.

문제 05 p196

정답 및 해설 답 11개, 16개

해설 바나나 3개씩 주는 큰 원숭이는 6마리 있으므로 18개가 필요하고, 바나나 1개씩 주는 작은 원숭이는 9마리 있으므로 9개가 필요하다. 따라서 총 필요한 바나나 개수는 27개인데, 11개, 14개, 16개 송이 중 11개짜리와 16개 송이를 사면 27개이므로 남는 것 없이 나누어 줄 수 있다.

문제 06 p197

◆ 평가표

1개 맞췄을 때	2개 맞췄을 때	모두 맞췄을 때
5점	7점	10점

정답 및 해설 답 (1) 거짓 (2) 참 (3) 거짓

해설 (1) 800원짜리 과자 4봉지를 사려면 3200원이 필요하다. 따라서 3000원으로는 4봉지를 사먹을 수 없다.
(2) ▲ + ◎ = 7이 되는 경우는
(▲ = 1, ◎ = 6) (▲ = 2, ◎ = 5) (▲ = 3, ◎ = 4)인데,(◎ - ▲ = 1이므로 ◎가 ▲보다 크다) 이중 ◎ - ▲ = 1가 되는 건 ▲ = 3, ◎ = 4이 때다. 따라서 ▲ = 3이다.
(3) 올해 무한이와 상상이는 7살 차이가 난다. 5년 후에 무한이는 11살이 되지만, 상상이도 나이를 먹어 18살이 되므로 무한이와 상상이는 여전히 7살 차이가 나게 된다.

문제 07 p198

정답 및 해설 답 ④

해설 나누어진 4조각을 모으면 다음과 같다.

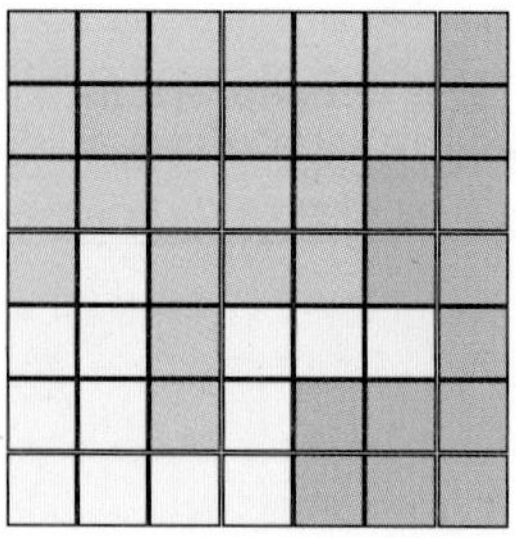

문제 08 p199

◆ 평가표

1개만 맞췄을 때	모두 맞췄을 때
5점	10점

정답 및 해설 답 (1) 5개 (2) 5개

해설 주황색 블록과 면이 닿아 있는 블록만 남기고 나머지 블록들을 모두 치우면 다음과 같다.

(1)

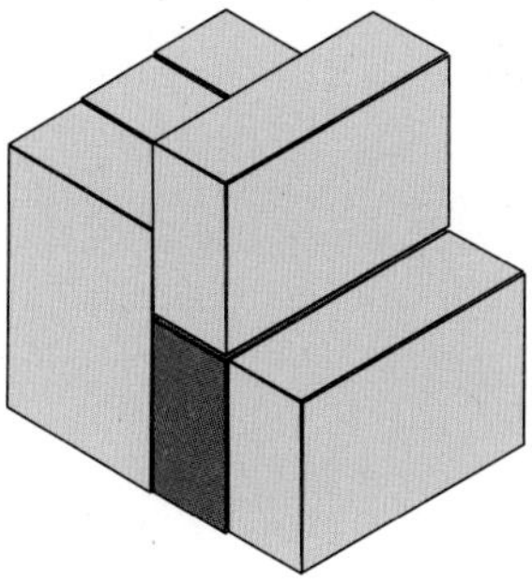

(2)

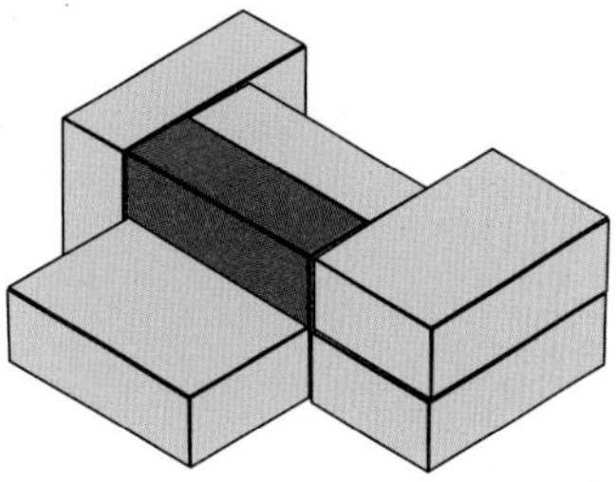

문제 09 p200

◆ 평가표

동그란 알과 약간 한쪽으로 길쭉한 알의 차이를 알고 있다.	5점
동그란 알보다 약간 한쪽으로 길쭉한 알이 어떤 점이 더 좋은 지를 잘 설명했다.	10점

출제자 예시 답안 완전히 동그란 모양일 때는 바닥에 두면 여러 방향으로 굴러가기 쉬운데, 약간 길쭉한 모양의 알은 특정 방향으로는 덜 굴러가기 때문에 더 안전하다.

문제 10 p201

정답 및 해설 답 ④

해설 상상이는 생선 안이 아닌 밖에서 초파리가 들어오는 것이라 생각하고, 무한이는 생선 안에서 초파리가 생겨나는 것이라 생각한다. 누구의 말이 옳은지 알아보기 위해서는 생선 밖에서 초파리가 들어오지 못할 때에도 생선에 초파리가 생기는지를 알아보면 된다. 따라서 생선을 밀폐용기에 담아두는 ④번의 방법이 적절하다.

점수에 따른 성취도 등급

등급	1등급	2등급	3등급	4등급	5등급
평가	80 ~ 100	60 ~ 79	40 ~ 59	20 ~ 39	19 이하

총점 100점

III 심층 면접

01 인성 면접 유형

문제 01 p204

Tip 일반적인 자기 소개보다 자신의 특징이나 개성이 드러나는 물건과 비교해서 임팩트를 준다. 면접자의 기억에 남는 것이 중요하며, 관심 영역을 이야기하여 왜 이 면접 자리에 있는지를 인식시켜 줄 필요가 있다. 첫인상을 좌우하는 중요한 시간이므로 독특하고 재미있는 비유나 자신의 장점을 잘 드러낼 수 있는 하나의 에피소드를 선정해서 말하는 것도 좋은 방법이다.

문제 02 p204

Tip 단순히 공부를 더 해보고 싶다는 단답형보다는 영재교육원에 대한 지식을 바탕으로 동기를 설명하면 더 높은 점수를 얻을 수 있다. 또 자신의 장래 희망과 관계짓거나 이전의 흥미로운 경험담을 통해 동기를 설명하는 것도 좋다.

예시 학교에서 배우는 내용보다 더 심화된 공부를 할 수 있고, 다양한 실험과 탐구 활동을 할 수 있어서 응시하였습니다.

문제 03 p204

Tip 영재교육원에서 무엇을 배우는지를 홈페이지 등을 통해 미리 알아보고 자신에게 흥미로운 부분을 찾아 이야기할 수 있도록 한다. 한 단계 더 나아가 더 배우고 싶은 부분과 개선 방안도 이야기하면 좋다.

예시 여러 학교의 또래 친구들과 팀을 이루어 탐구 활동을 하면서 더 다양한 실험과 토론을 했으면 좋겠습니다. 교과서에 나오는 것 말고도 생활에 관련된 다양한 문제나 창의력이 필요한 문제들을 많이 경험해 보고 싶습니다.

문제 04 p204

Tip 영재교육원에 왜 응시했는지는 사람마다 다르므로 자신이 바라는 부분이 만족될 수 있는 부분을 찾아둔다. 수학, 과학 영재교육원에 지원하는 것이므로 이에 관련된 장점을 말하는 것이 좋다.

예시 학교 교육과정에서 배우지 못한 다양한 것들을 배울 수 있습니다.
같은 관심사를 가진 친구들을 만날 기회를 얻을 수 있습니다.
좋아하는 과학과 관련된 프로젝트를 부담 없이 시도해 볼 수 있습니다.

문제 05 p204

Tip 장래 희망으로 가는 계획을 짤 때 영재교육원에 합격했을 때와 합격하지 못했을 때의 두 가지 계획을 미리 짜서 정리해 둠으로써 계획적인 태도를 보이고, 영재교육원이 자신의 꿈을 이루고 계획하는 데에 중요한 역할을 한다는 점을 강조한다.

예시 영재교육원에 합격한다면 수업을 잘 따라갈 수 있도록 예습과 복습을 철저히 하고, 많은 친구들과 친하게 지내면서 제 꿈에 더 한발짝 나아갈 수 있는 발판으로 삼겠습니다.

영재교육원에 불합격한다 하더라도 제가 가장 좋아하는 과목이 수학(또는 과학)인 것은 변함없으므로, 이에 관한 공부를 계속해 나갈 것입니다. 또한 영재교육원에서 바랐던 더 좋은 공부 기회를 완전히 포기할 수 없기 때문에 더욱 자신을 갈고 닦아 내년에 다시 도전할 것입니다.

문제 06 p204

Tip 영재교육원에서 해당 분야를 공부하는 것이 어떻게 도움이 될지, 이곳에서 어떤 공부를 하고 싶은지를 이야기한다.

예시 수학(또는 물리)에 흥미가 있고 더 많은 것을 배우고 싶은데, 영재교육원에서는 책만으로는 얻을 수 없는 공부를 할 수 있을 것이기 때문입니다. 좋아하는 분야의 심화된 내용을 배울 수 있고, 모둠 수업과 같은 다양한 방식으로 공부할 수 있기 때문에 응시하였습니다.

문제 07 p205

Tip 심층 면접 전 언제부터 수학과 과학에 관심을 가지게 되었고, 어떻게 공부하였는지의 과정을 노트에 정리하고 읽어두자. 구체적인 계기가 있으면 더 좋으며, 그 계기를 통해 지금도 열심히 하고자 하는 의지가 있음을 보여주면 좋다.

예시 영화(혹은 TV)에서 마음대로 움직이는 로봇을 보고 나도 만들어 보고 싶다고 생각했습니다. 물이 들어있는 유리컵에 꽂힌 막대가 구부러져 보이는 것을 보고 너무 신기했고, 왜 그렇게 보이는지 알고 싶어졌습니다. 주위 사람들에게 물어보기도 하고 관련 도서를 찾아 읽어보기도 했는데 그 내용이 너무 재미있어서 계속해서 공부하게 되었습니다.

문제 08 p205

Tip 좋아하는 과목과 싫어하는 과목은 학생마다 다르고 그 이유도 모두 다르겠지만 수학, 과학 영재교육원에 응시하는 면접이므로 되도록 수학 과학 중 하나를 선택하고, 구체적인 이유를 말할 수 있어야 한다. 싫어하는 과목은 이유를 이야기하되 지나치게 폄하하지 않도록 한다.

예시
- 좋아하는 과목

과학 : 일상 생활에서 일어나는 일에도 왜 그런지 원리를 찾아서 적용하는 재미가 있었습니다.
수학 : 어려운 문제를 시간 들여 풀어냈을 때 기분이 좋아져서 입니다.

- 싫어하는 과목

사회 : 대부분 이름이나 명칭을 외워야 해서 싫었습니다.
체육 : 몸치라서 다른 아이들과 함께 배우고 노력해도 따라가기가 너무 힘들고, 실수할 때마다 창피했습니다.
미술 : 최선을 다해 그리는데도 예쁜 그림이 그려지지 않아서 속상했습니다.

문제 09 p205

예시
· 주위 사람들에게 똑똑하다, 영재같다는 말을 많이 들었기 때문입니다. 다른 아이들보다 문제를 빨리 풀고, 독특한 해결 방법을 잘 생각해 내기 때문에 영재라고 생각했습니다. 영재는 원래 있던 해답을 다른 방법으로 해결할 수 있는 학생이라고 생각하기 때문입니다.
· 저는 현재로서는 재능을 타고난 영재라고 할 수는 없지만, 그 이상으로 수학(또는 과학)을 좋아하고 즐기기 때문에 이 영재교육원에서 배움으로써 영재로 자라날 수 있다고 생각합니다.

문제 10 p205

Tip 영재교육원의 심층 면접이므로 과학, 수학, 문제 해결에 관련된 것으로 되도록 좋은 말을 쓴다. 부정적인 말 보다는 긍정적인 말을 하는 것이 좋다.

예시 시험 점수가 좋아서인지 영재 소리를 많이 들었고, 어려운 수학, 과학 문제를 많이 풀어 영리하다는 말도 많이 듣습니다. 호기심이 많아 궁금한 것을 그냥 지나치지 못하고 이것저것 많이 물어보아서 어른들이 나중에 큰 사람이 되겠다는 말씀도 해주신 적이 있습니다.

문제 11 p205

Tip 장래 희망의 직업이 주로 하는 일을 알아보고, 구체적으로 계획을 짠다.

예시 제 꿈인 과학자가 되기 위해 필요한 것은 새로운 과학 지식에 대한 끊임없는 관심과 주위 동료들과 함께 연구할 수 있는 능력, 그리고 건강한 체력이라고 생각합니다. 이를 위해 필요한 습관 3가지는 다음과 같습니다.

- 책을 많이 읽는다 : 아는 것이 많아야 여러 가지 문제를 잘 해결할 수 있고, 새로운 사실을 발견할 수도 있습니다.
- 운동한다 : 건강하고 튼튼하게 자라야 깊은 공부도 훈련도 잘 이겨낼 수 있습니다.
- 끊임없이 주변을 탐구하고 토론한다 : 새로운 발견은 때로 단순한 사고의 전환으로도 일어날 수 있기 때문에 항상 보고 있는 것이라도 또 다른 방식으로 생각해 보는 연습이 필요합니다. 또한 이것을 주위 사람들과 토론하고 의견을 나누면서 나중에 많은 과학자들과 함께 연구하는 데에 필요한 의사소통 능력과 협동심을 기를 수 있습니다.

문제 12 p205

Tip 단지 수학자나 과학자가 되기 위해서만 수학과 과학이 존재하는 것은 아니다. 이 둘은 우리의 일상 생활에도 아주 많이 필요한 것이고, 이것을 공부하는 과정은 앞으로 다른 것을 배울 때에 필요한 공부 습관을 잡아갈 수 있는 기회가 되기도 한다. 따라서 자신의 장래 희망을 이루는 데에 영재교육원에서 얻을 수 있는 이점이 무엇인지 한 번 정리해 보도록 하자.

예시 영재교육원에서는 여러 친구들과 어려운 프로젝트를 해결하는 능력을 키울 수 있고, 좋은 공부 방식을 익히는 것은 다른 꿈을 이루는 데에도 큰 힘이 될 것이라 생각합니다.
아직은 장래 희망을 이루기 위해 부족한 부분이 많고, 또한 다양한 경험을 통해 더 나은 적성을 찾을 수도 있기 때문에 많은 경험을 쌓아둘 필요가 있다고 생각합니다.
어떤 꿈을 목표로 하더라도 많은 것을 알수록 더 잘 해낼 수 있으므로, 폭넓은 공부를 할 수 있는 영재 교육이 제게 필요하다고 생각했습니다.

문제 13 p206

Tip 자기소개서를 준비하면서 남들과 다른 부분을 미리 평소에 정리해 둘 필요가 있다. 면접에 응하기 전에 한 번 다 읽고 들어갈 수 있도록 한다.

문제 14 p206

Tip 꿈이 있다면 갖게 해준 사람을 말하거나, 취미나 특기를 가지게 해 준 사람을 이야기할 수 있다. 그 외에도 좌우명이나 좋아하는 문구, 가사의 글쓴이나 가수를 롤모델로서 말할 수도 있다.

예시 화려하기만 한 줄 알았던 아이돌 가수가 많은 노력과 경험을 쌓아 꿈을 이루는 과정을 다룬 방송을 보고 나도 노력하면 하고싶은 일은 무엇이든 할 수 있으리란 생각이 들었다.
어릴 적부터 공부를 잘 하던 언니가 나에게 수학을 재미있게 가르쳐 주면서 수학의 즐거움을 알 수 있게 도와주었다.

문제 15 p206

예시 언니와 함께 공부한다. 모르는 걸 바로바로 물어볼 수 있습니다.

단순 암기가 아니라 연상 기억법을 사용하여 외우기 때문에 잘 잊어버리지 않습니다.
문제풀이가 틀려도 포기하지 않고 끝까지 풀려고 노력합니다.
학교 수업에서 배운 내용과 관련이 있는 책을 읽으면서 그날 배운 내용을 정리하고, 또 다른 새로운 정보들을 함께 기억합니다.

문제 16 p206

Tip 장점을 창의성과 문제 해결력에 관련한 장점을 이야기하면 영재교육원 면접에 더 적합한 답변이 될 수 있다. 단점을 이야기하되, 이를 장점으로 전환할 수 있었던 경험이나 극복하기 위해 노력하고 있다는 점을 경험에 근거하여 이야기할 수 있으면 좋다.

예시
- 장점
· 이해력이 빨라 문제를 빨리 풉니다.
· 호기심이 많고 끈기가 있어 무엇이든 궁금해지면 끝까지 파고들어 알아내려고 합니다.
- 단점
· 집중력이 떨어져서 쉽게 산만해지는데, 이를 극복하기 위해 좋아하는 수학에서 푸는 데 오랜 시간이 걸리는 어려운 문제를 풀면서 집중하는 시간을 늘이는 연습을 하고 있습니다.
· 하나에 집중하게 되면 다른 어떤 것에도 신경을 쓰지 못해 부모님이 불러도 대답하지 못하는 경우가 있었습니다. 이것 때문에 되도록이면 정해진 일과 내에서 내가 관심있는 것을 하고, 그 시간에는 혼자 있을 수 있도록 하고 있습니다.

문제 17 p206

Tip 자신이 되고싶은 장래 희망이 하는 일을 알고 있어야 한다. 미리 자신이 원하는 직업에 대한 정보를 조사해 보고, 그 직업을 가지게 되었을 때 하고싶은 일들과 해야할 일들은 노트에 정리해 보도록 하자

예시 과학자가 되어 플라스틱을 썩게 만드는 기술을 개발해 환경오염을 막고, 하늘을 나는 자동차를 만들 것입니다.
분류학자가 되어 새로운 종을 발견하고 그 종에 제 이름을 따서 이름을 붙이고 싶습니다.
수학자가 되어 난제를 풀어내고, 수학의 노벨상이라는 필즈상을 수상할 것입니다.
의사가 되어 불치병의 치료약을 찾고, 가난한 나라에 찾아가 봉사 활동을 할 것입니다.

문제 18 p206

Tip 영재교육원에서 하는 심층 면접이므로 이것은 수업을 얼마나 중요하게 생각하는지를 물어보는 질문에 해당한다. 따라서 어떤 이유에서든 영재 수업에 참가하지 않는다는 답변은 부적절하다.

예시 중요한 시험이라면 그 전부터 시험 준비를 철저하게 해두었을 것이라 생각합니다. 따라서 토요일 영재 수업에 참여할 것입니다. 중요한 시험이 있다 해서 시험 공부에만 매달리면 금세 질려버릴 수 있으므로, 영재 수업에서 새로운 지식과 자극을 받고 나면 더욱 즐겁게 시험을 준비할 수 있으리라 생각합니다.

문제 19 p207

Tip 자신과 비슷하거나 자신이 좋아하는 부분을 가진 사람을 친구로 사귀는 경우가 많으므로, 친구의 장점을 설명하는 것은 곧 자신이 중요하게 생각하는 부분을 이야기하는 것과 같다.

예시 제 가장 친한 친구 ○○이는 착해서 먹을 것도 잘 나눠주고 내 말도 잘 들어주고 화도 잘 내지 않습니다. 수학 공부도 잘 해서 내가 문제 풀다 막혔을 때 잘 도와주기도 합니다. 저와 농담도 잘 하고, 항상 밝은 얼굴로 친구들을 대해서 주변 사람들을 기분 좋게 만드는 게 특기입니다.

문제 20 p207

예시 무엇 때문에 화가 났는지 알아보고 해결해 줄 수 있도록 노력할 것입니다. 해결해 줄 수 없는 일이라면 곁에 있으면서 화내는 감정을 잘 받아주고 위로해 주며 용기를 북돋아 주겠습니다. 기분 전환을 위해 평소에 좋아하던 것을 하자고 제안할 것입니다. 만약 제가 잘못해서 화가 난 것이라면 진심으로 잘못을 빌고 용서를 구하면서 대신해 줄 수 있는 방법이 없는지 묻겠습니다.

문제 21 p207

Tip 사람마다 성향이 다르므로 자신이 원하는 방향을 솔직하게 선택하되 근거를 명확히 하고, 토론을 거쳐 결과를 정리하는 것은 다함께 할 수 있도록 한다.

예시
- 같이 한다 : 여러명과 하는 것이 재미있고, 역할 분담을 통해 부담도 줄어들 수 있습니다.
- 혼자 한다 : 혼자 하면 제가 하고싶은 것을 마음대로 할 수 있고 싸움도 나지 않습니다. 마지막에 프로젝트 결과물을 모두의 앞에서 발표할 때 뿌듯함을 느낄 수 있습니다.
- 프로젝트에 따라 다르다. : 다양한 실험 결과 값과 다양한 지식이 필요한 프로젝트라면 여러 명이서 함께 준비를 하고, 한 가지 주제를 깊게 연구하여 하나의 결론을 도출해내는 프로젝트라면 혼자 준비할 것입니다.

문제 22 p207

Tip 조원들에 대한 협동심을 물어보는 것으로, 무한이가 모둠 활동에 함께 참가할 수 있는 방법을 찾는 것이 좋고, 빼는 방안은 부적절하다.

예시
· 우선 무한이가 왜 역할놀이를 하려고 하지 않는지를 물어보고, 그것을 해결하기 위해서 노력하겠습니다.
· 역할놀이 내에서 그림 그리는 역할을 맡겨서 무한이가 부담 없이 참가할 수 있도록 하겠습니다.
· 감독처럼 친구들의 역할놀이를 지켜보고 고칠 부분을 찾거나 자신의 느낀 점을 얘기해달라고 하겠습니다.

문제 23 p207

예시
· 철수를 싫어하기는 하지만 맞는 말을 하고 있으니까 환기를 해야한다고 말해줘야 합니다.
· 철수를 편들었다가 다른 아이들에게 같이 묶여 거부당할 수 있을 것 같습니다. 일단은 있다가 창문이 닫힌다면 조금 지나서 제가 살짝 환기를 시키겠습니다.
· 친구들에게 찬 바람이 바로 가지 않도록 맨 뒤의 창문만 열어 환기시키자고 제안하겠습니다.

문제 24 p208

예시 발표를 위해 필요한 자료를 모으고, 그 자료를 가지고 의견을 나누어 정리할 것입니다. 맡은 역할에 최선을 다하고, 친구들이 빠트린 것이 없는지 다시 한 번 확인하여 발표가 무사히 진행될 수 있도록 도울 것입니다.

문제 25 p208

Tip 모둠 활동은 다같이 하는 것이므로 어울리고 서로 돕는 협동심이 중요하다. 원래 여럿이서 해야 하는 실험이기 때문에 혼자서 다 하려고 해도 어려운 부분이 있을 것이다. 이러한 점을 파악하고 배려해줄 수 있어야 한다.

예시

· 일단 맡기고 실수하지 않는지 옆에서 지켜보면서 도와주겠습니다.
· 고집부리는 친구에게 본인이 힘들어하는 부분을 물어보고, 그 부분에 도움을 주겠다고 설득하겠습니다.
· 실험 결과는 많을수록 정확하므로 고집부리는 친구가 혼자서 실험하게 두고, 남은 조원들끼리 따로 실험해서 두 실험 결과를 비교하여 더 나은 것을 고르기로 제안하겠습니다.

문제 26 p208

Tip

의견이 맞지 않는 친구라도 같은 조원인 이상 서로 배려하는 행동이 필요하다.

예시

· 대화를 나누어 서로의 생각을 이해하겠습니다.
· 먼저 친구의 방법대로 실험을 하고, 만약 실패하면 다음에는 내 방법대로 해 봐서 결과가 잘 나오는 걸 쓰자고 제안할 것입니다.
· 실험을 잠시 중단하고 선생님께 자초지종을 설명드린 후, 다툼이 커지지 않도록 선생님과 친구들의 앞에서 대화를 통해서 의견을 맞추고 화해한 후에 실험을 다시 시작하겠습니다.
· 감정적으로 계속 싸우는 것보다 실험 결과가 잘 나오는 것이 더 중요하기 때문에 실험에서 서로 부딪치지 않는 역할을 나누어 하고, 실험과 관련없는 이야기는 최대한 하지 않으면서 실험을 마무리하는 데에만 집중하겠습니다.

문제 27 p208

Tip

평소에 신문 기사나 사회 뉴스를 찾아보고 관심이 있는 기사는 메모해서 해결책까지 생각해 보고 정리해두는 습관을 가진다. 공부 뿐만 아니라 주변에서 일어나는 다양한 현상과 사건에 관심을 가지고 있다는 것을 드러낼 수 있다.

예시

· 초등생이 엄마 차키를 가지고 주차장의 차를 열 대도 넘게 친 사건을 보았습니다. 저도 실감나는 레이싱 게임을 좋아하는데 실제 차는 게임과 다르다는 걸 느꼈고, 헷갈리지 않도록 조심해야겠다고 생각했습니다. 또한 같은 사고가 일어나지 않도록 미리 주의를 주거나, 다른 해결책을 찾을 수 있도록 고민해야겠다고 생각했습니다.
· 남북 정상이 판문점에서 만나는 것을 보았습니다. 할머니가 금강산 여행을 다녀오신 이야기를 들은 적이 있어 저도 금강산에 가보고 싶었지만 못 갈 것이라 생각했는데, 이렇게 평화가 지속된다면 저도 언젠가 북한에 놀러가서 북한 친구들을 만날 수 있을 것이라는 생각이 들어 기뻤습니다.

문제 28 p208

예시

동생이랑 같이 게임을 하는데 동생이 게임을 너무 못해서 연달아 졌습니다. 동생이 속상해서 울려고 하기에 다음 판에는 일부러 제가 져주었고, 동생이 기뻐서 웃는 걸 보고 저도 기분이 좋았습니다.

문제 29 p208

Tip

큰 사건이나 경험이 아니더라도 일상에서 소소한 일이 일어났을 때 느낀 것을 충분히 표현할 수 있도록 해보자.

예시

- 가장 슬펐던 때
소중한 인형을 잃어버렸을 때 다신 못 볼거라 생각하니 슬펐습니다.
제가 잘못한 게 아닌데 부모님께 억울하게 혼났을 때 너무 슬펐습니다.
동생과 똑같이 잘못했는데 저를 더 야단치실 때 슬펐습니다.
- 가장 기뻤던 때
꼭 갖고 싶었던 과학 키트 세트를 크리스마스 선물로 받았을 때 이것저것 모형을 만들 생각에 너무 기뻤습니다.
어버이날에 부모님께 직접 만든 카네이션을 달아드렸더니 너무 좋아하셨을 때 저도 기뻤습니다.

문제 30 p209

예시

· 또래 친구들이 길을 물어봐서 가르쳐주었습니다.
· 할아버지 할머니께 휴대폰 만지는 방법을 알려드렸습니다.
· 문제를 못 푸는 친구를 가르쳐 주었습니다.
· 유기견 입양을 홍보하는 행사에 봉사 활동을 하러 갔는데, 유기견들이 어떻게 버려지고 괴로워지는지를 알게 되어 매우 가슴이 아팠습니다. 그래서 이후에는 주위 사람들에게 애완 동물을 샵에서 사지 말고 유기견으로 입양하자고 이야기하게 되었습니다.

문제 31 p209

Tip

유해 동물이라 하여도 해치거나 방치하거나 피하거나 버리는 행동은 윤리적으로 적절하지 않다.

예시

· 유해동물이라도 살아있고 다쳐서 괴로워하는 비둘기를 내버려둘 수 없으므로 또 다치지 않도록 상자나 바구니를 구해 담은 후 안전한 곳으로 옮겨주겠습니다.
· 동물 보호센터에 연락해서 데려가도록 하겠습니다.
· 부모님께 말씀드려 비둘기를 치료한 후 도시에서 떨어진 자연에 놓아주겠습니다.

문제 32 p209

Tip

영재로서 사람들을 배려하고 어른을 공경하며 실천하는 것을 표현해 줄 필요가 있다.

예시

한 자리를 양보한 후 친구와 번갈아가며 앉거나 일어서있는 사람의 짐을 앉은 사람이 맡아 주겠습니다. 내가 자리를 양보하지 않으면 편하게 있을 수 있는 것은 나 혼자이지만, 자리를 양보하면 아주머니와 아이 둘이기 때문에 이쪽이 더 옳다고 생각합니다.

문제 33 p209

Tip

공동 생활에서 지켜야 할 예절에는 어떤 것이 있을지 생각해 보자.

예시

· 자기 돈으로 산 게 아니기 때문에 생각 없이 마구 쓴 탓이므로, 휴지를 칠판 앞에 두어서 쓰는 모습이 잘 보이게 하거나, 일정 기간 동안에 쓰는 휴지의 양을 정해서 다 써버리면 기간이 지날 때까지 새로 채워 넣지 않는 방법을 쓰겠습니다. 또한 조별로 휴지를 나누어 가장 아껴 쓴 조에게 혜택을 주는 방법도 사용할 수 있습니다.
· 휴지를 두는 장소 옆에 아껴쓰자는 내용의 메모를 적어 놓겠습니다. 예를 들어 "휴지를 낭비하면 나무가 아파해요" 같은 문구를 적어 두면 생각 없이 많이 쓰려던 아이들도 다시 한번 생각하고 아껴 쓰려고 노력하게 될 것입니다.

02 창의성 면접 유형

문제 01 p210

예시

· 금속 반지라 금방 물기가 빠졌다. · 파라핀 반지였다. · 비닐 속에 넣어서 빠뜨렸다.
· 수분 방지 코팅이 되어있었다. · 기름이 발려 있었다.

문제 02 p210

예시

· 촛불을 피우고 읽었다. · 미리 충전해둔 휴대폰 불빛으로 읽었다. · 도로의 가로등 아래에서 보았다.
· 보름달이라 밖에 나가서 달빛에 읽었다. · 집 근처 상가의 네온사인 불빛으로 읽었다.
· 집 근처 카페에 가서 읽었다. · 책이 야광이라 빛이 없이도 보였다.

문제 03 p210

예시

· 전단지에 과자를 붙여서 준다. · 전단지에 할인 쿠폰을 넣는다. · 유용한 생활 정보를 넣는다.
· 더운 여름에는 부채 형식 전단지를 만든다. · 추운 겨울에는 손난로에 광고를 인쇄해서 나눠준다.

문제 04 p210

예시

· 잡자마자 바닷물을 담은 수조에 넣어서 비행기 특송으로 바로 보낸다. · 잡자마자 급속냉동시킨다.
· 이빨 뺀 상어를 집어넣어 물고기가 잡아먹힐까 긴장해서 죽지 않도록 한다.
· 큰 그물 안에 물고기를 넣고 배 밑 바다 속에 달아서 영국으로 간다.

문제 05 p210

예시

· 등을 긁는데 쓰는 효자손을 침대 밑으로 들어간 휴대폰을 꺼내는 데 썼다.
· 도둑이 들었을 때 방범용으로 야구방망이를 썼다. · 치약, 베이킹 파우더를 청소할 때 썼다.
· 연필로 종이에 구멍을 뚫었다. · 농구공을 의자 삼아 앉았다. · 물풀로 액체괴물을 만들었다.

문제 06 p211

예시

· 종이로 부채를 접어 부쳐드리면서 마마~ 오늘도 옥체 평안하셨사옵니까~ 하고 사극 흉내를 낸다.
· 종이를 잘게 찢어 꽃가루를 만들고 뿌려드린다. · 탈을 만들어 쓰고 보여준다.

문제 07 p211

예시

· 냉장고를 쓸 수 없으므로 밖에서 계속 사 먹거나 그날 그날 먹을 분량만 사서 요리해야 한다.
· 전기밥솥을 사용할 수 없으므로 냄비밥을 해야한다. · 엘리베이터를 탈 수 없으므로 계단을 이용해야 한다.
· 컴퓨터나 TV를 쓰지 못하므로 책을 읽을 것이고, 휴대폰의 전지는 밖에서 충전해서 써야 한다.
· 드라이기나 고데기를 사용할 수 없으므로 머리가 부스스해 질 것이다.
· 옷은 손으로 빨래해 입거나 일일이 세탁소에 맡겨야 한다.
· 더운 여름에는 에어컨을 사용할 수 없어 에어컨이 빵빵한 카페나 가게에서 하루종일 버틸 것이다.
· 밤이 되면 아무것도 안 보이므로 촛불을 켜놓고 생활할 것이다.

문제 08 p211

예시

· 사람들이 적당히 모여있는 일정한 넓이 내의 인원 수를 세고, 시청 광장의 넓이가 그 일정한 넓이의 몇 배인지를 알아내어 곱한다.
· 사진을 찍어서 센다. · 모인 사람들에게 소리를 지르게 시켜서 데시벨을 측정해서 알아낸다.
· 시청 광장까지 오가는 버스와 지하철의 내리고 타는 사람 수를 조사해서 뺀다.

문제 09 p211

예시

· 돌아가신 할머니의 사진 : 할머니를 사랑하셨기 때문이다.
· 다함께 찍은 가족 사진 : 할아버지는 가족을 가장 소중하게 생각하시기 때문이다.
· 안마기, 영양제 : 오래오래 건강하시라는 마음을 담았다.
· 좋아하시는 간식 : 언제는 입이 심심하지 않게 즐기실 수 있도록 드릴 것이다.
· 여행 티켓 : 좋은 곳에서 많은 것들을 보고 즐기시기를 바라기 때문이다.
· 상품권 : 예쁜 옷이나 향수 등을 사 쓰시면서 멋진 모습을 즐기시기를 바라기 때문이다.

문제 10 p211

Tip

바깥에서 전화를 걸 수 있는 공중전화의 사용량이 줄어든 것은 어디든 다니며 마음대로 전화를 걸고받을 수 있는 휴대폰의 등장 때문이다. 공중전화에 휴대폰보다 더 끌리는 이점이 생긴다면 사용량이 늘어날 것이다.

예시

· 공중전화에 동전과 카드결제가 모두 되게 한다. · 공중전화를 여러 곳에 많이 둔다.
· 공중전화의 사용 요금을 낮게 정한다. 선화 박스에 의자를 둔다.
· 전화박스가 방음이 잘 되게 만들고 수화기 없이 스피커 통화가 가능하게 한다.

문제 11 p212

예시

· 가급적 걷거나 자전거 타고 대중교통 이용하기 · 한번에 여럿이서 함께 차를 타는 카풀하기
· 일회용품 사용 줄이기 · 환경 운동에 기부하기 · 오염 물질을 과학적으로 제거할 수 있도록 연구하기
· 난방과 냉방기구 사용할 때 적정온도 유지하기 · 재사용이 가능한 제품 구입하기
· 유기농 과일과 채소 구입하기 · 사용하지 않을 때는 불과 가전제품 끄기

문제 12 p212

예시

<사각형으로 만들 경우>

- 장점 : 네모난 큰 종이를 잘라 책을 만들 때 종이 낭비가 적다. 창고나 상자 속에 쌓아둘 때 틈없이 딱 들어맞아서 공간 활용이 잘 된다.
- 단점 : 모양이 밋밋하고 심심하다.

<다른 모양(삼각형, 원)으로 만들 경우>

- 장점 : 예쁘고 다양한 디자인을 만들 수 있다.
- 단점 : 모양을 만들기 위해 잘라내야 하는 부분이 많고, 페이지에 글자도 많이 넣지 못해서 종이 낭비가 심하다. 원 모양은 여러 개를 서로 맞대면 사이에 빈틈이 생길 수밖에 없어서 물건을 쌓거나 운반하기에 효율적이지 못하며, 책 등이 구부러져 있으면 책을 완전히 펼치기 힘들다.

문제 13 p212

예시

· 각 부분에 걸려서 덜컥덜컥거리거나 아예 돌아가지 않아서 자동차가 앞으로 빨리 가지 못할 것이다.
· 바퀴가 움직이면서 위아래로 올라갔다 내려왔다 하니까 놀이공원의 놀이용 자동차로 재미있을 것 같다.
· 경사진 도로에 주차해도 쉽게 굴러내려가지 않을 것이다.

문제 14 p212

예시

· 자기 두 배라서(자기보다 커서) 부러워할 것이다.
· 짝수라서(짝이 있어서) 부러워할 것이다.
· 모양이 구부러져 있으니 자기보다 차지하는 자리가 더 넓어서 부러워할 것이다.
· 고리 모양이 있어서 어디에 걸려있을 수 있어서 부러워할 것이다.

문제 15 p212

예시

· 뾰족한 막대를 한 점에 떨어지지 않게 잘 박아두고 그 막대에 실을 묶고 실에 연필을 묶는다. 실을 팽팽하게 당기면서 연필로 돌려 그리면 원이 나온다.
· 길게 자른 종이의 양쪽 끝에 구멍을 뚫고 한쪽은 막대로 잘 고정한 후 나머지 구멍에 연필을 끼워 돌리면 원이 나온다.
· 동전을 대고 그린다.

문제 16 p213

예시

· 짝과 홀은 번갈아가며 나타나는데 2가 짝이고 1이 홀이니 0은 짝이다.
· 0은 $2 \times 0 = 0$으로 1이 남지 않고 나누어 떨어지기 때문에 짝수이다.

문제 17 p213

예시

· 덧셈을 한꺼번에 많이 하기 위해서
· 물건을 여러 개 살 때 가격을 매기기 위해서
· 도형의 넓이를 알기 위해서
· 일일이 하나씩 세지 않고 총 갯수를 알 수 있기 위해서

문제 18 p213

정답 및 해설 답 0111

해설 1 혹은 0으로만 이루어져 있고, 오른쪽에서 1이 되었다. 0이 되었다 반복될 때마다 왼쪽으로 1씩 자리가 올라간다. 따라서 0110 다음에 와야 할 수는 0111이다.

Tip 문제의 수들은 2진법으로 나타낸 것이다. 2진법은 0과 1만으로 나타내는 수이며, 컴퓨터 프로그램을 만드는 데 이용된다는 것을 알고 있으면 어필할 수 있다. 각 자릿수에 따라 8, 4, 2, 1을 나타낸다.
따라서 2진법의 수를 10진법으로 나타내면 다음과 같다.

2진법	0001	0010	0011	0100	0101
10진법	1	2	3	4	5
2진법	0110	0111	1000	1001	1010
10진법	6	7	8	9	10
2진법	1011	1100	1101	1110	1111
10진법	11	12	13	14	15

1 1 1 1 = 8+4+2+1
(8)(4)(2)(1) =15

1 0 1 0 = 8+2
(8)(4)(2)(1) =10

문제 19 p213

정답 및 해설 답 13

해설 중간에 있는 수를 □이라고 하면 연속되는 세 홀수는 □-2, □, □+2와 같다. 이 셋을 더했더니 45가 되었으므로, 셋을 더하면 □-2+□+□+2 = □+□+□이 45가 된다. 따라서 □은 15이고, 가장 작은 홀수인 □-2는 13이다.

문제 20 p213

정답 및 해설 답 800m²

해설 아무것도 심지 않은 밭은 고추를 심고 남은 밭의 $\frac{4}{5}$ 이고 가지를 심은 밭은 고추를 심고 남은 밭의 $\frac{1}{5}$ 이므로, 아무것도 심지 않은 밭은 가지를 심은 밭의 넓이의 4배이다. 따라서 아무것도 심지 않은 밭의 넓이는 $200 \times 4 = 800m^2$ 이다.

문제 21 p214

정답 및 해설 답 달력의 네모에서 중앙의 수를 □이라고 했을 때, 왼쪽에 있는 수는 □에서 1을 뺀 수이고, 오른쪽에 있는 수는 □에서 1을 더한 수이므로 달력에서 나란히 있는 세 수의 합은 □-1+□+□+1 = □+□+□이다. □의 위의 수는 □에서 7을 뺀 수이므로 윗줄의 세 수의 합은 □-7-1+□-7+□-7+1=□+□+□-21이고 아랫줄의 세 수의 합은 □+□+□+21이 된다. 즉, 세 줄의 9개 수의 합은 □을 9번 더한 것과 같으므로 테두리가 정해졌을 때 가운데의 수에 9를 곱해주면 된다.

13-8	13-7	13-6
13-1	13	13+1
13+6	13+7	13+8

Tip 둘의 계산 능력이 비슷하다면 단순히 9개의 수를 다 더하는 것보다 곱셈을 사용하는 것이 더 빠르게 답을 구할 수 있다.

문제 22 p214

정답 및 해설 답 72개

해설 한 변에 말뚝을 10개씩 박는다는 것은 꼭지점에 2개를 두고, 그 두 말뚝 사이에 8개씩의 말뚝을 박는다는 것을 의미한다. 따라서 꼭지점에 8개, 변 안에 $8 \times 8 = 64$개의 말뚝이 박히므로 $8+64=72$, 총 72개의 말뚝이 필요하다.

Tip 꼭지점에 박힌 말뚝은 그 꼭지점에서 만나는 두 변 모두에서 셀 수 있다.

문제 23 p214

정답 및 해설 답 25분

해설 5명의 씨름 선수가 대회에 참가했으므로 한 타임에 2팀씩 시합을 하고 한 명은 쉬어야 한다. 따라서 1명씩 쉬고 나머지 선수들끼리 붙으면 총 5타임동안 10번의 시합을 해서 총 25분이 걸린다.

타임	1타임	2타임	3타임	4타임	5타임
씨름판 1	b, c	a, d	a, e	a, c	a, b
씨름판 2	d, e	c, e	b, d	b, e	c, d
휴식	a	b	c	d	e

문제 24 p215

정답 및 해설 답 483표, 531표

해설 우선 1025표에서 무효 표 11표를 빼면 두 사람의 득표수의 합은 1014이다. 두 사람의 표 차가 48표이므로 48표를 빼면 966표이고, 이것의 절반이 두 사람이 각각 득표한 수이므로 반으로 나누면 각각 483표이다. 따라서 진 쪽은 483표이고, 이긴 쪽은 $483+48=531$표이다.

문제 25 p215

정답 및 해설 답 1500원

해설 언니와 동생의 지난달 통장 금액의 합계는 22800원인데, 이번달 두 사람의 통장 금액은 합쳐서 $13500+12300=25800$원이 되었다. 따라서 두 사람의 이번달 저금액의 합계는 $25800-22800=3000$원이다. 두 사람이 같은 금액을 저금했다고 했으므로 저금액은 1500원씩 각각 저금한 것이 된다.

문제 26 p215

정답 및 해설 답 20cm

해설 3.7m=370cm에서 그림 5장의 전체 가로 길이인 250cm를 빼면 120cm의 여백이 남는다. 그림과 그림 사이, 벽의 끝과 그림 사이의 거리도 같게 한다고 했으므로 여백은 6개가 되어야 한다. 따라서 그림과 그림 사이의 거리는 20cm가 적절하다.

문제 27 p215

정답 및 해설 답 똑같다.

해설 처음 정사각형 모양 땅의 변의 길이를 6이라고 했을 때, $\frac{1}{2}$ 만큼 늘인 변은 $\frac{3}{2}$ 이므로 9가 되고 $\frac{1}{3}$ 만큼 줄인 변은 $\frac{2}{3}$ 이므로 4가 된다. 6×6 이나 4×9 나 넓이는 36 으로 같다.

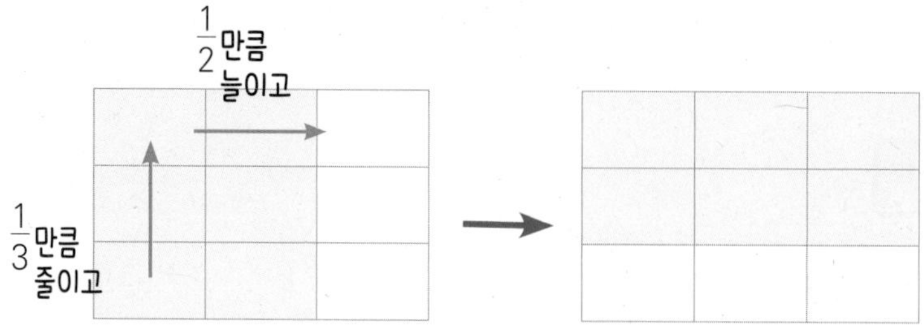

문제 28 p216

정답

문제 29 p216

정답 및 해설 답 2550

해설 1에서 100까지의 짝수의 개수는 50개이다. 똑같은 짝수들을 순서를 뒤집어 더해주면 다음과 같다.

  2 + 4 +6 + 8 +10...(50개)
+)100+98+96+94+82...(50개)
  102+102+102+102+102...(50개) = $102\times50=5100$

2번 더했으므로 반으로 나누면 2550이 전체 답이 된다.

문제 30 p216

예시

· 전구는 전기로 빛을 내고 촛불은 불로 빛을 낸다.
· 전구는 연기가 나지 않고 촛불은 연기가 난다.
· 촛불은 바람이 불면 꺼지지만 전구는 꺼지지 않는다.
· 전구는 뒤집어도 똑같지만 촛불은 뒤집으면 촛농이 떨어진다.
· 촛불은 불을 끄면 빨리 식지만 전구는 불이 꺼져도 한동안 뜨겁다.
· 촛불은 은은하고 전구는 눈이 부시게 밝다.
· 전구 빛의 색깔은 보통 하얀색이지만 촛불의 색깔은 붉은색이다.

문제 31 p217

예시

· 빛을 반사해서 앞에 있는 물체를 비춘다.
· 만져보면 차갑다.
· 표면이 평평하고 매끄럽다.

문제 32 p217

예시

분류1	분류2	분류 기준
오리	살구, 수박, 복숭아	동물과 과일
수박	살구, 복숭아, 오리	두꺼운 껍질과 얇은 껍질 껍질에 털이 있는가 없는가 표면이 딱딱한가 물렁물렁한가
살구, 복숭아	수박, 오리	익었을 때 붉은색인가 그렇지 않은가

문제 33 p217

예시

· 뜯지 않은 생수병을 얼렸다 녹였을 때 안에 물의 양은 변하지 않는 것처럼 무게는 변하지 않는다.
· 뚜껑을 닫지 않은 물이면 얼었다 녹으면서 물이 증발해서 아주 약간은 줄어들 수도 있다.

문제 34 p217

예시

· 증발이 잘 일어나도록 선풍기를 틀어놓는다.
· 햇빛 아래에 둔다.
· 전자렌지의 전자파를 이용해 물을 증발시킨다.
· 바람이 잘 부는 밖에 내놓는다.
· 밀폐된 용기에 넣고 공기를 빼주어 압력을 낮춘다.
· 분무기를 써서 공중에 뿌린다.

문제 35 p218

예시

· 남극은 바닥이 얼음이라 펭귄들이 줄다리기를 하는 데 힘을 다 못 쓰고 넘어지지 않게 조심해야 하지만 모래 운동장에서 하면 단단히 발을 디디고 힘줘서 잡아당길 수 있을 것이다.
· 남극의 차가운 얼음 바닥에 익숙한 펭귄들에게 모래 운동장은 뜨겁게 느껴질 수도 있다.
· 모래가 발가락 사이에 끼고 발바닥에 꺼끌꺼끌하게 달라붙어서 힘을 주기 힘들 것이다.

문제 36 p218

예시

· 자격루 : 물만 채워넣어두면 물이 규칙적으로 떨어지도록 만들어서 더 손을 대지 않아도 자동으로 때마다 시간을 알려주는 전자동 물시계이다.
· 양부일구 : 해를 이용하여 시간을 알아볼 수 있도록 만들었다.
· 측우기 : 비가 온 양을 재서 변화를 예측하고 농사에 쓸 물을 미리 준비하는 데 도움을 주었다.
· 금속 활자 : 세계 최초로 금속 활자를 만들어 짧은 시간에 많은 책을 만들 수 있게 했다.
· 천상열차분야지도 : 세계에서 두 번째로 오래된 천문도로, 북반구에서 눈으로 관찰할 수 있는 거의 모든 별자리가 기록되어 있다.

문제 37 p218

예시 스키나 v스노보드는 발보다 눈 위에 닿는 부위가 넓기 때문에 그만큼 몸무게가 골고루 나누어져서 빠지지 않게 된다.
<비슷한 경우>
① 뾰족한 연필 끝으로는 종이에 구멍이 뚫리지만 연필 옆면으로는 구멍을 뚫을 수 없다.
② 식칼의 날 부분으로는 딱딱한 당근을 썰 수 있지만 옆면으로는 당근을 썰 수 없다.
③ 책받침을 세로로 세워서 물 위에 놓으면 물속에 빠지지만 눕혀서 놓으면 물 위에 뜬다.

문제 38 p219

예시 나무로 만든 바퀴는 딱딱해서 덜컹덜컹 소리도 나고 잘 미끄러진다. 또 큰 충격을 받았을 때 깨질 수 있다. 이에 비해 고무 타이어는 탄력이 있어서 소리도 안나고 나무 바퀴보다 덜 미끄러지며, 큰 충격을 받았을 때 충격을 흡수하여 더 안전하다.
고무 타이어의 단점으로는 오래 쓰면 닳는다. 구멍이 나면 쓸 수 없다. 시간이 지나 바람이 빠지면 다시 공기를 넣어 줘야 한다. 이 단점을 보완하기 위해 더 튼튼한 고무로 만들고, 구멍이 나도 어느 정도 메울 수 있는 장치를 만들어 줄 수 있다.

문제 39 p219

예시 ① 매일 주는 물의 양을 똑같이 한다.
② 강낭콩 묘목의 크기가 같은 것을 고르고, 같은 크기의 화분에 같은 흙으로 심는다.
③ 거름을 줄 때도 똑같은 거름으로 똑같은 양을 같은 곳에 준다.
④ 햇빛을 비추는 화분과 비추지 않는 화분이 있는 곳의 온도를 같게 맞춘다.

Tip 햇빛이 미치는 영향을 알기 위해서는 두 그루의 햇빛의 양만 다르게 하고 나머지 조건은 모두 똑같이 맞춰야 한다.

문제 40 p219

예시 ① 벨크로(찍찍이) : 갈고리 모양으로 동물의 털이나 사람의 옷에 붙어서 멀리까지 옮겨지는 식물의 씨앗을 본떠 만들었다. 여러 번 뗐다 붙였다 할 수 있고, 갖다 붙이기만 하면 잘 붙어서 편하다.
② 오리발 : 오리나 개구리의 물갈퀴를 본떠 만들었다. 수영할 때 한번에 물을 많이 밀어내서 빠르게 수영할 수 있다.
③ 헬리콥터 : 단풍나무 씨앗이 얇은 날개로 빙글빙글 돌면서 천천히 바람에 날려 떨어지는 것을 보고 만든 것으로 날개를 빙글빙글 돌리면서 쉽게 날아다니거나 제자리에 떠있을 수 있다.
④ 낙하산 : 민들레 씨앗이 바람에 날려 천천히 떨어지는 것을 보고 만들었다. 높은 곳에서 안전하게 내려올 수 있게 해준다.
⑤ 전신 수영복 : 상어 지느러미 비늘에 있는 미세돌기를 본따 만든 것으로 물과의 마찰을 줄여 더 빨리 헤엄칠 수 있게 해준다.

문제 41 p219

예시 ① 0도가 되면 어는 것은? ② 100도가 되면 끓는 것은? ③ 사람의 몸 70%를 이루고 있는 것은?
④ 소금이나 설탕 등을 잘 녹이는 것은? ⑤ 얼음이 녹으면 되는 것은?
⑥ 라면을 끓일 때 라면 스프는 어디에 풀어야 하는가? ⑦ 물고기는 어디에서 살까?

문제 42 p220

예시

· 귀 : 잘 듣지 못하는 귀를 보조해서 잘 들을 수 있도록 해 주는 보청기, 그냥은 들을 수 없는 작은 소리를 멀리까지 전달해서 크게 들을 수 있게 해 주는 마이크와 스피커
· 눈 : 나빠진 눈을 보조해서 볼 수 있도록 해 주는 안경, 맨눈으로 볼 수 없는 거리의 물체를 볼 수 있게 해 주는 망원경, 눈으로 봐서 다 기억하지 못하는 부분까지 세세하게 기록해 주는 카메라, 눈으로 정확히 측정할 수 없는 물체의 가속도를 잴 수 있게 해 주는 가속도 센서
· 코 : 코로 냄새를 맡지 못하지만 위험한 공기 중의 가스를 대신 감지해 주는 가스 탐지기
· 피부 : 정확하게 어느 정도인지 알 수 없는 압력의 크기를 잴 수 있게 해주는 압력 센서

문제 43 p220

예시

찬물을 뿌리면 마당이 한번 시원해지고, 또 그 물이 증발하면서 주위의 열을 흡수하기 때문에 한번 더 온도가 내려가서 더위를 견디는 데 도움이 된다.

Tip

바닥에 뿌려진 물에는 어떤 상태 변화가 일어날지 생각해보자.

문제 44 p220

정답 및 해설

답 북두칠성은 7개의 국자 모양의 별자리로, 큰곰자리의 꼬리 부분이다. 즉, 큰곰자리가 포함하고 있는 별이 더 많고, 큰곰자리가 북두칠성을 포함한다.

해설 북두칠성은 동양의 별자리이고, 큰곰자리는 서양의 별자리이다. 그리고 둘 다 북극성을 찾는 데 길잡이로 쓸 수 있다.

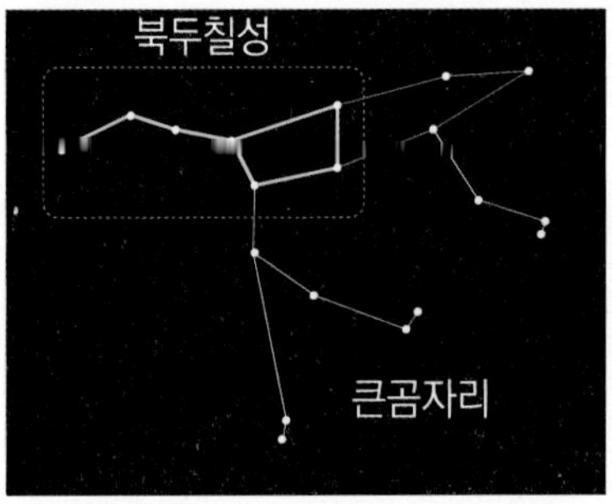

문제 45 p220

정답 및 해설

답 기차는 아주 무겁기 때문에 무언가에 부딪쳐도 손님이 받는 충격이 크지 않고, 제동거리가 길기 때문에 급제동을 해도 손님들이 위험하게 쏠릴 만큼 빠르게 멈추지 못하기 때문이다.

해설 자동차에서 안전벨트를 착용하는 것은 자동차가 멈췄다 달렸다를 반복하며, 빠르게 달리다가 급하게 멈추거나 급커브를 해야 하는 경우가 있기 때문이다. 이때 안전벨트를 제대로 매지 않으면 천장에 머리를 박거나 자동차 밖으로 튕겨나갈 수 있어 아주 위험하다. 하지만 기차는 정해진 철로로만 다니며 무게가 아주 무거워서 멈춰있다가 빠르게 출발하거나 빠르게 달리다가 급하게 멈출 수 없다. 오히려 사고로 인해 넘어지거나 어디에 부딪쳐서 찌그러졌을 때 안전벨트를 매고 있으면 빠르게 내릴 수 없어 더욱 위험할 수 있다고 한다.

문제 46 p221

예시

비를 많이 맞아도 젖지 않는 우산, 우비, 세차가 필요없는 자동차, 바깥 유리를 닦아내지 않아도 항상 깨끗한 유리창, 음료수를 흘려도 젖지 않고 금방 털어낼 수 있는 천으로 만든 옷, 물만 한번 뿌려주면 금방 깨끗해지는 세면대와 화장실 타일 등으로 이용할 수 있다.

문제 47 p221

정답 및 해설

답 말벌에 쏘인 경험 때문에 말벌과 비슷해 보이는 줄무늬 파리도 혹시 말벌이라서 또다시 쏘일까봐 무서워 먹지 않는 것이다.

해설 우리 속담 중에는 '자라 보고 놀란 가슴 솥뚜껑 보고 놀란다'는 말이 있다. 바꿔 말하면 트라우마 현상이라고도 할 수 있는데, 위기 상황에서 크게 놀라거나 아팠던 후에는 그와 비슷한 상황만 보아도 아팠던 때가 떠올라 같은 고통을 겪을까봐 피하게 되는 것이다.

문제 48 p221

예시

① 하드보드지에 색종이와 수수깡 등으로 경주 트렉을 만들고, 하드보드지를 오리고 동전 자석을 뒤에 붙여 모형 자동차를 만든다. 자동차에 손을 대지 않고 막대 자석의 같은 극끼리 밀어내는 힘을 이용해서 경주를 한다.
② 수수깡에 동전자석을 붙이고 색종이와 하드보드지 등을 이용해서 물고기 그림을 그려 붙인 후 물에 띄운다. 실과 나무젓가락으로 낚싯대를 만들고 실 끝에 막대자석을 달아 자석 물고기를 낚는 장난감을 만든다.

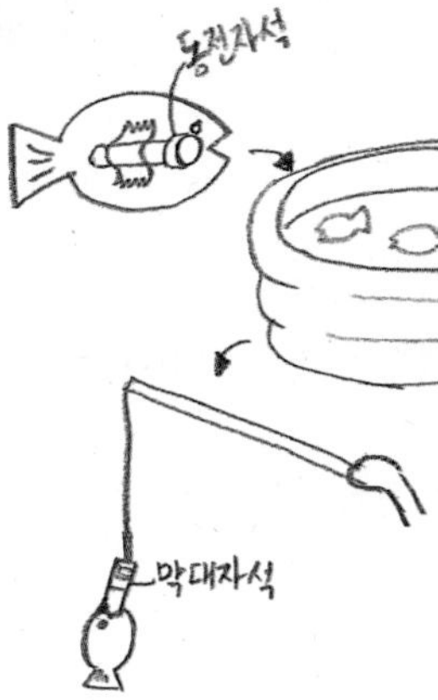

②번 장난감의 설계도

III
심층 면접

03 토론 면접 유형

문제 01 p222

예시

· 플라스틱 물병 : 마실 물을 담아둘 곳이 필요하다.
· 냄비 : 날 것을 끓여서 먹을 수 있어야 한다.
· 서바이벌 칼 : 자연에서 먹을 것을 얻기 위해서 필요하다.
· 라이터 : 불을 피워서 따뜻함과 익힌 음식을 먹을 수 있다.
· 우산 : 비를 피할 수도 있고, 그 위에 나뭇잎이나 나뭇가지를 엮어 텐트를 만들 수도 있다.
· 담요 : 감기가 걸리지 않도록 덮을 수도 있고, 밤에 딱딱한 바닥 위에 펼치고 잘 수도 있다.
· 두꺼운 책 : 심심할 때 읽을 수도 있고, 몇 페이지를 찢어내서 불을 피우는 데 쓸 수도 있다.
· 망치 : 나무 못을 만들어서 움막을 지을 때 쓸 수 있다.

문제 02 p222

예시

<디지털 책의 좋은 점>
· 휴대폰이나 태블릿 PC 등 작은 기계로 많은 책을 읽을 수 있다.
· 종이를 안 써도 되서 나무를 많이 베지 않아도 된다.
· 읽었던 부분을 알아서 찾아주어서 편리하다.
· 책의 글을 스피커로 읽어주는 서비스도 사용할 수 있다.
<종이책의 좋은 점>
· 책을 넘기면서 읽는 재미가 있다.
· 집에 전기가 나가도 읽을 수 있다.
· 남는 빈칸에 직접 손으로 글씨를 쓰거나 그림을 그리면서 읽을 수 있다.
· 표지가 예쁜 책은 집안 인테리어 소품으로도 사용할 수 있다.

문제 03 p222

예시

<유지해야 한다>
· 농사를 잘 지어야 쌀이 많이 많이 생산되고, 그만큼 쌀값이 저렴해져서 많은 사람들이 밥을 먹을 수 있습니다.
· 가뭄이 들었을 때를 대비하여 물을 저장해둘 곳이 필요합니다. 그렇지 않으면 가뭄이 들었을 때 쌀을 제대로 생산할 수 없어 농부들이 힘들어 할 것입니다.
<포기해야 한다>
· 당장의 벼농사를 위해 댐을 지어 물 속 물고기와 생물들이 다 죽어버린다면 물속 물고기를 먹고 사는 다른 동물들도 피해를 입어 환경이 파괴되고 인간도 먹을 것이 없어질 것입니다.
· 더럽게 오염된 물을 가지고 농사를 지으면 벼들에게도 좋지 않을 것이고, 그 물로 자란 벼를 먹는 사람들의 몸에도 좋지 않을 것입니다.

문제 04 p223

예시

<긍정적인 예상>
· 사람보다 똑똑한 AI가 사람이 하기 귀찮고 어려운 일을 대신 하게 되어 편해질 것입니다.

· AI가 집에서 원격 수업을 해서 학교에 가지 않아도 많은 것을 배울 수 있게 될 것입니다.
<부정적인 예상>
· 사람보다 똑똑한 AI가 사람을 지배할지도 모릅니다.
· 내가 해야할 일을 기계가 다 정해줘서 내가 하고싶은 일을 하지 못할 것입니다.
· 사람들의 일자리를 AI가 채워서 실업자가 많아질 것입니다.

문제 05 p223

예시

<나쁘다>
고자질은 본인이 직접 해결할 생각 없이 어른한테 기대서 해결하려는 것이라고 생각합니다. 잘못된 것이 있을 때에는 스스로 당당히 나서서 바꾸고 해결할 수 있어야 한다고 생각합니다.
<나쁘지 않다>
주위 친구들과의 다툼을 말리거나 친구의 비행을 막는 것 등 혼자서는 잘 해결하지 못할 수 있는 일들이 많습니다. 하지만 잘못된 것을 고치지 않으면 그 친구에게도 나 자신에게도 좋지 않은 영향을 미칠 것입니다. 따라서 권위 있는 어른에게 말해서라도 반드시 고칠 수 있어야 한다고 생각합니다.

문제 06 p223

예시

<찬성>
제 친구 중에는 볼이 통통하고 귀엽게 생겨서 '햄찌'라는 별명이 있는 친구가 있습니다. 남들이 부르지 않는 귀여운 별명을 지어 부르면서 우리끼리만 통하는 기분도 느낄 수 있어 더 친하게 지내고 있습니다. 이와 같이 친구의 장점을 칭찬하는 별명은 친구와 친하게 지내는 데에 도움이 된다고 생각합니다.
<반대>
제 친구 중에는 구씨 성을 가지고 제 돌림자를 쓰는 친구가 있는데, 짖궂은 반 아이가 그 아이에게 구제불능이라는 뜻의 구능이라는 별명을 붙여서 놀린 적이 있습니다. 또 통통한 친구에게는 돼지라는 별명을 마음대로 붙여 부르는 등 친구들에게 상처를 준 적이 있었습니다. 이와 같이 자기가 좋아하지 않는 단점으로 만든 별명을 멋대로 부르는 것은 그 친구를 놀리고 상처주는 행동입니다. 이런 행동은 친하게 지내는 것에 도움이 되지 않는다고 생각합니다.

창의력과학 세페이드 시리즈 – 창의력과학의 결정판

1F 중등 기초
물리(상,하), 화학(상,하)

2F 중등 완성 물리(상,하), 화학(상,하), 생명과학(상,하), 지구과학(상,하)

3F 고등 Ⅰ 물리(상,하), 물리 영재편(상,하), 화학(상,하), 생명과학(상,하), 지구과학(상,하)

4F 고등 Ⅱ 물리(상,하), 화학(상,하), 생명과학(영재학교편,심화편), 지구과학(영재학교편)

5F 영재과학고 대비 파이널
물리, 화학, 생물, 지구과학

세페이드
고등 통합과학

창의력과학 *I&I* 시리즈 – 한권으로 마무리

창의력 과학 *I&I* 초등 3, 4, 5, 6

창의력 과학 *I&I* 물리/화학/생명과학/지구과학

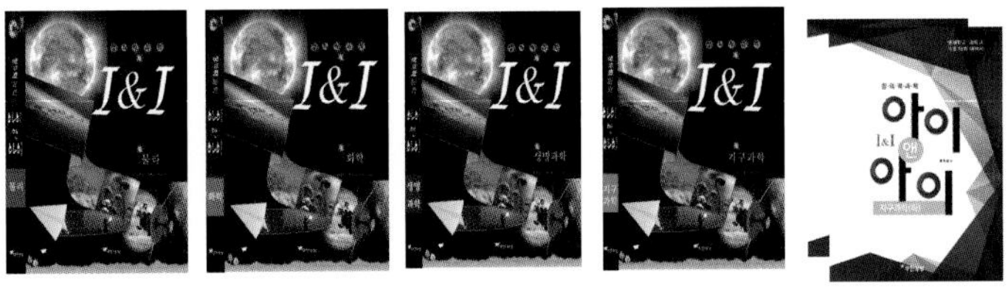

영재교육원 대비 **꾸러미** 중등/초등6/초등4,5/초등1,2,3

펴낸이	윤찬섭
개발 및 편집	김소현, 김성은, 차경화, 윤성미(무한상상 과학교육연구소)
검토위원	윤찬섭(연구소장)
디자인	오채원
삽화/일러스트	고병욱, 김상우, 황지후
펴낸곳	무한상상 출판 cafe.naver.com/creativeini
주소	서울시 서초구 명달로 4길 4 405호
인쇄	대명문화사
	파본은 교환해 드립니다.

i&i 아이앤아이 영재교육원대비 꾸러미

영재교육원 완벽 대비서

Ⅰ 영재교육원 소개	영재교육원은 어떤 곳이며, 영재교육원에 입학하기 위해 필요한 선발 과정을 수록하였습니다.
Ⅱ 영재성 검사	일반 창의성, 언어 / 추리 / 논리, 수리논리, 공간 / 도형 / 퍼즐, 과학 창의성 총 5단계를 기출문제 위주로 구성하고, 모의고사 2회 분을 실었습니다.
Ⅲ 심층 면접	최종 면접을 100% 준비할 수 있도록 기출문제 위주로 구성하였습니다.
Ⅳ 정답 및 해설 / 예시 답안	각 문제에 대한 예시 답안과 스스로 평가할 수 있는 평가표를 제시하였습니다.